OSKAR PERRON

DIE LEHRE VON DEN KETTENBRÜCHEN

OSKAR PERRON

DIE LEHRE VON DEN KETTENBRÜCHEN

BAND I:

Elementare Kettenbrüche

1977

Springer Fachmedien Wiesbaden GmbH

Reprografischer Nachdruck
der dritten, verbesserten und erweiterten Auflage, Stuttgart 1954

CIP-Kurztitelaufnahme der Deutschen Bibliothek

Perron, Oskar
Die Lehre von den Kettenbrüchen. — Stuttgart: Teubner.

Bd. 1. Elementare Kettenbrüche. — Reprograph. Nachdr. d. 3., verb. u. erw. Aufl. Stuttgart 1954. — 1977.
ISBN 978-3-519-02021-9

ISBN 978-3-519-02021-9
DOI 10.1007/978-3-663-12289-0
ISBN 978-3-663-12289-0 (eBook)

Ursprünglich erschienen bei B. G. Teubner, Stuttgart, vorbehalten 1977
Softcover reprint of the hardcover 1st edition 1977

VORWORT

Als im Jahr 1929 die erste Auflage meiner Lehre von den Kettenbrüchen zu Ende ging, war es noch möglich, durch verhältnismäßig geringfügige Änderungen dem Fortschritt der Wissenschaft hinreichend Rechnung zu tragen, und so konnte ein im wesentlichen photomechanischer Neudruck als zweite Auflage erscheinen. Heute wäre ein solches Verfahren nicht mehr angängig. Das Buch hat seine Aufgabe, zur Forschung anzuregen, in vollem Maße erfüllt und ist dadurch naturgemäß veraltet; um wieder Daseinsberechtigung zu gewinnen, mußte es neu gestaltet werden. Dabei schien es zweckmäßig, die Zweiteilung in einen elementar-arithmetischen und einen analytisch-funktionentheoretischen Teil durch Spaltung in zwei Einzelbände noch mehr zu betonen. So wird heute zunächst der erste Band neu aufgelegt, dessen Wiedererscheinen um so vordringlicher ist, als das einzige in der Zwischenzeit erschienene Werk über Kettenbrüche (*Wall* **1**) eine andere Tendenz verfolgt und insbesondere den elementaren Teil überhaupt nicht behandelt.

Bei der Neubearbeitung erwies sich der alte Rahmen noch immer als gut. Die fünf Kapitel und zumeist auch die einzelnen Paragraphen haben dieselben oder fast dieselben Überschriften, aber der Inhalt ist weitgehend verändert. Wenn ich auch vom klassischen Bestand nichts Wesentliches aufgeben durfte, so war es doch möglich, durch Abwurf manchen Ballastes und durch Vereinfachung vieler Beweise Raum zu gewinnen, um neben einigem, was früher beiseite gelassen war, aber inzwischen größere Bedeutung erlangt hat, auch die neuen Ergebnisse, die in vier Jahrzehnten in allen Teilen der Welt erzielt worden sind, nach Sichtung und Ordnung in den alten Rahmen einzuspannen und so ein streng systematisches in sich abgeschlossenes Lehrgebäude zur Darstellung zu bringen, das dem heutigen Stand der Wissenschaft entspricht.

Neu hinzugekommen ist z. B. im dritten Kapitel der besonders elegante Periodizitätsbeweis von Ballieu aus dem Jahr 1942. Bei dem klassischen Satz von Hurwitz über die Approximation irrationaler Zahlen durch rationale habe ich nach dem Grundsatz, daß das Bessere der Feind des Guten ist, meinen für die erste Auflage ausgearbeiteten und damals wohl einfachsten Beweis durch den von Fujiwara ersetzt, der noch kürzer ist und außerdem weiter führt. Die Theorie der Hurwitzschen Kettenbrüche wurde durch Verwendung zweireihiger Matrizes im Anschluß an Châtelet auf eine völlig neue Grundlage gestellt, die Theorie der halbregelmäßigen Kettenbrüche auf Grund der schönen Arbeiten von Blumer weitgehend umgestaltet, sodann ein Abschnitt über Kettenbrüche in imaginären quadratischen Zahlkörpern neu hinzugefügt. Auch sonst ist noch vieles durchgreifend verändert, die Literatur bis ins laufende Jahr hinein ausgewertet.

Wie früher habe ich wieder größten Wert auf leichte Verständlichkeit gelegt. In den letzten Jahrzehnten ist die Mathematik durch viele neue Zweige mit eigenen Begriffssystemen bereichert worden, die man nicht gerade als jedermann geläufig voraussetzen darf. Die Versuchung lag nahe, durch Heranziehung solcher Theorien den Kettenbrüchen einen gelehrteren Anstrich zu geben. Aber dadurch wäre nicht nur die Lektüre unnötig erschwert, sondern das Wesen der Dinge zumeist verschleiert worden, und es bestände die Gefahr, daß mancher Leser den künstlichen Anstrich für das Wesentliche halten und die harmlose Unschuld, die sich darunter verbirgt, vielleicht gar nicht mehr sehen würde. Deshalb habe ich auf logistische Hieroglyphen, geheimnisvolle „Räume" usw. verzichtet und bin bei der klassischen Wortsprache und den klassischen Rechenmethoden geblieben. Lediglich zweireihige Matrizes wurden gelegentlich verwandt, nämlich da, wo sie einen wirklichen methodischen Vorteil bieten. Der Matrixkalkül ist ja heute in viel weiteren Kreisen bekannt als vor 40 Jahren und gehört fast schon zu den Elementen; ich habe ihn trotzdem nicht vorausgesetzt, sondern in § 5 das Wenige, was davon gebraucht wird, kurz zusammengestellt. In neuerer Zeit haben die Kettenbrüche auch in der angewandten Mathematik, z.B. in der Elektrotechnik und bei analytischen Approximationsmethoden, Verwendung gefunden. Auch den Vertretern dieser Disziplinen, sowie manchen interessierten Laien, die es trotz unseres materialistischen Zeitalters doch immer noch gibt, glaube ich durch leichte Verständlichkeit besser zu dienen als durch Paradieren mit einer übertriebenen Gelehrsamkeit.

Auf die Beigabe einer möglichst lückenlosen Bibliographie habe ich ebenso wie früher verzichtet; man findet eine solche, die von den Anfängen bis ins erste Jahrzehnt unseres Jahrhunderts reicht, bei *Wölffing* 1. In meinem gegenüber früher natürlich stark angeschwollenen Literaturverzeichnis sind wieder nur die Arbeiten zusammengestellt, die im Buch selbst irgendwo zitiert sind, und die betreffenden Seitenzahlen sind angegeben. Die Zitate dienen zumeist als Quellennachweis, wobei allerdings zu beachten ist, daß, wenn bei irgendeinem Satz eine Quelle angegeben ist, das nur bedeutet, daß der Satz dort seinem wesentlichen Inhalt nach steht, aber oft mit ganz anderem Beweis; genauere, insbesondere kritische Angaben mußte ich mir fast durchweg versagen. Was ohne Literaturangabe geblieben ist, soll dadurch keineswegs als mein geistiges Eigentum reklamiert werden, wenn es das manchmal auch ist. Vieles findet sich implizit bei vielen Autoren und ist immer benutzt worden, ohne daß jemand das Bedürfnis fühlte, etwa den Satz 1.4 oder auch manche anderen nicht ganz so einfachen Dinge festzuhalten. Bei meinem systematischen Aufbau war das aber notwendig, um an späteren Stellen stets den logischen Faden aufzeigen zu können. Die Zitate sind aber auch vielfach nur orientierende Hinweise, etwa auf andere Beweisarten oder fernerliegende Gegenstände.

Für wertvolle Hilfe beim Lesen der Korrektur habe ich Herrn Oberstudiendirektor Dr. Mall zu danken und ganz besonders Herrn Professor Dr. Steuerwald, der auch zahlreiche sachliche Besserungen angeregt hat und daneben noch manche sprachliche Unebenheit aufdecken und glätten konnte. Mein Dank gilt weiter der Verlagsgesellschaft B. G. Teubner, die es in einer infolge der erzwungenen Übersiedlung von Leipzig nach Stuttgart für sie nicht gerade rosigen Zeit unternommen hat, das Buch in einem würdigen Gewande neu herauszubringen.

München, im Juli 1954 Oskar Perron

INHALTSVERZEICHNIS

I. Definitionen und allgemeine Formeln

II. Regelmäßige Kettenbrüche

III. Regelmäßige periodische Kettenbrüche

IV. Hurwitzsche Kettenbrüche — Transzendente Zahlen

V. Halbregelmäßige Kettenbrüche

I. Definitionen und allgemeine Formeln.

§ 1. Bezeichnungen. — Historische Bemerkung.

I. Unter einem endlichen Kettenbruch versteht man einen Ausdruck der Form

$$b_0 + \cfrac{a_1}{b_1 + \cfrac{a_2}{b_2 + \cfrac{a_3}{b_3 + \ddots \cfrac{a_{n-1}}{b_{n-1} + \cfrac{a_n}{b_n}}}}}. \tag{1}$$

Dabei denken wir uns vorläufig unter den Zeichen a_ν, b_ν keine numerisch gegebenen Zahlwerte, sondern irgend welche Unbestimmte. Offenbar ist dann der Kettenbruch eine rationale Funktion dieser Unbestimmten und läßt sich daher als Quotient von zwei Polynomen darstellen; z.B. ist für $n = 0, 1, 2$:

$$b_0 = \frac{b_0}{1}, \quad b_0 + \frac{a_1}{b_1} = \frac{b_0 b_1 + a_1}{b_1}, \quad b_0 + \cfrac{a_1}{b_1 + \cfrac{a_2}{b_2}} = \frac{b_0 b_1 b_2 + a_1 b_2 + b_0 a_2}{b_1 b_2 + a_2}.$$

Bevor wir das allgemeine Bildungsgesetz dieser Polynome studieren, die hier im Zähler und Nenner auftreten, wollen wir für den Kettenbruch (1) eine gedrängtere Schreibweise einführen, nämlich

$$b_0 + \frac{a_1|}{|b_1} + \frac{a_2|}{|b_2} + \cdots + \frac{a_n|}{|b_n}. \tag{2}$$

In der Literatur findet man statt dessen auch vielfach

$$b_0 \dot{+} \frac{a_1}{b_1} \dot{+} \frac{a_2}{b_2} \dot{+} \cdots \dot{+} \frac{a_n}{b_n}$$

oder auch

$$b_0 + \frac{a_1}{b_1 +} \frac{a_2}{b_2 +} \cdots + \frac{a_n}{b_n}$$

oder noch anderes geschrieben. Doch besitzt unsere von Pringsheim eingeführte Bezeichnung wohl den Vorzug größerer Deutlichkeit.

Die a_ν, b_ν heißen die Elemente des Kettenbruches. Speziell nennt man b_0 das Anfangsglied; ist es gleich 0, so läßt man es nebst dem darauffolgenden Pluszeichen meistens weg, schreibt also einfach

$$\frac{a_1|}{|b_1} + \cdots + \frac{a_n|}{|b_n} \quad \text{statt} \quad 0 + \frac{a_1|}{|b_1} + \cdots + \frac{a_n|}{|b_n}.$$

Der Bruch $\frac{a_\nu}{b_\nu}$ wird als der ν-te **Teilbruch** oder das ν-te **Glied** bezeichnet. Da er aber eigentlich gar kein Bestandteil des Kettenbruches ist, wollen wir lieber den Ausdruck $\frac{a_\nu|}{|b_\nu}$ so nennen. Ferner heißen a_ν, b_ν der ν-te **Teilzähler** bzw. **Teilnenner**; entsprechend soll b_0 auch der nullte Teilnenner genannt werden. Von dem Kettenbruch selbst sagen wir, er sei $(n+1)$-gliedrig, indem wir bei der Zählung der Gliederzahl das Anfangsglied b_0 ausdrücklich mitzählen.

Sind einige oder alle Teilzähler mit Minuszeichen versehen, so schreibt man diese auch an Stelle der Pluszeichen vor die betreffenden Teilbrüche; also statt

$$b_0 + \frac{-a_1|}{|\ b_1} + \frac{a_2|}{|b_2} + \frac{-a_3|}{|\ b_3} + \cdots + \frac{-a_n|}{|\ b_n}$$

wird man z.B. auch schreiben:

$$b_0 - \frac{a_1|}{|b_1} + \frac{a_2|}{|b_2} - \frac{a_3|}{|b_3} \cdots - \frac{a_n|}{|b_n}.$$

Doch sind jetzt natürlich nicht a_1 und a_3 als erster und dritter Teilzähler anzusehen, sondern $-a_1$ und $-a_3$.

II. Kettenbrüche kommen erstmals bei *Cataldi* **1** vor, später bei *Schwenter* **1**, *Wallis* **1**, **2a**, **b**, *Huygens* **1**. Doch sind das nur vereinzelte Ansätze; von einer eigentlichen Theorie kann erst bei *Euler* gesprochen werden, der dem Gegenstand zahlreiche Abhandlungen gewidmet hat. Eine erste systematische Darstellung gab *Stern* **1**. Von da an nahm die Theorie einen mächtigen Aufschwung, die nächste zusammenfassende Darstellung war dann 1912 die erste Auflage dieses Buches.

§ 2. Die Umwandlung in einen gewöhnlichen Bruch.

I. Um einen Kettenbruch

$$b_0 + \frac{a_1|}{|b_1} + \cdots + \frac{a_n|}{|b_n} \tag{1}$$

zu „berechnen“, das heißt, als gewöhnlichen Bruch (mit nur **einem** Bruchstrich) darzustellen, ist es das Nächstliegende, ihn „von hinten her einzurichten“. Dazu setzen wir $\xi_n = b_n$ und

$$\xi_\nu = b_\nu + \frac{a_{\nu+1}|}{|b_{\nu+1}} + \cdots + \frac{a_n|}{|b_n} \qquad (\nu = 0, 1, \ldots, n-1). \tag{2}$$

Dann ist augenscheinlich

$$\xi_{n-1} = b_{n-1} + \frac{a_n}{\xi_n},\ \xi_{n-2} = b_{n-2} + \frac{a_{n-1}}{\xi_{n-1}},\ \ldots,\ \xi_1 = b_1 + \frac{a_2}{\xi_2},\ \xi_0 = b_0 + \frac{a_1}{\xi_1}, \tag{3}$$

so daß man sukzessive $\xi_{n-1}, \xi_{n-2}, \ldots, \xi_1, \xi_0$ berechnen kann, und ξ_0 ist gerade der gewünschte Kettenbruch (1). Dabei ergeben sich in der Praxis manchmal Kürzungsmöglichkeiten. Zum Beispiel bei

$$1 + \frac{9|}{|6} - \frac{4|}{|3} + \frac{2|}{|2}$$

wird man so rechnen:

$$\xi_3 = 2,\ \xi_2 = 3 + \frac{2}{2} = 4,\ \xi_1 = 6 - \frac{4}{4} = 5,\ \xi_0 = 1 + \frac{9}{5} = \frac{14}{5}.$$

Der Kettenbruch ist also gleich $\frac{14}{5}$. Von der Möglichkeit, daß einmal $\xi_\nu = 0$ wird, so daß $\xi_{\nu-1}$ nicht existiert, sehen wir bei dieser vorläufigen Orientierung ab.

II. Für die Praxis meist ebenso bequem (nicht immer, wegen fehlender Kürzungsmöglichkeit), für die Theorie aber viel bedeutungsvoller ist ein anderes Verfahren. Wir betrachten das System von beliebig vielen Gleichungen

$$(4)\qquad \begin{cases} x_0 = b_0 x_1 + a_1 x_2, \\ x_1 = b_1 x_2 + a_2 x_3, \\ x_2 = b_2 x_3 + a_3 x_4, \\ \ldots\ldots\ldots\ldots \end{cases}$$

Hier lassen sich bei gegebenen Konstanten a_ν, b_ν offenbar zwei beliebige aufeinanderfolgende x, etwa x_ν und $x_{\nu+1}$, als Unbestimmte ansehen und dann, wenn die ersten ν Gleichungen des Systems in umgekehrter Reihenfolge gelesen werden, der Reihe nach $x_{\nu-1}, x_{\nu-2}, \ldots, x_1, x_0$ als lineare homogene Polynome von x_ν, $x_{\nu+1}$ berechnen, also etwa

$$(5)\qquad x_0 = A_{\nu-1} x_\nu + C_{\nu-1} x_{\nu+1}, \quad x_1 = B_{\nu-1} x_\nu + D_{\nu-1} x_{\nu+1}.$$

Um hier die Koeffizienten zu bestimmen, wählen wir zuerst $\nu = 0$, dann $\nu = 1$ und finden

$$(6)\qquad \begin{cases} A_{-1} = 1, & C_{-1} = 0, & A_0 = b_0 & C_0 = a_1, \\ B_{-1} = 0, & D_{-1} = 1, & B_0 = 1, & D_0 = 0. \end{cases}$$

Aus der ersten Gleichung (5) und aus (4) folgt nun weiter

$$\begin{aligned} x_0 &= A_{\nu-1}(b_\nu x_{\nu+1} + a_{\nu+1} x_{\nu+2}) + C_{\nu-1} x_{\nu+1} \\ &= (b_\nu A_{\nu-1} + C_{\nu-1}) x_{\nu+1} + a_{\nu+1} A_{\nu-1} x_{\nu+2}. \end{aligned}$$

Durch Vergleich mit (5) für $\nu + 1$ an Stelle von ν ergibt sich also

$$A_\nu = b_\nu A_{\nu-1} + C_{\nu-1}, \quad C_\nu = a_{\nu+1} A_{\nu-1}.$$

Daher ist

$$(7)\qquad A_\nu = b_\nu A_{\nu-1} + a_\nu A_{\nu-2} \qquad (\nu = 1, 2, 3, \ldots)$$

und analog ergibt sich aus der zweiten Gleichung (5) auch

$$(8)\qquad B_\nu = b_\nu B_{\nu-1} + a_\nu B_{\nu-2} \qquad (\nu = 1, 2, 3, \ldots),$$

während die Gleichungen (5) selbst übergehen in

$$(9)\qquad \begin{cases} x_0 = A_{\nu-1} x_\nu + a_\nu A_{\nu-2} x_{\nu+1}, \\ x_1 = B_{\nu-1} x_\nu + a_\nu B_{\nu-2} x_{\nu+1}. \end{cases}$$

Wenn man jetzt $\nu = n + 1$ wählt, sodann den Unbestimmten x_{n+1}, x_{n+2} die Spezialwerte $x_{n+1} = 1$, $x_{n+2} = 0$ erteilt, so daß $x_0 = A_n$, $x_1 = B_n$ wird, und schließlich noch

$$\frac{x_\lambda}{x_{\lambda+1}} = \xi_\lambda \qquad (\lambda = 0, 1, \ldots, n)$$

setzt, gehen die ersten n Gleichungen des Systems (4) sogleich in die Formeln (3) in umgekehrter Reihenfolge über, so daß ξ_0 gerade gleich dem Kettenbruch (1) wird. Es ist also

$$b_0 + \frac{a_1|}{|b_1} + \cdots + \frac{a_n|}{|b_n} = \xi_0 = \frac{x_0}{x_1} = \frac{A_n}{B_n}, \tag{10}$$

und ebenso ist allgemein

$$b_0 + \frac{a_1|}{|b_1} + \cdots + \frac{a_\nu|}{|b_\nu} = \frac{A_\nu}{B_\nu}, \tag{11}$$

wobei sich die A_ν, B_ν rekurrent aus den Formeln (siehe (7), (8))

$$\begin{cases} A_\nu = b_\nu A_{\nu-1} + a_\nu A_{\nu-2}, \\ B_\nu = b_\nu B_{\nu-1} + a_\nu B_{\nu-2} \end{cases} \qquad (\nu = 1, 2, 3, \ldots) \tag{12}$$

mit den Anfangswerten (siehe (6))

$$\begin{cases} A_{-1} = 1 \quad A_0 = b_0, \\ B_{-1} = 0 \quad B_0 = 1 \end{cases} \tag{13}$$

ergeben (*Wallis* **1**, *Euler* **2**). Die Berechnung des obigen numerischen Kettenbruches geht hiernach so von statten:

$$\frac{A_0}{B_0} = \frac{1}{1}, \frac{A_1}{B_1} = \frac{6\cdot 1 + 9\cdot 1}{6\cdot 1 + 9\cdot 0} = \frac{15}{6}, \ \frac{A_2}{B_2} = \frac{3\cdot 15 - 4\cdot 1}{3\cdot 6 - 4\cdot 1} = \frac{41}{14}, \ \frac{A_3}{B_3} = \frac{2\cdot 41 + 2\cdot 15}{2\cdot 14 + 2\cdot 6} = \frac{112}{40}.$$

Der Kettenbruch ist also gleich $\frac{112}{40} = \frac{14}{5}$, wie vorhin. Man hüte sich aber, den Bruch $\frac{15}{6}$ vor dem Weiterrechnen zu kürzen; denn man braucht A_1, B_1 selbst, nicht den Quotienten.

III. Wenn man in dem Gleichungssystem (4) die Indizes aller a, b, x um 1 erhöht, geht jede Gleichung in die nachfolgende über. Daher müssen auch alle soeben aus (4) abgeleiteten Formeln durch diese Erhöhung wieder in richtige Formeln übergehen. Speziell aus der ersten Gleichung (9) entsteht so, wenn man mit $A_{\lambda,1}$ dasjenige Polynom der Elemente bezeichnet, das aus A_λ durch die besagte Erhöhung hervorgeht, die Formel

$$x_1 = A_{\nu-1,1} x_{\nu+1} + a_{\nu+1} A_{\nu-2,1} x_{\nu+2} \qquad (\nu = 1, 2, 3, \ldots).$$

Nach der zweiten Gleichung (9) ist aber auch, wenn man ν durch $\nu + 1$ ersetzt,

$$x_1 = B_\nu x_{\nu+1} + a_{\nu+1} B_{\nu-1} x_{\nu+2} \qquad (\nu = 1, 2, 3, \ldots)$$

und durch Vergleich mit der vorausgehenden Formel ergibt sich, da $x_{\nu+1}$ und $x_{\nu+2}$ als Unbestimmte gelten dürfen:

$$B_\nu = A_{\nu-1,1} \qquad (\nu = 0, 1, 2, \ldots). \tag{14}$$

IV. Wir werden, um die Abhängigkeit des Polynoms A_ν von den Elementen deutlich zu machen, bisweilen das von Th. Muir eingeführte Symbol

$$A_\nu = K\begin{pmatrix} a_1, a_2, \ldots, a_\nu \\ b_0, b_1, b_2, \ldots, b_\nu \end{pmatrix} \qquad (\nu \geqq 1) \tag{15}$$

gebrauchen. Es ist dann auch

$$A_{\nu-1} = K\begin{pmatrix} a_1, a_2, \ldots, a_{\nu-1} \\ b_0, b_1, b_2, \ldots, b_{\nu-1} \end{pmatrix},$$

und durch Erhöhung der Indizes um eine Einheit gemäß (14)

$$B_\nu = K\begin{pmatrix} a_2, a_3, \ldots, a_\nu \\ b_1, b_2, b_3, \ldots, b_\nu \end{pmatrix}. \tag{16}$$

Endlich sei noch die folgende Formel wegen ihrer häufigen Anwendung ausdrücklich hervorgehoben:

$$b_0 + \frac{a_1|}{|b_1} + \cdots + \frac{a_{\nu-1}|}{|b_{\nu-1}} + \frac{a_\nu|}{|\xi_\nu} = \frac{A_{\nu-1}\xi_\nu + A_{\nu-2}a_\nu}{B_{\nu-1}\xi_\nu + B_{\nu-2}a_\nu}. \tag{17}$$

In der Tat geht ja dieser Kettenbruch aus

$$b_0 + \frac{a_1|}{|b_1} + \cdots + \frac{a_{\nu-1}|}{|b_{\nu-1}} + \frac{a_\nu|}{|b_\nu} = \frac{A_\nu}{B_\nu} = \frac{b_\nu A_{\nu-1} + a_\nu A_{\nu-2}}{b_\nu B_{\nu-1} + a_\nu B_{\nu-2}}$$

durch bloße Änderung der Bezeichnung hervor, indem einfach b_ν ersetzt wird durch ξ_ν.

Hieran schließen wir noch die folgende Definition:

Definition: Die Brüche $\quad \frac{A_0}{B_0}, \frac{A_1}{B_1}, \frac{A_2}{B_2}, \ldots, \frac{A_n}{B_n}$

heißen die Näherungsbrüche des Kettenbruches (1), und zwar allgemein $\frac{A_\nu}{B_\nu}$ der Näherungsbruch ν^{ter} Ordnung[1]). Der letzte Näherungsbruch fällt demnach mit dem Kettenbruch selbst zusammen, während der Näherungsbruch ν^{ter} Ordnung entsteht, indem man nur die ersten $\nu + 1$ Glieder mitnimmt, die letzten $n - \nu$ aber wegläßt. Das Polynom A_ν heißt entsprechend der Näherungszähler, ebenso B_ν der Näherungsnenner ν^{ter} Ordnung.

§ 3. Die Euler-Mindingschen Formeln.

I. Die Rekursionsformeln (12) des vorigen Paragraphen gestatten die Näherungszähler und -nenner A_ν, B_ν sukzessive für wachsende Werte von ν zu berechnen. Um auch eine independente Darstellung für diese Funktionen zu erhalten, betrachten wir das Produkt

$$P_\nu = b_0 b_1 \cdots b_\nu \left(1 + \frac{a_1}{b_0 b_1}\right)\left(1 + \frac{a_2}{b_1 b_2}\right) \cdots \left(1 + \frac{a_\nu}{b_{\nu-1} b_\nu}\right), \quad P_0 = b_0. \tag{1}$$

Multipliziert man aus, so werden in dem entstehenden Aggregat gewisse Glieder vorkommen, in denen alle b_i des Nenners sich wegheben, z.B. die beiden Glieder

$$b_0 b_1 \cdots b_\nu \frac{a_1}{b_0 b_1} = b_2 \cdots b_\nu a_1; \quad b_0 b_1 \cdots b_\nu \frac{a_1}{b_0 b_1}\frac{a_3}{b_2 b_3} = b_4 \cdots b_\nu a_1 a_3.$$

Es werden aber auch Glieder vorkommen, bei denen das nicht der Fall ist, z.B.

$$b_0 b_1 \cdots b_\nu \frac{a_1}{b_0 b_1}\frac{a_2}{b_1 b_2} = \frac{b_3 \cdots b_\nu a_1 a_2}{b_1}.$$

---

[1]) Von andern als $(\nu + 1)^{\text{ter}}$ Näherungsbruch bezeichnet.

Bezeichnet man die Summe der Glieder der ersten Art mit P'_ν, die Summe derjenigen der zweiten Art mit P''_ν, so ist

$$P_\nu = P'_\nu + P''_\nu.$$

Man verifiziert nun ohne weiteres

$$P'_0 = b_0 = A_0,$$
$$P'_1 = b_0 b_1 + a_1 = A_1.$$

Wenn wir daher noch die Rekursionsformel beweisen können:

$$P'_\nu = b_\nu P'_{\nu-1} + a_\nu P'_{\nu-2} \qquad (\nu \geqq 2),$$

so wird, weil die A_ν nach § 2, Fl. (12) ebenderselben genügen, allgemein $P'_\nu = A_\nu$ sein (Schluß von ν auf $\nu + 1$). Nun folgt aber sofort aus der Definition von P_ν:

$$P_\nu = b_\nu \left(1 + \frac{a_\nu}{b_{\nu-1} b_\nu}\right) P_{\nu-1} = b_\nu P_{\nu-1} + \frac{a_\nu}{b_{\nu-1}} P_{\nu-1};$$

also auch, indem man ν durch $\nu - 1$ ersetzt:

$$P_{\nu-1} = b_{\nu-1} P_{\nu-2} + \frac{a_{\nu-1}}{b_{\nu-2}} P_{\nu-2}.$$

Führt man das in das letzte Glied der vorigen Gleichung ein, so entsteht

$$P_\nu = b_\nu P_{\nu-1} + a_\nu P_{\nu-2} + \frac{a_\nu a_{\nu-1}}{b_{\nu-1} b_{\nu-2}} P_{\nu-2}.$$

Der Sinn dieser Gleichung ist nun offenbar der: Wenn man für P_ν, $P_{\nu-1}$, $P_{\nu-2}$ die ausgerechneten Aggregate in sie einsetzt, so kommen auf der linken Seite genau die gleichen Glieder zum Vorschein wie auf der rechten. Insbesondere wird also auch die Summe der Glieder, in denen die b_i des Nenners sich wegheben, rechts die gleiche sein müssen wie links, also P'_ν. Da aber $P_{\nu-2}$ von $b_{\nu-1}$ nicht abhängt, so enthält der Term $\frac{a_\nu a_{\nu-1}}{b_{\nu-1} b_{\nu-2}} P_{\nu-2}$ gar kein Glied, in welchem der Nenner sich vollständig weghebt; ebensowenig enthalten $b_\nu P''_{\nu-1}$ und $a_\nu P''_{\nu-2}$ solche Glieder, und aus der letzten Formel folgt sogleich

$$P'_\nu = b_\nu P'_{\nu-1} + a_\nu P'_{\nu-2}, \quad \text{w. z. b. w.}$$

Aus P_ν ergibt sich für P'_ν und also für A_ν die Darstellung:

$$(2) \qquad A_\nu = b_0 b_1 \cdots b_\nu \left(1 + \sum_{i}^{0,\nu-1} \frac{a_{i+1}}{b_i b_{i+1}} + \sum_{i<k}^{0,\nu-2} \frac{a_{i+1}}{b_i b_{i+1}} \frac{a_{k+2}}{b_{k+1} b_{k+2}} + \sum_{i<k<l}^{0,\nu-3} \frac{a_{i+1}}{b_i b_{i+1}} \frac{a_{k+2}}{b_{k+1} b_{k+2}} \frac{a_{l+3}}{b_{l+2} b_{l+3}} + \cdots \right),$$

wobei in der ersten Summe der Index i die Werte von 0 bis $\nu - 1$ durchläuft, so daß diese Summe ν Glieder hat; ebenso ist in der zweiten Summe i, k über alle Kombinationen der Zahlen $0, 1, \ldots \nu - 2$ zur zweiten Klasse ohne Wiederholung zu erstrecken ($i < k$), so daß diese Summe $\binom{\nu-1}{2}$ Glieder enthält; in der dritten Summe i, k, l über alle Kombinationen der Zahlen $0, 1, \ldots, \nu - 3$

zur dritten Klasse ohne Wiederholung ($i < k < l$), so daß die Gliederzahl gleich $\binom{\nu-2}{3}$ ist, usw. Die Reihe (2) ist soweit fortzusetzen, bis sie von selbst abbricht[1]).

Ebenso beweist man, daß in dem ausmultiplizierten Produkt

$$Q_\nu = b_1 b_2 \cdots b_\nu \left(1 + \frac{a_2}{b_1 b_2}\right) \cdots \left(1 + \frac{a_\nu}{b_{\nu-1} b_\nu}\right)$$

die Summe derjenigen Glieder, in denen alle b_i des Nenners sich wegheben, gerade gleich B_ν ist. Es ergibt sich das aber auch sofort aus dem Umstand, daß B_ν aus $A_{\nu-1}$ entsteht, indem man die Indizes aller Elemente um 1 erhöht (§ 2, Formel (14)). Für B_ν erhält man daher die Formel:

$$B_\nu = b_1 b_2 \cdots b_\nu \left(1 + \sum_i^{1,\nu-1} \frac{a_{i+1}}{b_i b_{i+1}} + \sum_{i<k}^{1,\nu-2} \frac{a_{i+1}}{b_i b_{i+1}} \frac{a_{k+2}}{b_{k+1} b_{k+2}} + \cdots\right). \tag{3}$$

Die Formeln (2), (3) hat in dieser Allgemeinheit dem Prinzip nach *Stern* **1**, übersichtlicher *Minding* **1** angegeben; für den Fall, daß alle Teilzähler $a_i = 1$ sind, schon *Euler* **5**; wir nennen sie die Euler-Mindingschen Formeln. Auf den Zusammenhang mit dem Produkt P_ν hat für den Fall $a_i = 1$ *Siebeck* **1** aufmerksam gemacht, im allgemeinen Fall wohl erst *Jensen* **1**.

II. Um die Nützlichkeit unserer Formeln darzutun, wollen wir die Anzahl der Glieder berechnen, aus denen sich A_ν, B_ν zusammensetzen. Dazu ist aber nur nötig, die verschiedenen Anzahlen, die den einzelnen Summen entsprechen und die wir schon angegeben haben, zusammenzuzählen. Die Gesamtzahl erweist sich so für A_ν gleich

$$1 + \binom{\nu}{1} + \binom{\nu-1}{2} + \binom{\nu-2}{3} + \cdots$$

und analog für B_ν:

$$1 + \binom{\nu-1}{1} + \binom{\nu-2}{2} + \binom{\nu-3}{3} + \cdots,$$

wobei diese Reihen soweit fortzusetzen sind, bis sie von selbst abbrechen (*Stern* **1**).

Als weitere Anwendung berechnen wir den Wert des $(\nu + 1)$-gliedrigen Kettenbruches

$$b + \frac{a|}{|b} + \frac{a|}{|b} + \cdots + \frac{a|}{|b},$$

der also außer dem Anfangsglied b noch ν untereinander gleiche Teilbrüche $\frac{a|}{|b}$ hat. Hier werden in den Formeln (2), (3) die Glieder unter der ersten Summe sämtlich gleich $\frac{a}{b^2}$, die der zweiten sämtlich gleich $\frac{a^2}{b^4}$ usw., so daß man erhält (*Stern* **1**):

---

[1]) Natürlich sind die Brüche in Formel (2) nur scheinbar; in Wahrheit heben sich ja alle Nenner weg und jedes Glied ist ganz. Das ist bei Anwendung auf numerische Kettenbrüche zu beachten, wenn einige b_i verschwinden, in welchem Fall ja verschiedene Glieder, wenn man sie in ihrer Bruchform beließe, sinnlos wären.

$$A_\nu = b^{\nu+1} + \binom{\nu}{1} b^{\nu-1} a + \binom{\nu-1}{2} b^{\nu-3} a^2 + \binom{\nu-2}{3} b^{\nu-5} a^3 + \cdots,$$

$$B_\nu = b^\nu \quad + \binom{\nu-1}{1} b^{\nu-2} a + \binom{\nu-2}{2} b^{\nu-4} a^2 + \binom{\nu-3}{3} b^{\nu-6} a^3 + \cdots,$$

woraus sich durch Division der Wert des Kettenbruches ergibt. Die Reihen sind dabei wieder soweit fortzusetzen, bis sie von selbst abbrechen.

§ 4. Kontinuanten.

I. Eine von der Euler-Mindingschen grundverschiedene independente Darstellung der A_ν, B_ν ist nach manchen älteren Ansätzen[1]) etwa gleichzeitig durch zwei Autoren, *S. Günther* 1 und *Nachreiner* 1, systematisch für die Theorie der Kettenbrüche verwertet worden. Sie ergibt sich am einfachsten, wenn man die Rekursionsformel (12) des § 2 für A_ν in der Gestalt schreibt

$$a_\nu A_{\nu-2} + b_\nu A_{\nu-1} - A_\nu = 0,$$

und für ν der Reihe nach die Werte $1, 2, \ldots, \nu$ einsetzt. Man erhält dadurch, da $A_{-1} = 1$ ist:

$$\begin{array}{ll} b_1 A_0 - A_1 & = -a_1, \\ a_2 A_0 + b_2 A_1 - A_2 & = 0, \\ \quad a_3 A_1 + b_3 A_2 - A_3 & = 0, \\ \cdots\cdots\cdots\cdots & \\ \qquad a_\nu A_{\nu-2} + b_\nu A_{\nu-1} - A_\nu & = 0. \end{array}$$

Schreibt man an die Spitze dieses Systems noch die Gleichung $-A_0 = -b_0$, so hat man im ganzen $\nu + 1$ lineare Gleichungen für die $\nu + 1$ Unbekannten $A_0, A_1, \ldots, A_\nu$. Löst man diese nach den elementaren Regeln der Determinantentheorie speziell nach der letzten Unbekannten A_ν auf, so ergibt sich

$$(-1)^{\nu+1} A_\nu = \begin{vmatrix} -1 & & & & & & & -b_0 \\ b_1 & -1 & & & & & & -a_1 \\ a_2 & b_2 & -1 & & & & & 0 \\ & a_3 & b_3 & -1 & & & & 0 \\ \cdot & \cdot & \cdot & \cdot & \cdot & \cdot & \cdot & \cdot \\ & & & & a_{\nu-1} & b_{\nu-1} & -1 & 0 \\ & & & & & a_\nu & b_\nu & 0 \end{vmatrix},$$

wo die leeren Felder durch Nullen auszufüllen sind. Indem man die letzte Spalte an die erste Stelle bringt und das Vorzeichen ändert, erhält man:

$$(1) \qquad A_\nu = \begin{vmatrix} b_0 & -1 & & & & \\ a_1 & b_1 & -1 & & & \\ & a_2 & b_2 & -1 & & \\ \cdot & \cdot & \cdot & \cdot & \cdot & \cdot \\ & & & a_{\nu-1} & b_{\nu-1} & -1 \\ & & & & a_\nu & b_\nu \end{vmatrix}.$$

[1]) Erstes Vorkommen bei *Sylvester* 1.

Eine derartige Determinante wird als Kettenbruchdeterminante oder Kontinuante, auch Kumulante bezeichnet. Durch ein analoges Verfahren erhält man B_ν; doch kommt man rascher zu dem gewünschten Ausdruck, wenn man wieder bedenkt, daß B_ν aus $A_{\nu-1}$ hervorgeht, indem man die Indizes aller Elemente um 1 erhöht. So ergibt sich augenblicklich

$$(2) \qquad B_\nu = \begin{vmatrix} b_1 & -1 & & & & \\ a_2 & b_2 & -1 & & & \\ & a_3 & b_3 & -1 & & \\ \cdot & \cdot & \cdot & \cdot & \cdot & \cdot \\ & & & a_{\nu-1} & b_{\nu-1} & -1 \\ & & & & a_\nu & b_\nu \end{vmatrix},$$

woraus man weiter ersieht:

$$(3) \qquad B_\nu = \frac{\partial A_\nu}{\partial b_0}.$$

II. Als Anwendung dieser Formeln beweisen wir eine wichtige Eigenschaft der Polynome A_ν, die sich übrigens ebenso leicht aus der Euler-Mindingschen Darstellung ergeben würde und die sich bei Benutzung des Muirschen Symbols in der Formel ausdrückt:

$$(4) \qquad K\begin{pmatrix} a_1, a_2, \ldots, a_\nu \\ b_0, b_1, b_2, \ldots, b_\nu \end{pmatrix} = K\begin{pmatrix} a_\nu, a_{\nu-1}, \ldots, a_1 \\ b_\nu, b_{\nu-1}, b_{\nu-2}, \ldots, b_0 \end{pmatrix}.$$

Schreibt man nämlich beide Seiten dieser Gleichung als Kontinuanten, so haben sie die Gestalt

$$\begin{vmatrix} b_0 & -1 & & & & \\ a_1 & b_1 & -1 & & & \\ & a_2 & b_2 & -1 & & \\ \cdot & \cdot & \cdot & \cdot & \cdot & \cdot \\ & & & a_{\nu-1} & b_{\nu-1} & -1 \\ & & & & a_\nu & b_\nu \end{vmatrix} \quad \text{bzw.} \quad \begin{vmatrix} b_\nu & -1 & & & & \\ a_\nu & b_{\nu-1} & -1 & & & \\ & a_{\nu-1} & b_{\nu-2} & -1 & & \\ \cdot & \cdot & \cdot & \cdot & \cdot & \cdot \\ & & & a_2 & b_1 & -1 \\ & & & & a_1 & b_0 \end{vmatrix}.$$

Diese Determinanten sind aber in der Tat einander gleich, da die eine aus der andern durch Umklappen um die Nebendiagonale hervorgeht. *Das Muirsche Symbol bleibt also unverändert, wenn man die Reihenfolge der Elemente umkehrt.*

Als Folgerung dieses Satzes bemerken wir sogleich die beiden Formeln

$$(5) \qquad b_\nu + \frac{a_\nu|}{|b_{\nu-1}} + \frac{a_{\nu-1}|}{|b_{\nu-2}} + \cdots + \frac{a_1|}{|b_0} = \frac{A_\nu}{A_{\nu-1}},$$

$$(6) \qquad b_\nu + \frac{a_\nu|}{|b_{\nu-1}} + \frac{a_{\nu-1}|}{|b_{\nu-2}} + \cdots + \frac{a_2|}{|b_1} = \frac{B_\nu}{B_{\nu-1}}.$$

In der Tat sind diese Kettenbrüche zunächst gleich

$$\frac{K\begin{pmatrix} a_\nu, a_{\nu-1}, \ldots, a_1 \\ b_\nu, b_{\nu-1}, \ldots\ldots, b_0 \end{pmatrix}}{K\begin{pmatrix} a_{\nu-1}, a_{\nu-2}, \ldots, a_1 \\ b_{\nu-1}, b_{\nu-2}, \ldots\ldots, b_0 \end{pmatrix}} \quad \text{bzw.} \quad \frac{K\begin{pmatrix} a_\nu, a_{\nu-1}, \ldots, a_2 \\ b_\nu, b_{\nu-1}, \ldots\ldots, b_1 \end{pmatrix}}{K\begin{pmatrix} a_{\nu-1}, a_{\nu-2}, \ldots, a_2 \\ b_{\nu-1}, b_{\nu-2}, \ldots\ldots, b_1 \end{pmatrix}}.$$

Da man aber die Reihenfolge der Elemente in den Muirschen Symbolen umkehren darf, so ergeben sich sofort die angegebenen Werte.

Übrigens fließen beide Formeln auch unmittelbar aus den Formeln (12) des § 2, wenn man diese für abnehmende Werte von ν anschreibt.

§ 5. Die Fundamentalformeln. — Matrizes.

I. Wir wenden uns wieder dem in § 2 betrachteten Gleichungssystem zu:

$$(1) \quad \begin{cases} x_0 = b_0 x_1 + a_1 x_2, \\ x_1 = b_1 x_2 + a_2 x_3, \\ x_2 = b_2 x_3 + a_3 x_4, \\ \ldots\ldots\ldots \end{cases}$$

Nach den dortigen Formeln (9) ist dann

$$(2) \quad \begin{cases} x_0 = A_{\nu-1} x_\nu + a_\nu A_{\nu-2} x_{\nu+1}, \\ x_1 = B_{\nu-1} x_\nu + a_\nu B_{\nu-2} x_{\nu+1}. \end{cases}$$

Wenn man die Indizes aller a, b, x um eine Zahl λ erhöht, so geht jede Gleichung des Systems (1) in diejenige desselben Systems über, welche um λ Zeilen später kommt. Daher müssen auch die daraus abgeleiteten Gleichungen (2) richtig bleiben, wenn man darin die genannte Indizeserhöhung vornimmt. Um die so entstehenden Gleichungen bequem schreiben zu können, bezeichnen wir diejenigen Polynome der Elemente, welche aus A_ν, B_ν entstehen, wenn man die Indizes aller darin auftretenden Elemente um λ erhöht, mit $A_{\nu,\lambda}$ $B_{\nu,\lambda}$, wie für $\lambda = 1$ bereits in § 2 geschehen. Es ist also nach dieser Definition

$$(3) \quad \begin{cases} A_{\nu,\lambda} = K\begin{pmatrix} a_{\lambda+1}, a_{\lambda+2}, \ldots, a_{\lambda+\nu} \\ b_\lambda, b_{\lambda+1}, \ldots\ldots\ldots, b_{\lambda+\nu} \end{pmatrix}, & A_{\nu,0} = A_\nu, \\[2ex] B_{\nu,\lambda} = K\begin{pmatrix} a_{\lambda+2}, a_{\lambda+3}, \ldots, a_{\lambda+\nu} \\ b_{\lambda+1}, b_{\lambda+2}, \ldots\ldots, b_{\lambda+\nu} \end{pmatrix}, & B_{\nu,0} = B_\nu, \end{cases}$$

$$(3\text{a}) \quad A_{-1,\lambda} = 1,\ B_{-1,\lambda} = 0, \quad A_{0,\lambda} = b_\lambda, \quad B_{0,\lambda} = 1, \quad B_{1,\lambda} = b_{\lambda+1}.$$

Nimmt man nun in (2) die gedachte Indizeserhöhung vor, so kommt:

$$x_\lambda = A_{\nu-1,\lambda} x_{\nu+\lambda} + a_{\nu+\lambda} A_{\nu-2,\lambda} x_{\nu+\lambda+1},$$
$$x_{\lambda+1} = B_{\nu-1,\lambda} x_{\nu+\lambda} + a_{\nu+\lambda} B_{\nu-2,\lambda} x_{\nu+\lambda+1}.$$

Wenn man die Gleichungen (2) speziell für den Wert $\nu = \lambda$ (der übrigens beliebig ist) anschreibt und dann auf der rechten Seite für x_λ, $x_{\lambda+1}$ die soeben gefundenen Werte einsetzt, erhält man nach leichter Umordnung der Glieder:

$$\begin{aligned} x_0 = (A_{\lambda-1} A_{\nu-1,\lambda} + a_\lambda A_{\lambda-2} B_{\nu-1,\lambda}) x_{\nu+\lambda} \\ + a_{\nu+\lambda}(A_{\lambda-1} A_{\nu-2,\lambda} + a_\lambda A_{\lambda-2} B_{\nu-2,\lambda}) x_{\nu+\lambda+1}, \\ x_1 = (B_{\lambda-1} A_{\nu-1,\lambda} + a_\lambda B_{\lambda-2} B_{\nu-1,\lambda}) x_{\nu+\lambda} \\ + a_{\nu+\lambda}(B_{\lambda-1} A_{\nu-2,\lambda} + a_\lambda B_{\lambda-2} B_{\nu-2,\lambda}) x_{\nu+\lambda+1}. \end{aligned}$$

Anderseits ergibt sich aber direkt aus (2), indem man $\nu + \lambda$ an Stelle von ν setzt,

$$x_0 = A_{\nu+\lambda-1} x_{\nu+\lambda} + a_{\nu+\lambda} A_{\nu+\lambda-2} x_{\nu+\lambda+1},$$
$$x_1 = B_{\nu+\lambda-1} x_{\nu+\lambda} + a_{\nu+\lambda} B_{\nu+\lambda-2} x_{\nu+\lambda+1}.$$

Da $x_{\nu+\lambda}$, $x_{\nu+\lambda+1}$ als Unbestimmte angenommen werden dürfen, so entstehen durch Vergleichung der beiden letzten Formelpaare die zwei wichtigen Gleichungen:

(4)
$$\begin{cases} A_{\nu+\lambda-1} = A_{\lambda-1}A_{\nu-1,\lambda} + a_\lambda A_{\lambda-2}B_{\nu-1,\lambda}, \\ B_{\nu+\lambda-1} = B_{\lambda-1}A_{\nu-1,\lambda} + a_\lambda B_{\lambda-2}B_{\nu-1,\lambda}, \end{cases}$$

die sich übrigens auch durch den Schluß von ν auf $\nu + 1$ erweisen lassen. Diese beiden Gleichungen nennen wir die **Fundamentalformeln**. Dabei ist zu bemerken, daß die zweite ihrem Wesen nach mit der ersten identisch ist und sich nur durch die Bezeichnung von ihr unterscheidet. Es ist nämlich, wie man aus (3) und (3a) sofort erkennt,

(5)
$$B_{\nu,\lambda} = A_{\nu-1,\lambda+1}.$$

Infolgedessen läßt sich in all unseren Formeln der Buchstabe B vermeiden und dafür A mit passender Indexänderung einsetzen. Tut man das speziell in den beiden Fundamentalformeln, so gehen sie über in

$$\begin{aligned} A_{\nu+\lambda-1} &= A_{\lambda-1}A_{\nu-1,\lambda} + a_\lambda A_{\lambda-2}A_{\nu-2,\lambda+1}, \\ A_{\nu+\lambda-2,1} &= A_{\lambda-2,1}A_{\nu-1,\lambda} + a_\lambda A_{\lambda-3,1}A_{\nu-2,\lambda+1}. \end{aligned}$$

Hieraus erkennt man aber, daß die beiden Formeln sich in der Tat nur durch die Bezeichnung unterscheiden; denn die zweite geht augenscheinlich aus der ersten hervor, indem man $\lambda - 1$ an Stelle von λ setzt und sodann bei allen Elementen den Index um 1 erhöht.

Als Spezialfall der Fundamentalformeln bemerken wir den für $\nu = 1$:

$$A_\lambda = b_\lambda A_{\lambda-1} + a_\lambda A_{\lambda-2}, \quad B_\lambda = b_\lambda B_{\lambda-1} + a_\lambda B_{\lambda-2},$$

der offenbar auf die Rekursionsformeln (12) des § 2 hinausläuft; sowie auch den für $\lambda = 1$:

(6)
$$A_\nu = b_0 A_{\nu-1,1} + a_1 B_{\nu-1,1}, \quad B_\nu = A_{\nu-1,1},$$

wobei aber auch nur die erste Gleichung für uns neu ist. Erhöht man in dieser noch sämtliche Indizes um eine Zahl λ und ersetzt die A vermittels (5) durch B, so entsteht:

(7)
$$B_{\nu+1,\lambda-1} = b_\lambda B_{\nu,\lambda} + a_{\lambda+1}B_{\nu-1,\lambda+1}.$$

Hieraus erhält man endlich noch, wenn man ν, λ bzw. ersetzt durch $\nu + 1$, $\lambda - 1$, und statt B vermittels (5) A einführt:

(8)
$$A_{\nu+1,\lambda-1} = b_{\lambda-1}A_{\nu,\lambda} + a_\lambda A_{\nu-1,\lambda+1}.$$

II. Speziell für $\lambda = n - \nu$ gehen die letzten beiden Formeln über in:

$$\begin{aligned} A_{\nu+1,n-\nu-1} &= b_{n-\nu-1}A_{\nu,n-\nu} + a_{n-\nu}A_{\nu-1,n-\nu+1}, \\ B_{\nu+1,n-\nu-1} &= b_{n-\nu}B_{\nu,n-\nu} + a_{n-\nu+1}B_{\nu-1,n-\nu+1}. \end{aligned}$$

Hieraus kann man die Brüche

$$\frac{A_{0,n}}{B_{0,n}}, \frac{A_{1,n-1}}{B_{1,n-1}}, \frac{A_{2,n-2}}{B_{2,n-2}}, \ldots, \frac{A_{n-1,1}}{B_{n-1,1}}, \frac{A_n}{B_n}.$$

das heißt also die Kettenbrüche

$$\frac{A_{\nu,n-\nu}}{B_{\nu,n-\nu}} = b_{n-\nu} + \frac{a_{n-\nu+1}|}{|b_{n-\nu+1}} + \cdots + \frac{a_n|}{|b_n}$$

für $\nu = 0, 1, \ldots, n$ der Reihe nach berechnen und dadurch zuletzt $\frac{A_n}{B_n}$ gewinnen. Das läuft auf die zu Beginn des § 2 beschriebene Methode des „Einrichtens von hinten her" hinaus.

III. Die verschiedenen Formeln zwischen den $A_{\nu,\lambda}$ und $B_{\nu,\lambda}$ lassen sich auch mit Hilfe des Matrixkalküls gewinnen und darstellen. Die Aufgabe, zwei lineare Transformationen

$$\text{(A)} \qquad \begin{cases} x_1 = a_{11} y_1 + a_{12} y_2, \\ x_2 = a_{21} y_1 + a_{22} y_2 \end{cases} \qquad \Bigg| \qquad \begin{matrix} y_1 = b_{11} z_1 + b_{12} z_2, \\ y_2 = b_{21} z_1 + b_{22} z_2 \end{matrix}$$

nacheinander auszuführen und zu einer einzigen zu verschmelzen, gibt bekanntlich Veranlassung, das Produkt zweier Matrizes folgendermaßen zu definieren:

$$\begin{pmatrix} a_{11} & a_{12} \\ a_{21} & a_{22} \end{pmatrix} \begin{pmatrix} b_{11} & b_{12} \\ b_{21} & b_{22} \end{pmatrix} = \begin{pmatrix} a_{11} b_{11} + a_{12} b_{21} & a_{11} b_{12} + a_{12} b_{22} \\ a_{21} b_{11} + a_{22} b_{21} & a_{21} b_{12} + a_{22} b_{22} \end{pmatrix} = \begin{pmatrix} c_{11} & c_{12} \\ c_{21} & c_{22} \end{pmatrix}.$$

Aus (A) folgt dann

$$\text{(B)} \qquad \begin{matrix} x_1 = c_{11} z_1 + c_{12} z_2, \\ x_2 = c_{21} z_1 + c_{22} z_2. \end{matrix}$$

Wir werden diese Regel vielfach in der inhomogenen Form anwenden:

Regel. *Aus den Formeln*

$$\xi = \frac{a_{11}\eta + a_{12}}{a_{21}\eta + a_{22}}, \quad \eta = \frac{b_{11}\zeta + b_{12}}{b_{21}\zeta + b_{22}}$$

folgt

$$\xi = \frac{c_{11}\zeta + c_{12}}{c_{21}\zeta + c_{22}}, \quad \textit{wobei} \begin{pmatrix} c_{11} & c_{12} \\ c_{21} & c_{22} \end{pmatrix} = \begin{pmatrix} a_{11} & a_{12} \\ a_{21} & a_{22} \end{pmatrix} \begin{pmatrix} b_{11} & b_{12} \\ b_{21} & b_{22} \end{pmatrix}.$$

Nach dem Produktsatz für Determinanten ist dann auch

$$\begin{vmatrix} c_{11} & c_{12} \\ c_{21} & c_{22} \end{vmatrix} = \begin{vmatrix} a_{11} & a_{12} \\ a_{21} & a_{22} \end{vmatrix} \cdot \begin{vmatrix} b_{11} & b_{12} \\ b_{21} & b_{22} \end{vmatrix}.$$

Im Gegensatz zum Determinantenprodukt ist das Matrixprodukt im allgemeinen nicht kommutativ, wohl aber assoziativ, so daß man auch beliebig viele Faktoren ohne Ordnungsklammern nebeneinander stellen darf. Außerdem ist

$$\begin{pmatrix} a_{11} & a_{12} \\ a_{21} & a_{22} \end{pmatrix} \begin{pmatrix} 1 & 0 \\ 0 & 1 \end{pmatrix} = \begin{pmatrix} 1 & 0 \\ 0 & 1 \end{pmatrix} \begin{pmatrix} a_{11} & a_{12} \\ a_{21} & a_{22} \end{pmatrix} = \begin{pmatrix} a_{11} & a_{12} \\ a_{21} & a_{22} \end{pmatrix},$$

so daß die „Einheitsmatrix" $\begin{pmatrix} 1 & 0 \\ 0 & 1 \end{pmatrix}$ als Faktor stets weggelassen werden kann.

Des weiteren wird das Produkt einer zweispaltigen Matrix (erster Faktor) mit einer einspaltigen (zweiter Faktor) durch die Formel

$$\begin{pmatrix} a_{11} & a_{12} \\ a_{21} & a_{22} \end{pmatrix} \begin{pmatrix} y_1 \\ y_2 \end{pmatrix} = \begin{pmatrix} a_{11} y_1 + a_{12} y_2 \\ a_{21} y_1 + a_{22} y_2 \end{pmatrix}$$

als einspaltige Matrix definiert. Ist dann etwa

$$\begin{pmatrix} x_1 \\ x_2 \end{pmatrix} = \begin{pmatrix} a_{11} & a_{12} \\ a_{21} & a_{22} \end{pmatrix} \begin{pmatrix} y_1 \\ y_2 \end{pmatrix}, \quad \begin{pmatrix} y_1 \\ y_2 \end{pmatrix} = \begin{pmatrix} b_{11} & b_{12} \\ b_{21} & b_{22} \end{pmatrix} \begin{pmatrix} z_1 \\ z_2 \end{pmatrix},$$

was mit den obigen Formeln (A) gleichbedeutend ist, so ist nach (B) auch

$$\begin{pmatrix} x_1 \\ x_2 \end{pmatrix} = \begin{pmatrix} c_{11} & c_{12} \\ c_{21} & c_{22} \end{pmatrix} \begin{pmatrix} z_1 \\ z_2 \end{pmatrix} \quad \text{mit} \quad \begin{pmatrix} c_{11} & c_{12} \\ c_{21} & c_{22} \end{pmatrix} = \begin{pmatrix} a_{11} & a_{12} \\ a_{21} & a_{22} \end{pmatrix} \begin{pmatrix} b_{11} & b_{12} \\ b_{21} & b_{22} \end{pmatrix}.$$

Unter Verwendung dieses Matrixkalküls kann man die Rekursionsformeln (12) des § 2 so schreiben:

$$\text{(9)} \qquad \begin{pmatrix} A_\nu & A_{\nu-1} \\ B_\nu & B_{\nu-1} \end{pmatrix} = \begin{pmatrix} A_{\nu-1} & A_{\nu-2} \\ B_{\nu-1} & B_{\nu-2} \end{pmatrix} \begin{pmatrix} b_\nu & 1 \\ a_\nu & 0 \end{pmatrix}$$

oder auch so:

$$\text{(10)} \qquad \begin{pmatrix} A_\nu & A_{\nu-1} a_{\nu+1} \\ B_\nu & B_{\nu-1} a_{\nu+1} \end{pmatrix} = \begin{pmatrix} A_{\nu-1} & A_{\nu-2} a_\nu \\ B_{\nu-1} & B_{\nu-2} a_\nu \end{pmatrix} \begin{pmatrix} b_\nu & a_{\nu+1} \\ 1 & 0 \end{pmatrix}.$$

Mit Rücksicht auf

$$\begin{pmatrix} A_0 & A_{-1} \\ B_0 & B_{-1} \end{pmatrix} = \begin{pmatrix} b_0 & 1 \\ 1 & 0 \end{pmatrix} \quad \text{bzw.} \quad \begin{pmatrix} A_0 & A_{-1} a_1 \\ B_0 & B_{-1} a_1 \end{pmatrix} = \begin{pmatrix} b_0 & a_1 \\ 1 & 0 \end{pmatrix}$$

folgt dann aus (9) bzw. (10)

$$\text{(11)} \qquad \begin{pmatrix} A_n & A_{n-1} \\ B_n & B_{n-1} \end{pmatrix} = \prod_{\nu=0}^{n} \begin{pmatrix} b_\nu & 1 \\ a_\nu & 0 \end{pmatrix} \quad \text{mit } a_0 = 1,$$

$$\text{(12)} \qquad \begin{pmatrix} A_n & A_{n-1} a_{n+1} \\ B_n & B_{n-1} a_{n+1} \end{pmatrix} = \prod_{\nu=0}^{n} \begin{pmatrix} b_\nu & a_{\nu+1} \\ 1 & 0 \end{pmatrix}.$$

Das Formelsystem (1) läßt sich ebenfalls in Matrixgestalt schreiben:

$$\text{(13)} \qquad \begin{pmatrix} x_\nu \\ x_{\nu+1} \end{pmatrix} = \begin{pmatrix} b_\nu & a_{\nu+1} \\ 1 & 0 \end{pmatrix} \begin{pmatrix} x_{\nu+1} \\ x_{\nu+2} \end{pmatrix} \qquad (\nu = 0, 1, 2, \ldots),$$

woraus folgt:

$$\text{(14)} \qquad \begin{pmatrix} x_0 \\ x_1 \end{pmatrix} = \prod_{\nu=0}^{n} \begin{pmatrix} b_\nu & a_{\nu+1} \\ 1 & 0 \end{pmatrix} \cdot \begin{pmatrix} x_{n+1} \\ x_{n+2} \end{pmatrix},$$

also wegen (12):

$$\text{(15)} \qquad \begin{pmatrix} x_0 \\ x_1 \end{pmatrix} = \begin{pmatrix} A_n & A_{n-1} a_{n+1} \\ B_n & B_{n-1} a_{n+1} \end{pmatrix} \begin{pmatrix} x_{n+1} \\ x_{n+2} \end{pmatrix},$$

womit die Formeln (2) wieder gewonnen sind (mit $n + 1$ an Stelle von ν). Aus (15) folgt, indem man die Indizes aller a, b, x um λ erhöht,

$$\text{(16)} \qquad \begin{pmatrix} x_\lambda \\ x_{\lambda+1} \end{pmatrix} = \begin{pmatrix} A_{n,\lambda} & A_{n-1,\lambda} a_{n+\lambda+1} \\ B_{n,\lambda} & B_{n-1,\lambda} a_{n+\lambda+1} \end{pmatrix} \begin{pmatrix} x_{n+\lambda+1} \\ x_{n+\lambda+2} \end{pmatrix}.$$

Schreibt man in (15) $\lambda - 1$ an Stelle von n und setzt dann rechts den Ausdruck aus (16) ein, so kommt:

$$\begin{pmatrix} x_0 \\ x_1 \end{pmatrix} = \begin{pmatrix} A_{\lambda-1} & A_{\lambda-2} a_\lambda \\ B_{\lambda-1} & B_{\lambda-2} a_\lambda \end{pmatrix} \begin{pmatrix} A_{n,\lambda} & A_{n-1,\lambda} a_{n+\lambda+1} \\ B_{n,\lambda} & B_{n-1,\lambda} a_{n+\lambda+1} \end{pmatrix} \begin{pmatrix} x_{n+\lambda+1} \\ x_{n+\lambda+2} \end{pmatrix}.$$

Vergleicht man schließlich diese Formel mit derjenigen, die aus (15) entsteht, wenn man n durch $n + \lambda$ ersetzt, so erhält man:

$$\text{(17)} \qquad \begin{pmatrix} A_{n+\lambda} & A_{n+\lambda-1} a_{n+\lambda+1} \\ B_{n+\lambda} & B_{n+\lambda-1} a_{n+\lambda+1} \end{pmatrix} = \begin{pmatrix} A_{\lambda-1} & A_{\lambda-2} a_\lambda \\ B_{\lambda-1} & B_{\lambda-2} a_\lambda \end{pmatrix} \begin{pmatrix} A_{n,\lambda} & A_{n-1,\lambda} a_{n+\lambda+1} \\ B_{n,\lambda} & B_{n-1,\lambda} a_{n+\lambda+1} \end{pmatrix},$$

und hieraus, indem man das Produkt ausmultipliziert, wieder die Fundamentalformeln (4) (mit $n + 1$ an Stelle von ν).

§ 6. Folgerungen aus den Fundamentalformeln.

I. Die Fundamentalformeln sind die Quelle für eine ganze Anzahl weiterer nicht minder wichtiger Relationen. Zunächst ergibt sich mit Rücksicht auf die Rekursionsformeln (12) des § 2:

$$\begin{aligned} A_\lambda B_{\lambda-1} - A_{\lambda-1} B_\lambda &= (b_\lambda A_{\lambda-1} + a_\lambda A_{\lambda-2}) B_{\lambda-1} - A_{\lambda-1}(b_\lambda B_{\lambda-1} + a_\lambda B_{\lambda-2}) \\ &= -a_\lambda (A_{\lambda-1} B_{\lambda-2} - A_{\lambda-2} B_{\lambda-1}). \end{aligned}$$

Hier unterscheidet sich die Klammergröße der rechten Seite nur dadurch von der linken Seite, daß λ durch $\lambda - 1$ ersetzt ist. Indem man daher für λ der Reihe nach die Werte λ, $\lambda - 1, \ldots, 2, 1$ einsetzt, erhält man

$$A_\lambda B_{\lambda-1} - A_{\lambda-1} B_\lambda = (-1)^\lambda a_\lambda a_{\lambda-1} \cdots a_2 a_1 (A_0 B_{-1} - A_{-1} B_0),$$

also, wenn man für die Größen A_0, B_0, A_{-1}, B_{-1} ihre Werte b_0, 1, 1, 0 einsetzt,

$$A_\lambda B_{\lambda-1} - A_{\lambda-1} B_\lambda = (-1)^{\lambda-1} a_1 a_2 \cdots a_\lambda. \tag{1}$$

Diese Formel ist nützlich, um die Differenz von zwei aufeinanderfolgenden Näherungsbrüchen auszudrücken; sie ergibt:

$$\frac{A_\lambda}{B_\lambda} - \frac{A_{\lambda-1}}{B_{\lambda-1}} = (-1)^{\lambda-1} \frac{a_1 a_2 \cdots a_\lambda}{B_{\lambda-1} B_\lambda}. \tag{2}$$

Die Gleichung (1) läßt sich noch wesentlich verallgemeinern. Aus den Fundamentalformeln (4) des § 5 folgt nämlich

$$\begin{aligned} A_{\nu+\lambda-1} B_{\lambda-1} - A_{\lambda-1} B_{\nu+\lambda-1} &= (A_{\lambda-1} A_{\nu-1,\lambda} + a_\lambda A_{\lambda-2} B_{\nu-1,\lambda}) B_{\lambda-1} \\ &\quad - A_{\lambda-1}(B_{\lambda-1} A_{\nu-1,\lambda} + a_\lambda B_{\lambda-2} B_{\nu-1,\lambda}) \\ &= -a_\lambda B_{\nu-1,\lambda}(A_{\lambda-1} B_{\lambda-2} - A_{\lambda-2} B_{\lambda-1}); \end{aligned}$$

also, indem man für die Klammer der rechten Seite den in (1) gefundenen Ausdruck einsetzt (wobei nur $\lambda - 1$ an Stelle von λ zu treten hat):

$$A_{\nu+\lambda-1} B_{\lambda-1} - A_{\lambda-1} B_{\nu+\lambda-1} = (-1)^{\lambda-1} a_1 a_2 \cdots a_\lambda B_{\nu-1,\lambda}. \tag{3}$$

Mittels dieser Formel kann man nun die Differenz von zwei beliebigen Näherungsbrüchen ausdrücken, nämlich

$$\frac{A_{\nu+\lambda-1}}{B_{\nu+\lambda-1}} - \frac{A_{\lambda-1}}{B_{\lambda-1}} = (-1)^{\lambda-1} \frac{a_1 a_2 \cdots a_\lambda B_{\nu-1,\lambda}}{B_{\nu+\lambda-1} B_{\lambda-1}}. \tag{4}$$

Für $\nu = 1$ geht diese Gleichung wieder in (2) über; daneben verdient auch der Spezialfall $\nu = 2$ hervorgehoben zu werden:

$$\frac{A_{\lambda+1}}{B_{\lambda+1}} - \frac{A_{\lambda-1}}{B_{\lambda-1}} = (-1)^{\lambda-1} \frac{a_1 a_2 \cdots a_\lambda b_{\lambda+1}}{B_{\lambda+1} B_{\lambda-1}}. \tag{5}$$

Gelegentlich werden wir auch die Formel gebrauchen, welche aus (3) hervorgeht, wenn man die Indizes aller Elemente um eine Zahl μ erhöht; man erhält dadurch

$$A_{\nu+\lambda-1,\mu} B_{\lambda-1,\mu} - A_{\lambda-1,\mu} B_{\nu+\lambda-1,\mu} = (-1)^{\lambda-1} a_{\mu+1} a_{\mu+2} \cdots a_{\mu+\lambda} B_{\nu-1,\mu+\lambda}. \tag{6}$$

II. Während die Rekursionsformeln (12) des § 2 aus irgend zwei aufeinanderfolgenden Näherungszählern oder -nennern den nächstfolgenden zu berechnen gestatten, dienen die Fundamentalformeln dazu, mit Hilfe von zwei aufeinanderfolgenden $A_{\lambda-1}$, $A_{\lambda-2}$ sogar ein beliebiges A mit größerem Index direkt auszudrücken; ebenso für B. Wir wollen nun noch eine Formel angeben, welche einen beliebigen Näherungszähler durch irgend zwei vorhergehende nicht notwendig aufeinanderfolgende ausdrückt, also etwa $A_{\alpha+\beta+\gamma-1}$ durch $A_{\alpha-1}$ und $A_{\alpha+\beta-1}$; ebenso auch für die Näherungsnenner. Zu dem Zweck bezeichne U_λ generell den Näherungszähler oder -nenner λ^{ter} Ordnung. Es ergibt sich dann aus den Fundamentalformeln (4) des § 5, wenn man sie zuerst für $\lambda = \alpha$, $\nu = \beta$, sodann für $\lambda = \alpha$, $\nu = \beta + \gamma$ anschreibt:

$$U_{\alpha+\beta-1} = A_{\beta-1,\alpha} U_{\alpha-1} + a_\alpha B_{\beta-1,\alpha} U_{\alpha-2},$$
$$U_{\alpha+\beta+\gamma-1} = A_{\beta+\gamma-1,\alpha} U_{\alpha-1} + a_\alpha B_{\beta+\gamma-1,\alpha} U_{\alpha-2}.$$

Durch Elimination von $U_{\alpha-2}$ aus diesen beiden Gleichungen erhält man:

$$B_{\beta-1,\alpha} U_{\alpha+\beta+\gamma-1} - B_{\beta+\gamma-1,\alpha} U_{\alpha+\beta-1} = (A_{\beta+\gamma-1,\alpha} B_{\beta-1,\alpha} - A_{\beta-1,\alpha} B_{\beta+\gamma-1,\alpha})\, U_{\alpha-1}.$$

Die Klammer der rechten Seite läßt sich aber nach Formel (6), angewandt für $\lambda = \beta$, $\mu = \alpha$, $\nu = \gamma$, ersetzen durch

$$(-1)^{\beta-1} a_{\alpha+1} a_{\alpha+2} \cdots a_{\alpha+\beta} B_{\gamma-1,\alpha+\beta},$$

so daß sich ergibt:

$$B_{\beta-1,\alpha} U_{\alpha+\beta+\gamma-1} = B_{\beta+\gamma-1,\alpha} U_{\alpha+\beta-1} + (-1)^{\beta-1} a_{\alpha+1} a_{\alpha+2} \cdots a_{\alpha+\beta} B_{\gamma-1,\alpha+\beta} U_{\alpha-1}.$$

Damit ist unser Ziel erreicht; denn da das Symbol U_λ sowohl A_λ als auch B_λ bedeuten kann, so ergeben sich die beiden Formeln

$$(7)\quad \begin{cases} B_{\beta-1,\alpha} A_{\alpha+\beta+\gamma-1} = B_{\beta+\gamma-1,\alpha} A_{\alpha+\beta-1} + (-1)^{\beta-1} a_{\alpha+1} a_{\alpha+2} \cdots a_{\alpha+\beta} B_{\gamma-1,\alpha+\beta} A_{\alpha-1}, \\ B_{\beta-1,\alpha} B_{\alpha+\beta+\gamma-1} = B_{\beta+\gamma-1,\alpha} B_{\alpha+\beta-1} + (-1)^{\beta-1} a_{\alpha+1} a_{\alpha+2} \cdots a_{\alpha+\beta} B_{\gamma-1,\alpha+\beta} B_{\alpha-1}, \end{cases}$$

die nun alle früheren, insbesondere auch die Fundamentalformeln, als Spezialfälle enthalten. Übrigens sind auch diese zwei Gleichungen wesentlich miteinander gleichbedeutend; der Unterschied liegt wieder einzig in der Bezeichnung.

Die Fundamentalformeln und alle, die wir soeben daraus abgeleitet haben, finden sich bei *Stern* 1, für den Spezialfall $a_i = 1$ schon bei *Euler* 5.

§ 7. Irreduzibilität.

Wir sind jetzt imstande, den Satz zu beweisen:

Satz 1.1. *Die A_ν, B_ν sind als Polynome der Elemente absolut irreduzibel.*

Da nämlich $A_{\nu-1}$, $A_{\nu-2}$ von a_ν, b_ν nicht abhängen, so ist wegen der Formel

$$A_\nu = b_\nu A_{\nu-1} + a_\nu A_{\nu-2}$$

A_ν eine in a_ν, b_ν lineare Funktion. Daher muß A_ν im Falle der Zerlegbarkeit gewiß auch einen von a_ν, b_ν freien Faktor haben. Sei also $A_\nu = PQ$, wo Q von a_ν, b_ν nicht abhängt, dann ist

$$A_\nu = b_\nu A_{\nu-1} + a_\nu A_{\nu-2} = PQ.$$

Setzt man aber in dieser Identität speziell $a_\nu = 0$, $b_\nu = 1$, wodurch ja Q unverändert bleibt, so ersieht man, daß $A_{\nu-1}$ den Faktor Q haben muß. Es ist daher Q ein gemeinsamer Faktor von A_ν und $A_{\nu-1}$, also wegen der Beziehung

$$A_\nu B_{\nu-1} - A_{\nu-1} B_\nu = (-1)^{\nu-1} a_1 a_2 \cdots a_\nu \quad \text{(Formel (1) des § 6)}$$

auch ein Faktor von $a_1 a_2 \cdots a_\nu$. Daher muß Q und folglich auch A_ν einen Faktor a_i enthalten; dann muß aber jedes Glied von A_ν diesen Faktor a_i haben. Allein A_ν enthält das Glied $b_1 b_2 \cdots b_\nu$ (das erste Glied in der Euler-Mindingschen Formel (2) des § 3), welches den Faktor a_i nicht hat. Wegen dieses Widerspruches ist unsere Annahme, daß A_ν zerlegbar ist, zu verwerfen.

Weiter bemerken wir, daß A_ν auch keinen Zahlenfaktor hat; in der Tat zeigt ja die Euler-Mindingsche Formel, daß jedes Glied von A_ν nur den Koeffizienten 1 hat.

Was wir soeben für A_ν bewiesen haben, läßt sich ganz analog für B_ν beweisen. Doch ergibt sich die Sache auch wieder daraus, daß B_ν sich von $A_{\nu-1}$ nur durch die Bezeichnung (Erhöhung der Indizes um 1) unterscheidet. Aus der Irreduzibilität und dem Fehlen eines Zahlenfaktors bei A_ν, B_ν ergibt sich die bemerkenswerte Tatsache, *daß die Näherungsbrüche* $\frac{A_\nu}{B_\nu}$ *alle schon ihre einfachste Form haben, also nicht mehr gekürzt werden können.*
Natürlich können aber die A_ν, B_ν reduzibel werden, sobald die Elemente nicht mehr unabhängig sind. Wenn zum Beispiel $a_2 = b_2$ ist, so wird

$$A_2 = b_0 b_1 b_2 + a_1 b_2 + b_0 b_2, \quad B_2 = b_1 b_2 + b_2;$$

daher sind jetzt A_2, B_2 reduzibel und haben sogar einen gemeinsamen Faktor b_2. Doch bemerken wir die besonderen zwei Fälle:

Satz 1. 2. *Sind alle Teilnenner gleich* 1, *so sind die* A_ν, B_ν *absolut irreduzible Polynome der Teilzähler.*

Satz 1. 3. *Sind alle Teilzähler gleich* 1, *so sind die* A_ν, B_ν *absolut irreduzible Polynome der Teilnenner.*

Der Beweis von Satz 1. 2 ist wörtlich so zu führen wie oben; eine Modifikation wird bei Satz 1. 3 nötig. Da lautet die Rekursionsformel wegen $a_\nu = 1$:

$$A_\nu = b_\nu A_{\nu-1} + A_{\nu-2}.$$

Daher muß A_ν im Fall der Reduzibilität wieder einen von b_ν freien Faktor Q haben, und man erhält

$$A_\nu = b_\nu A_{\nu-1} + A_{\nu-2} = PQ.$$

Setzt man in dieser Identität einmal $b_\nu = 0$, sodann $b_\nu = 1$, wobei ja Q unverändert bleibt, so ersieht man, daß Q auch ein Faktor von $A_{\nu-2}$ und von $A_{\nu-1} + A_{\nu-2}$ ist, also auch ein Faktor von $A_{\nu-1}$. Daher ist Q ein gemeinsamer Faktor von A_ν und $A_{\nu-1}$; also wegen

$$A_\nu B_{\nu-1} - A_{\nu-1} B_\nu = (-1)^{\nu-1} a_1 a_2 \cdots a_\nu = (-1)^{\nu-1}$$

auch ein Faktor von 1, womit der Satz bewiesen ist. Daß in beiden Fällen auch kein Zahlenfaktor existiert, zeigt wieder die Euler-Mindingsche Formel.

§ 8. Numerische Kettenbrüche. Konvergenz.

I. Wir haben bis jetzt die Elemente eines Kettenbruches als Unbestimmte vorausgesetzt. Sind aber die Elemente eines $(n+1)$-gliedrigen Kettenbruches numerisch gegeben, so wollen wir jetzt übereinkommen, dem Kettenbruch denjenigen Wert (Zahlwert) beizulegen, der aus $\frac{A_n}{B_n}$ entsteht, wenn man darin für die Elemente die gegebenen Zahlen einsetzt. Sowie also B_n von Null verschieden ausfällt, wird der Kettenbruch einen bestimmten Wert haben. Dagegen heißt er sinnlos, wenn $B_n = 0$ ist; ein Zahlwert kommt ihm in diesem Fall nicht zu. Wenn aber gleichzeitig $A_n \neq 0$ ist, so daß $\frac{B_n}{A_n}$ den Wert 0 hat, so sagt man auch, der Kettenbruch ist gleich ∞. Demnach wird zum Beispiel der Kettenbruch $1 + \frac{2|}{|1} + \frac{1|}{|0}$, obwohl im Nenner unter dem Teilzähler 2 der sinnlose Ausdruck $1 + \frac{1}{0}$ steht, sehr wohl einen Zahlwert haben; denn es ist

$$\begin{aligned} A_2 &= b_0 b_1 b_2 + a_1 b_2 + a_2 b_0 = 0 + 0 + 1 = 1, \\ B_2 &= b_1 b_2 + a_2 = 0 + 1 = 1, \end{aligned}$$

so daß der Kettenbruch den Wert 1 hat. Überhaupt ist stets

$$b_0 + \frac{a_1|}{|b_1} + \cdots + \frac{a_{n-1}|}{|b_{n-1}} + \frac{a_n|}{|0} = \frac{A_{n-2}}{B_{n-2}},$$

sofern nur a_n und B_{n-2} von Null verschieden sind. Denn es ist in unserm Fall $b_n = 0$, also vermöge der Rekursionsformeln (12) des § 2

$$\begin{aligned} A_n &= b_n A_{n-1} + a_n A_{n-2} = a_n A_{n-2}, \\ B_n &= b_n B_{n-1} + a_n B_{n-2} = a_n B_{n-2}, \end{aligned}$$

woraus die Behauptung folgt.

Allgemeiner kann der Kettenbruch

$$b_0 + \frac{a_1|}{|b_1} + \cdots + \frac{a_\lambda|}{|b_\lambda} + \frac{a_{\lambda+1}|}{|b_{\lambda+1}} + \cdots + \frac{a_{\lambda+\nu-1}|}{|b_{\lambda+\nu-1}}$$

sehr wohl selbst dann einen bestimmten Wert haben, wenn der unter a_λ im Nenner stehende Kettenbruch

$$b_\lambda + \frac{a_{\lambda+1}|}{|b_{\lambda+1}} + \cdots + \frac{a_{\lambda+\nu-1}|}{|b_{\lambda+\nu-1}}$$

den Wert Null hat. Letzteres besagt nämlich nur:

$$\frac{A_{\nu-1,\lambda}}{B_{\nu-1,\lambda}} = 0; \quad \text{also} \quad A_{\nu-1,\lambda} = 0, \quad B_{\nu-1,\lambda} \neq 0;$$

der ursprüngliche Kettenbruch ist daher unter Benutzung der Fundamentalformeln gleich

$$\frac{A_{\nu+\lambda-1}}{B_{\nu+\lambda-1}} = \frac{A_{\lambda-1} A_{\nu-1,\lambda} + a_\lambda A_{\lambda-2} B_{\nu-1,\lambda}}{B_{\lambda-1} A_{\nu-1,\lambda} + a_\lambda B_{\lambda-2} B_{\nu-1,\lambda}} = \frac{a_\lambda A_{\lambda-2}}{a_\lambda B_{\lambda-2}};$$

er hat also in der Tat den ganz bestimmten Wert $\frac{A_{\lambda-2}}{B_{\lambda-2}}$, sofern nur $a_\lambda \neq 0$, $B_{\lambda-2} \neq 0$ ist. Andernfalls ist er allerdings sinnlos.

II. Wenn zwei Folgen[1]) von Elementen

$$b_0, b_1, b_2, \ldots \quad \text{und} \quad a_1, a_2, a_3, \ldots$$

vorliegen, so kann man aus ihnen formal den unendlichen Kettenbruch bilden

$$b_0 + \frac{a_1|}{|b_1} + \frac{a_2|}{|b_2} + \frac{a_3|}{|b_3} + \cdots,$$

der dann unbegrenzt viele Glieder und daher auch unbegrenzt viele Näherungsbrüche

$$\frac{A_0}{B_0}, \frac{A_1}{B_1}, \frac{A_2}{B_2}, \frac{A_3}{B_3}, \ldots$$

hat. In vielen Fällen — und diese werden uns in erster Linie interessieren — trifft es sich, daß diese Näherungsbrüche mit wachsendem Index einem endlichen Grenzwert

$$\lim_{\nu\to\infty} \frac{A_\nu}{B_\nu} = \xi \tag{1}$$

zustreben. Der Kettenbruch heißt dann konvergent, und ξ sein Wert. Durch diese Definition rechtfertigt sich der Ausdruck „Näherungsbrüche"; denn diese Brüche sind jetzt Zahlen, welche dem wahren Kettenbruchwert ξ mit wachsendem Index beliebig nahe kommen. Dazu sei jedoch ausdrücklich bemerkt, daß unter den Näherungsbrüchen sehr wohl eine endliche Anzahl sinnloser sich finden kann; durch die Gleichung (1) soll nämlich nur gefordert sein, daß für hinreichend große Werte von ν, aber nicht notwendig schon von $\nu = 1$ an, die Zahlen $\frac{A_\nu}{B_\nu}$ existieren (und einen Grenzwert haben).

Wenn der Grenzwert (1) nicht existiert, so heißt der Kettenbruch divergent; er wird also insbesondere dann divergieren, wenn er unendlich viele sinnlose Näherungsbrüche hat. Unter den divergenten Kettenbrüchen sind diejenigen besonders ausgezeichnet, für welche

$$\lim_{\nu\to\infty} \frac{B_\nu}{A_\nu} = 0$$

ist; solche nennen wir „unwesentlich divergent"; alle anderen „wesentlich divergent". Bei unwesentlicher Divergenz sagen wir auch, der Kettenbruch hat den Wert ∞; dabei kann es insbesondere auch vorkommen, daß unendlich oft $B_\nu = 0$, $A_\nu \neq 0$, also der Näherungsbruch $\frac{A_\nu}{B_\nu}$ sinnlos ist. Wir werden in Band II sehen, daß die unwesentlich divergenten Kettenbrüche in vieler Beziehung mit den konvergenten auf eine Stufe zu stellen sind[2]).

III. Wir beweisen jetzt den wichtigen

Satz 1.4. *Wenn zwei von den drei Gleichungen*

$$\xi_0 = b_0 + \frac{a_1|}{|b_1} + \cdots + \frac{a_{\lambda-1}|}{|b_{\lambda-1}} + \frac{a_\lambda|}{|\xi_\lambda}, \tag{A}$$

[1]) Unter „Folgen" sind immer unendliche zu verstehen.

[2]) Aus diesem Grunde ist die Bezeichnung „unwesentlich divergent" der vom Verfasser in früheren Publikationen gewählten „eigentlich divergent" vorzuziehen.

B $$\xi_\lambda = b_\lambda + \frac{a_{\lambda+1}|}{|b_{\lambda+1}} + \frac{a_{\lambda+2}|}{|b_{\lambda+2}} + \cdots,$$

C $$\xi_0 = b_0 + \frac{a_1|}{|b_1} + \cdots + \frac{a_\lambda|}{|b_\lambda} + \frac{a_{\lambda+1}|}{|b_{\lambda+1}} + \frac{a_{\lambda+2}|}{|b_{\lambda+2}} + \cdots$$

bestehen, und wenn $a_1, a_2, \ldots, a_\lambda$ *von* 0 *verschieden sind, so gilt auch die dritte. Dabei ist es gleichgültig, ob die Kettenbrüche* B, C *wirklich unendlich sind, oder endlich und mit dem gleichen Glied schließend.*

Beweis. Wenn die Kettenbrüche B, C endlich sind, so sei ihr letztes Glied etwa $\frac{a_{\lambda+\nu-1}|}{|b_{\lambda+\nu-1}}$. Die Gleichungen A, B, C sind dann gleichbedeutend mit den folgenden:

A a $$\xi_0 = \frac{A_{\lambda-1}\xi_\lambda + A_{\lambda-2}a_\lambda}{B_{\lambda-1}\xi_\lambda + B_{\lambda-2}a_\lambda} \quad \text{(nach Formel (17) des § 2)},$$

B a $$\xi_\lambda = \frac{A_{\nu-1,\lambda}}{B_{\nu-1,\lambda}},$$

C a $$\xi_0 = \frac{A_{\lambda+\nu-1}}{B_{\lambda+\nu-1}} = \frac{A_{\lambda-1}A_{\nu-1,\lambda} + a_\lambda A_{\lambda-2}B_{\nu-1,\lambda}}{B_{\lambda-1}A_{\nu-1,\lambda} + a_\lambda B_{\lambda-2}B_{\nu-1,\lambda}},$$

wobei die letzte Gleichheit aus den Fundamentalformeln folgt. Sind aber die Kettenbrüche B, C unendlich, so ist einfach in B a, C a der Limes für $\nu \to \infty$ zu nehmen. Die Gleichungen lauten also in diesem Fall:

A a* $$\xi_0 = \frac{A_{\lambda-1}\xi_\lambda + A_{\lambda-2}a_\lambda}{B_{\lambda-1}\xi_\lambda + B_{\lambda-2}a_\lambda},$$

B a* $$\xi_\lambda = \lim_{\nu\to\infty} \frac{A_{\nu-1,\lambda}}{B_{\nu-1,\lambda}},$$

C a* $$\xi_0 = \lim_{\nu\to\infty} \frac{A_{\lambda+\nu-1}}{B_{\lambda+\nu-1}} = \lim_{\nu\to\infty} \frac{A_{\lambda-1}A_{\nu-1,\lambda} + a_\lambda A_{\lambda-2}B_{\nu-1,\lambda}}{B_{\lambda-1}A_{\nu-1,\lambda} + a_\lambda B_{\lambda-2}B_{\nu-1,\lambda}}.$$

Wir entwickeln nun, um Wiederholungen zu vermeiden, den Beweis für beide Fälle gemeinsam, und zwar in der Weise, daß wir alles, was sich nur auf den zweiten Fall bezieht, in $\langle\ \rangle$ stellen; der ganze nicht in $\langle\ \rangle$ stehende Text ist dann gerade der Beweis für den ersten Fall. Der ganze Beweis gliedert sich naturgemäß in drei Teile.

Erstens: A, B vorausgesetzt; C zu beweisen.

Aus A a$^{\langle *\rangle}$, B a$^{\langle *\rangle}$ folgt

$$\xi_0 = \langle\lim_{\nu\to\infty}\rangle \frac{A_{\lambda-1}\frac{A_{\nu-1,\lambda}}{B_{\nu-1,\lambda}} + A_{\lambda-2}a_\lambda}{B_{\lambda-1}\frac{A_{\nu-1,\lambda}}{B_{\nu-1,\lambda}} + B_{\lambda-2}a_\lambda} = \langle\lim_{\nu\to\infty}\rangle \frac{A_{\lambda-1}A_{\nu-1,\lambda} + a_\lambda A_{\lambda-2}B_{\nu-1,\lambda}}{B_{\lambda-1}A_{\nu-1,\lambda} + a_\lambda B_{\lambda-2}B_{\nu-1,\lambda}},$$

also in der Tat C a$^{\langle *\rangle}$.

Zweitens: B, C vorausgesetzt; A zu beweisen.

Wegen B a$^{\langle *\rangle}$ ist $\langle$für hinreichend große $\nu\rangle$ $B_{\nu-1,\lambda} \neq 0$; daher nach C a$^{\langle *\rangle}$:

$$\xi_0 = \langle\lim_{\nu\to\infty}\rangle \frac{A_{\lambda-1}\frac{A_{\nu-1,\lambda}}{B_{\nu-1,\lambda}} + a_\lambda A_{\lambda-2}}{B_{\lambda-1}\frac{A_{\nu-1,\lambda}}{B_{\nu-1,\lambda}} + a_\lambda B_{\lambda-2}}.$$

In diesem Bruch hat nun nach B a⟨*⟩ der Nenner den ⟨Grenz-⟩Wert $B_{\lambda-1}\xi_\lambda + a_\lambda B_{\lambda-2}$; ebenso der Zähler $A_{\lambda-1}\xi_\lambda + a_\lambda A_{\lambda-2}$. ⟨Diese Grenzwerte können nicht beide verschwinden, weil sonst auch

$$a_\lambda(A_{\lambda-1}B_{\lambda-2} - A_{\lambda-2}B_{\lambda-1}) = 0$$

sein müßte, während dieser Ausdruck doch nach Fl. (1) des § 6 gleich $\pm a_1 a_2 \cdots a_\lambda$, also nach Voraussetzung von 0 verschieden ist. Daraus folgt nun, daß der Grenzwert des Nenners nicht verschwinden kann. In diesem Fall müßte nämlich, weil ja der Quotient einen endlichen Grenzwert ξ_0 hat, auch der Zähler den Limes 0 haben. Daher wären die Grenzwerte von Zähler und Nenner beide gleich 0, was dem soeben Bewiesenen widerspricht. Nach diesen Feststellungen sind wir nun berechtigt, in der obigen Gleichung den Grenzwert des Quotienten durch den Quotienten der Grenzwerte zu ersetzen.⟩ Dadurch entsteht aber gerade die Gleichung A a⟨*⟩.

Drittens: A, C vorausgesetzt; B zu beweisen:

Zunächst folgt aus A a⟨*⟩:

$$\xi_\lambda(B_{\lambda-1}\xi_0 - A_{\lambda-1}) = -a_\lambda(B_{\lambda-2}\xi_0 - A_{\lambda-2}).$$

Hier kann nun die Klammer der linken Seite nicht verschwinden; sonst wäre nämlich, weil $a_\lambda \neq 0$ vorausgesetzt ist, auch die Klammer der rechten Seite gleich 0, und folglich $A_{\lambda-1}B_{\lambda-2} - A_{\lambda-2}B_{\lambda-1} = 0$, somit $a_1 a_2 \cdots a_{\lambda-1} = 0$, im Widerspruch mit unsern Voraussetzungen. Es ergibt sich also

$$\xi_\lambda = -a_\lambda \frac{B_{\lambda-2}\xi_0 - A_{\lambda-2}}{B_{\lambda-1}\xi_0 - A_{\lambda-1}}.$$

Setzt man hier für ξ_0 den Wert aus C a⟨*⟩ ein, so kommt:

$$\xi_\lambda = -a_\lambda \langle\lim_{\nu\to\infty}\rangle \frac{B_{\lambda-2}\dfrac{A_{\lambda+\nu-1}}{B_{\lambda+\nu-1}} - A_{\lambda-2}}{B_{\lambda-1}\dfrac{A_{\lambda+\nu-1}}{B_{\lambda+\nu-1}} - A_{\lambda-1}} = -a_\lambda \langle\lim_{\nu\to\infty}\rangle \frac{B_{\lambda-2}A_{\lambda+\nu-1} - A_{\lambda-2}B_{\lambda+\nu-1}}{B_{\lambda-1}A_{\lambda+\nu-1} - A_{\lambda-1}B_{\lambda+\nu-1}}.$$

In diesem letzteren Bruch ist der Nenner nach Formel (3) des § 6 gleich

$$(-1)^{\lambda-1} a_1 a_2 \cdots a_\lambda B_{\nu-1,\lambda}.$$

Der Zähler dagegen geht aus dem Nenner hervor, indem λ, ν durch $\lambda - 1$, $\nu + 1$ ersetzt wird; er ist also gleich

$$(-1)^{\lambda-2} a_1 a_2 \cdots a_{\lambda-1} B_{\nu,\lambda-1} = (-1)^{\lambda-2} a_1 a_2 \cdots a_{\lambda-1} A_{\nu-1,\lambda} \quad \text{(nach § 5, Fl. (5))}.$$

Daher geht die letzte Gleichung über in:

$$\xi_\lambda = -a_\lambda \langle\lim_{\nu\to\infty}\rangle \frac{(-1)^{\lambda-2} a_1 a_2 \cdots a_{\lambda-1} A_{\nu-1,\lambda}}{(-1)^{\lambda-1} a_1 a_2 \cdots a_\lambda B_{\nu-1,\lambda}} = \langle\lim_{\nu\to\infty}\rangle \frac{A_{\nu-1,\lambda}}{B_{\nu-1,\lambda}},$$

also in B a⟨*⟩. Somit ist unser Satz in allen Teilen bewiesen.

Einleuchtend ist auch

Satz 1. 5. *Aus der Gleichung*

$$\xi_0 = b_0 + \frac{a_1|}{|b_1} + \frac{a_2|}{|b_2} + \cdots$$

folgt, sofern $\xi_0 \neq 0$ *ist, stets*

$$\frac{1}{\xi_0} = \frac{1|}{|b_0} + \frac{a_1|}{|b_1} + \frac{a_2|}{|b_2} + \cdots,$$

und zwar ist es wieder gleichgültig, ob beide Kettenbrüche unendlich sind, oder endlich und mit dem gleichen Glied schließend. Für $\xi_0 = 0$ *dagegen ist der zweite Kettenbruch unwesentlich divergent, bzw. wenn er endlich ist, sinnlos.*

Bezeichnet man nämlich die Näherungszähler und -nenner ν^{ter} Ordnung des zweiten Kettenbruches mit C_ν, D_ν, so ist

$$\begin{aligned} C_0 &= 0 = B_{-1}, \quad & C_1 &= 1 = B_0, \quad & C_\nu &= b_{\nu-1} C_{\nu-1} + a_{\nu-1} C_{\nu-2}, \\ D_0 &= 1 = A_{-1}, \quad & D_1 &= b_0 = A_0, \quad & D_\nu &= b_{\nu-1} D_{\nu-1} + a_{\nu-1} D_{\nu-2}, \end{aligned}$$

woraus allgemein $C_\nu = B_{\nu-1}$, $D_\nu = A_{\nu-1}$ folgt. Es ist also $\frac{C_\nu}{D_\nu} = \frac{B_{\nu-1}}{A_{\nu-1}}$, und daraus ergibt sich ohne weiteres der Satz.

Eine wichtige Ergänzung zu Satz 1. 4 ist noch

Satz 1. 6. *Von den drei Aussagen*

A $$b_0 + \frac{a_1|}{|b_1} + \cdots + \frac{a_{\lambda-1}|}{|b_{\lambda-1}} + \frac{a_\lambda|}{|\xi_\lambda} \text{ ist sinnlos,}$$

B $$\xi_\lambda = b_\lambda + \frac{a_{\lambda+1}|}{|b_{\lambda+1}} + \frac{a_{\lambda+2}|}{|b_{\lambda+2}} + \cdots \text{ in infin.},$$

C $$b_0 + \frac{a_1|}{|b_1} + \cdots + \frac{a_\lambda|}{|b_\lambda} + \frac{a_{\lambda+1}|}{|b_{\lambda+1}} + \frac{a_{\lambda+2}|}{|b_{\lambda+2}} + \cdots \text{ ist unwesentlich divergent}$$

ziehen, wenn $a_1, a_2, \ldots, a_\lambda$ *von Null verschieden sind, je zwei die dritte nach sich.*

In der Tat, wenn der Kettenbruch A sinnlos ist, so hat sein letzter (nach § 2, Fl. (17) zu bildender) Näherungsnenner den Wert 0. Der letzte (ebenso zu bildende) Näherungszähler kann nicht verschwinden, weil sonst mit Rücksicht auf § 6, Fl. (1) auch $a_1 a_2 \cdots a_\lambda = 0$ sein müßte, entgegen der Voraussetzung. Die Relation A ist daher gleichbedeutend mit

A′ $$0 = \frac{1|}{|b_0} + \frac{a_1|}{|b_1} + \cdots + \frac{a_{\lambda-1}|}{|b_{\lambda-1}} + \frac{a_\lambda|}{|\xi_\lambda},$$

da ja, wie aus dem Beweis von Satz 1. 5 hervorgeht, der Näherungsbruch ν^{ter} Ordnung von A′ gleich dem reziproken Wert des Näherungsbruches $(\nu - 1)^{\text{ter}}$ Ordnung von A ist. Ebenso besagt die Relation C so viel wie

C′ $$0 = \frac{1|}{|b_0} + \frac{a_1|}{|b_1} + \cdots + \frac{a_\lambda|}{|b_\lambda} + \frac{a_{\lambda+1}|}{|b_{\lambda+1}} + \frac{a_{\lambda+2}|}{|b_{\lambda+2}} + \cdots.$$

Von den Gleichungen A′, B, C′ ist aber nach Satz 1. 4 in der Tat jede eine Folge der zwei andern, so daß auch Satz 1. 6 richtig ist.

II. Regelmäßige Kettenbrüche.

§ 9. Die endlichen regelmäßigen Kettenbrüche.

I. Wir bezeichnen mit x_0, x_1 zwei ganze Zahlen, deren zweite positiv sei. Wenn man dann x_0 durch x_1 dividiert, so erhält man einen ganzzahligen Quotienten b_0 und einen Rest x_2, der nicht negativ, aber jedenfalls kleiner als x_1 ist:

$$x_0 = b_0 x_1 + x_2, \quad x_1 > x_2.$$

Dabei ist $b_0 = 0$ für $0 \leqq x_0 < x_1$; sonst hat b_0 dasselbe Vorzeichen wie x_0. Geht die Division nicht auf, ist also $x_2 > 0$, so dividiere man nun x_1 durch x_2; man erhält dann einen ganzzahligen positiven Quotienten b_1 und einen Rest x_3, der wiederum nicht negativ, aber kleiner als x_2 ist:

$$x_1 = b_1 x_2 + x_3, \quad x_2 > x_3.$$

Geht die Division abermals nicht auf, so wird man jetzt x_2 durch x_3 dividieren und man erhält dann durch Fortsetzung dieses Verfahrens das Rechenschema:

$$(1) \qquad x_0 = b_0 x_1 + x_2, \quad x_1 = b_1 x_2 + x_3, \quad x_2 = b_2 x_3 + x_4, \; \ldots,$$

wo die b_ν, x_ν von $\nu = 1$ an positive ganze Zahlen sind und die Ungleichungen gelten:

$$(2) \qquad x_1 > x_2 > x_3 > \cdots.$$

Da die ganzen Zahlen x_ν von $\nu = 1$ an stets abnehmen, ohne je negativ zu werden, so muß das Verfahren nach einer endlichen Anzahl von Schritten notwendig ein Ende erreichen, indem einmal die Division aufgeht, also ein Rest verschwindet. Ist das etwa der Rest x_{n+2}, so wollen wir annehmen, daß $n > 0$ ist, daß also die erste Division $x_0 : x_1$ noch nicht aufgeht. Das Schema (1) endet dann mit den zwei Gleichungen

$$x_{n-1} = b_{n-1} x_n + x_{n+1}, \quad x_n = b_n x_{n+1}.$$

Wegen $n > 0$ ist $x_n > x_{n+1}$; daher ist der letzte Quotient b_n größer als 1, also mindestens gleich 2.

Das beschriebene Divisionsverfahren ist nichts anderes als der bekannte Euklidische Algorithmus zur Bestimmung des größten gemeinsamen Teilers von x_0 und x_1. Dieser Teiler ist, wie leicht zu sehen, die Zahl x_{n+1}, worauf wir aber hier nicht eingehen; uns interessiert vielmehr die aus dem System (1), welches ein Spezialfall des Systems (1) des § 5 ist, hervorgehende Kettenbruchentwicklung.

Setzt man nämlich $\frac{x_\nu}{x_{\nu+1}} = \xi_\nu$, so daß wegen (2) von $\nu = 1$ an stets $\xi_\nu > 1$ ist, so gehen die Gleichungen (1) über in

$$(3) \quad \begin{cases} \xi_0 = b_0 + \frac{1}{\xi_1} = b_0 + \frac{1|}{|\xi_1}, \\ \xi_1 = b_1 + \frac{1}{\xi_2} = b_1 + \frac{1|}{|\xi_2}, \\ \dots\dots\dots\dots\dots\dots \\ \xi_{n-1} = b_{n-1} + \frac{1}{\xi_n} = b_{n-1} + \frac{1|}{|\xi_n}, \\ \xi_n = b_n, \end{cases}$$

und hieraus resultieren unter Benutzung von Satz 1. 4, S. 18 sukzessive die Kettenbruchentwicklungen

$$\xi_0 = b_0 + \frac{1|}{|b_1} + \frac{1|}{|\xi_2} = b_0 + \frac{1|}{|b_1} + \frac{1|}{|b_2} + \frac{1|}{|\xi_3} = \cdots,$$

also schließlich

$$(4) \quad \frac{x_0}{x_1} = \xi_0 = b_0 + \frac{1|}{|b_1} + \frac{1|}{|b_2} + \cdots + \frac{1|}{|b_n}.$$

II. Es empfiehlt sich, für Kettenbrüche, deren Teilzähler sämtlich gleich 1 sind, eine kürzere Schreibweise einzuführen. An Stelle von

$$b_0 + \frac{1|}{|b_1} + \frac{1|}{|b_2} + \cdots + \frac{1|}{|b_n}$$

wollen wir einfach schreiben:

$$[b_0, b_1, b_2, \ldots, b_n],$$

und analog auch bei unendlichen Kettenbrüchen. Für dieses neue Symbol liefert Satz 1. 4, S. 18 sogleich die folgende Regel:

A. *Irgend zwei der drei Gleichungen*

$$\begin{aligned} \xi_0 &= [b_0, b_1, \ldots, b_{\lambda-1}, \xi_\lambda], \\ \xi_\lambda &= [b_\lambda, b_{\lambda+1}, b_{\lambda+2}, \ldots], \\ \xi_0 &= [b_0, b_1, \ldots, b_\lambda, b_{\lambda+1}, \ldots] \end{aligned}$$

ziehen die dritte nach sich; dabei ist es gleichgültig, ob die letzten beiden Kettenbrüche unendlich oder endlich und mit dem gleichen Gliede schließend sind.

Als besonders nützlich heben wir einen Spezialfall dieser Regel hervor:

B. *Wenn die Gleichungen*

$$\xi_0 = [b_0, b_1, \ldots, b_{\lambda-1}, \xi_\lambda], \quad \xi_\lambda = [b_\lambda, \xi_{\lambda+1}]$$

gelten, so ist ganz von selbst auch

$$\xi_0 = [b_0, b_1, \ldots, b_{\lambda-1}, b_\lambda, \xi_{\lambda+1}].$$

Unter Benutzung unseres neuen Symboles nimmt nun die Gleichung (4) die einfachere Gestalt an:

$$(5) \quad \frac{x_0}{x_1} = \xi_0 = [b_0, b_1, \ldots, b_n].$$

Hieran schließen wir die

Definition. *Ein endlicher oder unendlicher Kettenbruch heißt regelmäßig, wenn die Teilzähler alle gleich* 1 *und die Teilnenner positive ganze Zahlen sind; nur das Anfangsglied darf eine beliebige ganze Zahl sein.*

Dann können wir unsere Ergebnisse vorläufig dahin zusammenfassen, daß jede rationale gebrochene Zahl ξ_0 sich in einen endlichen regelmäßigen Kettenbruch entwickeln läßt, dessen letzter Teilnenner mindestens gleich 2 ist. In der Tat ist ja eine solche Kettenbruchentwicklung durch die Gleichung (5) geleistet. Das Verfahren, welches zur Herstellung des Kettenbruches diente, läßt sich nun im Anschluß an das Gleichungssystem (3) noch etwas einfacher beschreiben, als oben geschehen, nämlich:

Man ziehe aus ξ_0 die größte ganze Zahl b_0 heraus; der Rest sei $\frac{1}{\xi_1}$. Sodann ziehe man aus dem unechten Bruch ξ_1 die größte ganze Zahl b_1 heraus, der Rest sei $\frac{1}{\xi_2}$. Dann ziehe man wieder aus dem unechten Bruch ξ_2 die größte ganze Zahl b_2 heraus usw. Dieser Prozeß muß nach dem Bewiesenen abbrechen, indem einmal ξ_n eine ganze Zahl b_n wird, die mindestens gleich 2 ist; es ist dann $\xi_0 = [b_0, b_1, \ldots, b_n]$.

Nun ist umgekehrt klar, daß jeder endliche regelmäßige Kettenbruch eine rationale Zahl darstellt, und zwar auch dann, wenn der letzte Teilnenner nicht größer als 1 ist. In der Tat ist ja

$$[b_0, b_1, b_2, \ldots, b_n] = \frac{A_n}{B_n},$$

wo A_n und B_n mittels der Rekursionsformeln (12), (13) des § 2 zu berechnen sind; diese lauten jetzt, weil die Teilzähler gleich 1 sind:

$$A_{-1} = 1, \quad A_0 = b_0, \quad A_\nu = b_\nu A_{\nu-1} + A_{\nu-2} \qquad (\nu \geqq 1), \tag{6}$$

$$B_{-1} = 0, \quad B_0 = 1, \quad B_\nu = b_\nu B_{\nu-1} + B_{\nu-2} \qquad (\nu \geqq 1), \tag{7}$$

so daß alle A_ν, B_ν ganze Zahlen werden, und zwar $B_\nu > 0$ für $\nu \geqq 0$, also in der Tat $\frac{A_n}{B_n}$ eine rationale Zahl. W. z. b. w. Für $b_0 \geqq 0$ wird, wie ebenso leicht ersichtlich, auch $A_\nu \geqq 0$; von $\nu = 1$ an (für $b_0 > 0$ schon von $\nu = 0$ an) sogar $A_\nu > 0$. Bei den regelmäßigen Kettenbrüchen ist es zweckmäßig, noch die Größen

$$A_{-2} = 0, \quad B_{-2} = 1 \tag{8}$$

einzuführen, wodurch die Rekursionsformeln schon von $\nu = 0$ an Gültigkeit erlangen. Die praktische Ausrechnung eines Kettenbruches gestaltet sich dann sehr einfach; z.B. erhält man für [2, 3, 2, 1, 4, 2, 3] das Schema:

ν	-2	-1	0	1	2	3	4	5	6
b_ν			2	3	2	1	4	2	3
A_ν	0	1	2	7	16	23	108	239	825
B_ν	1	0	1	3	7	10	47	104	359

wo jede Zahl der dritten Zeile dadurch entsteht, daß man die darüber stehende Zahl mit der vorausgehenden der dritten Zeile multipliziert und die nächstvorausgehende hinzuaddiert; analog für die vierte Zeile. Es ist also

$$[2, 3, 2, 1, 4, 2, 3] = \frac{825}{359}.$$

Wir beweisen jetzt, daß der so berechnete Bruch immer schon in seiner irreduzibeln Form erscheint; überhaupt gilt der

Satz 2.1. *Sind* $\frac{A_{\lambda-1}}{B_{\lambda-1}}$, $\frac{A_\lambda}{B_\lambda}$ *zwei aufeinanderfolgende Näherungsbrüche eines regelmäßigen Kettenbruches, so sind die vier Zahlenpaare*

$$(A_\lambda,\ B_\lambda),\quad (A_{\lambda-1},\ B_{\lambda-1}),\quad (A_\lambda,\ A_{\lambda-1}),\quad (B_\lambda,\ B_{\lambda-1})$$

relativ prim; insbesondere sind also die Näherungsbrüche $\frac{A_\lambda}{B_\lambda}$ *sämtlich irreduzibel.*

Beweis. Nach § 6, Formel (1) ist, weil jetzt alle Teilzähler gleich 1 sind,

$$A_\lambda B_{\lambda-1} - A_{\lambda-1} B_\lambda = (-1)^{\lambda-1}.$$

Wenn also etwa A_λ, B_λ einen gemeinsamen Teiler hätten, so müßte auch $(-1)^{\lambda-1}$ diesen Teiler haben; ebenso für die drei andern Zahlenpaare, womit der Satz bewiesen ist.

III. Es fragt sich nun, ob zwei endliche regelmäßige Kettenbrüche, die nicht völlig identisch sind, dennoch die gleiche rationale Zahl darstellen können, oder, was dasselbe ist, ob eine rationale Zahl mehrere nicht identische regelmäßige Kettenbruchentwicklungen zuläßt. Wir werden sehen, daß das jedenfalls nicht der Fall ist, wenn $b_n \geqq 2$ verlangt wird; vielmehr gilt der

Satz 2.2. *Jede rationale Zahl* ξ_0 *läßt sich auf eine und nur eine Weise in einen endlichen regelmäßigen Kettenbruch entwickeln, bei dem der letzte Teilnenner mindestens gleich 2 ist.*

Beweis. Daß überhaupt eine solche Entwicklung möglich ist, wissen wir bereits; sei also etwa

$$\xi_0 = [b_0, b_1, \ldots, b_n], \quad b_n \geqq 2.$$

Offenbar ist $\xi_0 > b_0$. Setzt man dann

$$[b_\nu, b_{\nu+1}, \ldots, b_n] = \xi_\nu \qquad (\nu = 0, 1, \ldots, n), \tag{9}$$

so ist auch $\xi_{\nu-1} = [b_{\nu-1}, b_\nu, \ldots, b_n]$, also nach Regel A, S. 23:

$$\xi_{\nu-1} = [b_{\nu-1}, \xi_\nu] = b_{\nu-1} + \frac{1}{\xi_\nu} \qquad (\nu = 1, 2, \ldots, n). \tag{10}$$

Ferner ist

$$\xi_\nu > 1 \quad \text{für} \quad \nu = 1, 2, \ldots, n;$$

denn für $\nu = n$ wird $\xi_\nu = \xi_n = b_n \geqq 2$; für $1 \leqq \nu < n$ aber nach (9): $\xi_\nu > b_\nu \geqq 1$. Daher besagt die Gleichung (10), daß $b_{\nu-1}$ die größte in $\xi_{\nu-1}$ enthaltene ganze Zahl sein muß. Insbesondere ist also b_0 die größte in ξ_0 enthaltene ganze Zahl und als solche eindeutig. Dann ist aber durch die Gleichung (10) für $\nu = 1$ auch ξ_1 eindeutig bestimmt, und b_1 als größte in ξ_1 enthaltene ganze Zahl wiederum eindeutig usw. Man sieht so, daß alle b_ν eindeutig bestimmt sind, und daß man gerade auf das S. 24 beschriebene Verfahren geführt wird.

Es gilt nun auch der Satz, daß jede rationale gebrochene Zahl sich auf eine und nur eine Weise in einen regelmäßigen Kettenbruch entwickeln läßt, dessen letzter Teilnenner gleich 1 ist. In der Tat ergibt sich das sogleich aus Satz 2.2 auf Grund der Formel

$$[b_0, b_1, \ldots, b_n] = [b_0, b_1, \ldots, b_{n-1}, b_n - 1, 1], \tag{11}$$

welche ihrerseits aus Regel B, S. 23 folgt, weil ja

$$b_n = b_n - 1 + \tfrac{1}{1} = [b_n - 1, 1]$$

ist. Da von den Kettenbrüchen (11) der zweite ein Glied mehr hat als der erste, also stets die Gliederzahl des einen gerade, die des andern ungerade ist, und da die Formel (11) augenscheinlich auch für $n = 0$ gilt, so ergibt sich weiter

Satz 2. 3. *Jede rationale (ganze oder gebrochene) Zahl ξ_0 läßt sich auf eine und nur eine Weise in einen regelmäßigen Kettenbruch mit modulo 2 vorgeschriebener Gliederzahl entwickeln.*

§ 10. Die diophantische lineare Gleichung.

Als eine wichtige Anwendung der bisherigen Untersuchung schalten wir hier die allgemeine Lösung der diophantischen Gleichung

$$px - qy = r \tag{1}$$

ein, wo p, q, r gegebene ganze Zahlen ($\neq 0$) sind, und die Unbekannten x, y ebenfalls ganzzahlig sein sollen.

Wenn die Zahlen p, q den gemeinsamen Teiler d haben, so ist die Aufgabe offenbar nur dann lösbar, wenn auch r durch d teilbar ist. Da man aber einen Teiler, der den Zahlen p, q, r gemein ist, in der Gleichung unterdrücken kann, so dürfen wir p, q von vornherein als relativ prim voraussetzen. Ferner können wir q auch als positiv annehmen, indem wir die Gleichung (1) nötigenfalls mit -1 multiplizieren. Nach diesen Vorbereitungen entwickeln wir die rationale Zahl $\frac{p}{q}$ in einen regelmäßigen Kettenbruch von g e r a d e r Gliederzahl:

$$\frac{p}{q} = [b_0, b_1, b_2, \ldots, b_n].$$

Da dann $\frac{p}{q} = \frac{A_n}{B_n}$ ist und da diese beiden Brüche irreduzibel sind (nach Satz 2.1) und positive Nenner haben, so ergibt sich

$$p = A_n, \quad q = B_n.$$

Nun ist aber nach § 6, Formel (1)

$$A_n B_{n-1} - B_n A_{n-1} = (-1)^{n-1},$$

also auch

$$p B_{n-1} - q A_{n-1} = (-1)^{n-1} = 1,$$

weil wir die Gliederzahl $n+1$ als gerade vorausgesetzt haben. Wenn man diese Gleichung mit r multipliziert, so erhält man

(2) $$p(B_{n-1}r) - q(A_{n-1}r) = r,$$

und folglich ist $x = B_{n-1}r$, $y = A_{n-1}r$ eine Lösung der diophantischen Gleichung (1). Diese Lösungsmethode stammt von *Lagrange* **6**.

Nachdem uns nun die Kettenbruchlehre eine Lösung geliefert hat, ist es leicht, alle Lösungen ausfindig zu machen. Zu dem Zweck subtrahieren wir Gleichung (2) von (1) und erhalten

$$p(x - B_{n-1}r) - q(y - A_{n-1}r) = 0.$$

Daher muß, weil p und q relativ prim sind, $x - B_{n-1}r$ durch q teilbar sein; somit ist

$$x - B_{n-1}r = mq, \quad y - A_{n-1}r = mp,$$

wo m jede ganze Zahl bedeuten darf. Es ergibt sich also, daß die diophantische Gleichung (1) unendlich viele Lösungen hat, und zwar:

(3) $$x = B_{n-1}r + mq, \quad y = A_{n-1}r + mp \qquad (m = 0, \pm 1, \pm 2, \ldots).$$

§ 11. Inverse Kettenbrüche, symmetrische Kettenbrüche.

I. Sei

(1) $$[b_0, b_1, \ldots, b_n] = \frac{A_n}{B_n}$$

ein regelmäßiger Kettenbruch und $b_0 > 0$. Man kann dann leicht auch die beiden Zahlen $\frac{A_n}{A_{n-1}}$, $\frac{B_n}{B_{n-1}}$ in regelmäßige Kettenbrüche entwickeln. Es ist nämlich nach der Rekursionsformel:

$$A_n = b_n A_{n-1} + A_{n-2}, \ldots, \quad A_2 = b_2 A_1 + A_0, \quad A_1 = b_1 A_0 + 1, \quad A_0 = b_0 \cdot 1.$$

Hieraus folgt genau, wie in § 9 aus dem System (1) die Kettenbruchentwicklung (5) folgte,

(2) $$\frac{A_n}{A_{n-1}} = [b_n, b_{n-1}, \ldots, b_1, b_0],$$

und auf analoge Weise

(3) $$\frac{B_n}{B_{n-1}} = [b_n, b_{n-1}, \ldots, b_2, b_1],$$

wie übrigens auch aus den allgemeinen Formeln (5), (6) des § 4 bekannt ist. Die beiden Kettenbrüche (1), (2) heißen zueinander invers.

Von besonderem Interesse ist der Fall, daß ein Kettenbruch mit seinem inversen identisch ist, also

$$b_0 = b_n, \quad b_1 = b_{n-1}, \quad b_2 = b_{n-2}, \quad \ldots, \quad b_n = b_0.$$

Ein solcher Kettenbruch, der also die Form

$$[b_0, b_1, b_2, \ldots, b_2, b_1, b_0]$$

hat, heißt symmetrisch. Es gilt folgender

Satz 2. 4. *Die notwendige und hinreichende Bedingung dafür, daß ein irreduzibler Bruch* $\frac{P}{Q}$, *wo* $P > Q > 1$, *eine symmetrische regelmäßige Kettenbruchentwicklung von gerader bzw. ungerader Gliederzahl zuläßt (eventuell mit dem letzten Teilnenner* 1*), besteht darin, daß* $Q^2 + 1$ *bzw.* $Q^2 - 1$ *durch* P *teilbar ist. (Serret* 2.*)*

Beweis. Wenn der Bruch $\frac{P}{Q}$ irreduzibel und einem $(n+1)$-gliedrigen symmetrischen Kettenbruch gleich ist:

$$\frac{P}{Q} = [b_0, b_1, b_2, \ldots, b_2, b_1, b_0] = \frac{A_n}{B_n},$$

so ist $P = A_n$, $Q = B_n$. Ferner, weil der Kettenbruch mit seinem inversen identisch ist, nach (1), (2) auch $\frac{A_n}{B_n} = \frac{A_n}{A_{n-1}}$, also $B_n = A_{n-1}$. Aus der Gleichung $A_n B_{n-1} - A_{n-1} B_n = (-1)^{n-1}$ folgt daher auch

$$A_n B_{n-1} - B_n^2 = (-1)^{n-1},$$

oder also

$$P B_{n-1} = Q^2 + (-1)^{n-1}.$$

Infolgedessen muß $Q^2 + (-1)^{n-1}$ durch P teilbar sein; die Bedingung des Satzes ist also notwendig. Sie ist aber auch hinreichend. Denn wenn

$$Q^2 + \varepsilon = PQ'$$

ist, wo $\varepsilon = \pm 1$ und Q' eine ganze Zahl, so entwickle man $\frac{P}{Q}$ in einen regelmäßigen Kettenbruch

$$\frac{P}{Q} = [b_0, b_1, \ldots, b_n] = \frac{A_n}{B_n} \tag{4}$$

und wähle die Gliederzahl derart, daß $(-1)^{n-1} = \varepsilon$ wird, was nach Satz 2. 3 möglich ist. Es ist alsdann $P = A_n$, $Q = B_n$; also nach Voraussetzung unseres Satzes: $A_n > B_n$, und

$$B_n^2 + \varepsilon = A_n Q'.$$

Anderseits ist aber nach einer schon oft gebrauchten Formel

$$B_n A_{n-1} + (-1)^{n-1} = A_n B_{n-1};$$

daher durch Subtraktion von der vorigen Gleichung :

$$B_n(B_n - A_{n-1}) = A_n(Q' - B_{n-1}).$$

Es muß also $B_n(B_n - A_{n-1})$ durch A_n teilbar sein, und da B_n zu A_n relativ prim ist, muß schon $B_n - A_{n-1}$ durch A_n teilbar sein. Nun ist aber $A_n > B_n > 0$ und auch $A_n = b_n A_{n-1} + A_{n-2} > A_{n-1} > 0$; also gewiß $A_n > |B_n - A_{n-1}|$. Eine nicht negative Zahl kann aber nicht durch eine größere teilbar sein, ohne zu verschwinden; es folgt also: $B_n - A_{n-1} = 0$. Setzt man demgemäß in Gleichung (4) für B_n den Wert A_{n-1} ein, so kommt

$$[b_0, b_1, \ldots, b_n] = \frac{A_n}{A_{n-1}}.$$

Vergleicht man das mit (2), so ergibt sich, da ein regelmäßiger Kettenbruch mit modulo 2 vorgeschriebener Gliederzahl nach Satz 2. 3 nur auf eine Weise möglich ist:

$$b_0 = b_n, \quad b_1 = b_{n-1}, \quad b_2 = b_{n-2}, \quad \ldots, \quad b_n = b_0,$$

also die Symmetrie. W. z. b. w.

II. Aus Satz 2. 4 läßt sich eine bemerkenswerte zahlentheoretische Folgerung ziehen. Sei nämlich Q eine beliebige ganze Zahl größer als 1 und P ($> Q$) ein Teiler von $Q^2 + 1$. Dann sind P und Q relativ prim, und nach Satz 2. 4 läßt sich $\frac{P}{Q}$ in einen symmetrischen Kettenbruch mit gerader Gliederzahl entwickeln. Wenn diese Anzahl mit $2k + 2$ bezeichnet wird, erhält man also

$$(5) \qquad \frac{P}{Q} = [b_0, b_1, \ldots, b_{k-1}, b_k, b_k, b_{k-1}, \ldots, b_1, b_0] = \frac{A_{2k+1}}{B_{2k+1}} = \frac{A_{2k+1}}{A_{2k}},$$

so daß

$$b_{k+1} = b_k, \quad b_{k+2} = b_{k-1}, \quad \ldots, \quad b_{2k} = b_1, \quad b_{2k+1} = b_0,$$
$$P = A_{2k+1}, \quad Q = B_{2k+1} = A_{2k}$$

ist. Nun besagt aber die erste Fundamentalformel (4) des § 5, angewandt für die Werte $\nu = k + 1$, $\lambda = k + 1$:

$$(6) \qquad P = A_{2k+1} = A_k A_{k,\,k+1} + A_{k-1} B_{k,\,k+1}.$$

Anderseits ergibt sich unter Benutzung des Muirschen Symbols:

$$A_{k,\,k+1} = K\begin{pmatrix} 1, & 1, \ldots, & 1 \\ b_{k+1}, & b_{k+2}, \ldots, & b_{2k+1} \end{pmatrix} = K\begin{pmatrix} 1, & 1, \ldots\ldots, & 1 \\ b_k, & b_{k-1}, \ldots, b_1, & b_0 \end{pmatrix}$$
$$= K\begin{pmatrix} 1, & 1, \ldots, & 1 \\ b_0, & b_1, \ldots, b_{k-1}, & b_k \end{pmatrix} = A_k,$$

weil ja die Reihenfolge der Elemente im Muirschen Symbol nach § 4, II umkehrbar ist. Analog ist auch

$$B_{k,\,k+1} = K\begin{pmatrix} 1, & 1, \ldots, & 1 \\ b_{k+2}, & b_{k+3}, \ldots\ldots, & b_{2k+1} \end{pmatrix} = K\begin{pmatrix} 1, & 1, \ldots., & 1 \\ b_{k-1}, & b_{k-2}, \ldots, b_1, & b_0 \end{pmatrix}$$
$$= K\begin{pmatrix} 1, & 1, \ldots\ldots, & 1 \\ b_0, & b_1, \ldots, b_{k-2}, & b_{k-1} \end{pmatrix} = A_{k-1}.$$

Setzt man das in Formel (6) ein, so geht sie über in

$$(7) \qquad P = A_{2k+1} = A_k^2 + A_{k-1}^2.$$

Das besagt aber, daß jeder Teiler P von $Q^2 + 1$, der größer ist als Q, sich als Summe von zwei relativ primen Quadraten darstellen läßt. Dabei kann die Bedingung $P > Q$ nachträglich wieder fallen gelassen werden. Denn wenn P ein Teiler von $Q^2 + 1$ ist und wenn $P \leq Q$, so ist P auch ein Teiler von

$$(Q - \alpha P)^2 + 1,$$

wobei man die ganze Zahl α offenbar so wählen kann, daß

$$P > Q - \alpha P \geqq 0.$$

Dadurch ist dieser Fall auf den vorigen zurückgeführt, außer wenn $Q - \alpha P = 0$ oder 1 ist. Dann ist aber P ein Teiler von 1 oder 2, also entweder $P = 1^2 + 0^2$

oder $P = 1^2 + 1^2$, womit auch diese Fälle erledigt sind. Auch die Bedingung $Q > 1$ können wir nachträglich fallen lassen, da für $Q = 1$ ja wieder nur die trivialen Werte $P = 1$ und $P = 2$ möglich sind.

Endlich seien R, S irgend zwei relativ prime Zahlen, und P ein beliebiger Teiler von $R^2 + S^2$. Dann ist P auch Teiler von

$$(R^2 + S^2)(x^2 + y^2) = (Ry + Sx)^2 + (Rx - Sy)^2,$$

wenn x, y irgend welche ganzen Zahlen sind. Nun lassen sich aber, weil R, S relativ prim sind, x und y nach § 10 derart bestimmen, daß $Rx - Sy = 1$ ist; demnach erweist sich P als ein Teiler von $(Ry + Sx)^2 + 1$ und ist folglich nach dem Vorigen die Summe von zwei relativ primen Quadraten. Das ergibt das zahlentheoretisch interessante Theorem:

Satz 2.5. *Jeder Teiler einer Zahl der Form $a^2 + b^2$, wo a, b relativ prim sind, hat wieder die Form $\alpha^2 + \beta^2$ mit relativ primen α, β. (Euler* 3, *Serret* 1, 2.*)*

III. Hieran knüpfen wir noch folgende Bemerkung. Es ist, wenn k wieder die Bedeutung wie in Formel (5) hat,

$$A_{2k+1}B_{2k} = A_{2k}B_{2k+1} + 1 = B_{2k+1}^2 + 1.$$

Daher müssen die Zahlen A_{2k+1}, B_{2k} als Teiler von $B_{2k+1}^2 + 1$ sich als Summe von zwei relativ primen Quadraten darstellen lassen. In der Tat haben wir ja auch A_{2k+1} in Formel (7) bereits in dieser Weise dargestellt; um nun das gleiche auch für B_{2k} zu leisten, gehen wir aus von der zweiten Fundamentalformel, angewandt für $\nu = k$, $\lambda = k + 1$:

$$B_{2k} = B_k A_{k-1,\,k+1} + B_{k-1} B_{k-1,\,k+1}. \tag{8}$$

Aber man findet jetzt ähnlich wie S. 29:

$$\begin{aligned} A_{k-1,\,k+1} &= K\begin{pmatrix} 1, & 1, \ldots, 1 \\ b_{k+1}, & b_{k+2}, \ldots\ldots, b_{2k} \end{pmatrix} = K\begin{pmatrix} 1, & 1, \ldots, 1, & 1 \\ b_k, & b_{k-1}, \ldots\ldots, b_2, & b_1 \end{pmatrix} \\ &= K\begin{pmatrix} 1, & 1, \ldots, 1, & 1 \\ b_1, & b_2, \ldots\ldots, b_{k-1}, & b_k \end{pmatrix} = B_k, \\ B_{k-1,\,k+1} &= K\begin{pmatrix} 1, & 1, \ldots, 1 \\ b_{k+2}, & b_{k+3}, \ldots\ldots, b_{2k} \end{pmatrix} = K\begin{pmatrix} 1, & 1, \ldots, 1, & 1 \\ b_{k-1}, & b_{k-2}, \ldots\ldots, b_2, & b_1 \end{pmatrix} \\ &= K\begin{pmatrix} 1, & 1, \ldots\ldots, 1 \\ b_1, & b_2, \ldots, b_{k-2}, b_{k-1} \end{pmatrix} = B_{k-1}, \end{aligned}$$

so daß aus (8) die gesuchte Darstellung hervorgeht:

$$B_{2k} = B_k^2 + B_{k-1}^2. \tag{9}$$

Eine ähnliche Formel ergibt sich auch noch für $A_{2k} = B_{2k+1}$. Die erste Fundamentalformel liefert nämlich, angewandt für die Werte $\nu = k$, $\lambda = k + 1$:

$$A_{2k} = A_k A_{k-1,\,k+1} + A_{k-1} B_{k-1,\,k+1},$$

und wenn man hier für die A und B mit Doppelindex die soeben gefundenen Werte einsetzt:

$$B_{2k+1} = A_{2k} = A_k B_k + A_{k-1} B_{k-1}. \tag{10}$$

IV. Diese Formeln rühren im wesentlichen von *Serret* 1 her. Wir wollen nun noch die Analoga zu (7), (9), (10) für symmetrische Kettenbrüche mit ungerader Gliederzahl entwickeln. Ein solcher hat die Form

$$[b_0, b_1, \ldots, b_{k-1}, b_k, b_{k-1}, \ldots, b_1, b_0] = \frac{A_{2k}}{B_{2k}} = \frac{A_{2k}}{A_{2k-1}};$$

es ist also

$$b_{k+1} = b_{k-1}, \quad b_{k+2} = b_{k-2}, \quad \ldots, \quad b_{2k} = b_0.$$

Die Fundamentalformeln liefern jetzt die Gleichungen

$$A_{2k} = A_{k-1}A_{k,k} + A_{k-2}B_{k,k}, \quad A_{2k-1} = A_{k-1}A_{k-1,k} + A_{k-2}B_{k-1,k},$$
$$B_{2k} = B_{k-1}A_{k,k} + B_{k-2}B_{k,k}, \quad B_{2k-1} = B_{k-1}A_{k-1,k} + B_{k-2}B_{k-1,k}.$$

Es ergibt sich aber wegen der Symmetrie des Kettenbruches:

$$A_{k,k} = K\begin{pmatrix} 1, \ldots, 1 \\ b_k, \ldots\ldots, b_{2k} \end{pmatrix} = K\begin{pmatrix} 1, \ldots, 1 \\ b_k, \ldots\ldots, b_0 \end{pmatrix} = K\begin{pmatrix} 1, \ldots, 1 \\ b_0, \ldots\ldots, b_k \end{pmatrix} = A_k,$$

$$B_{k,k} = K\begin{pmatrix} 1, \ldots, 1 \\ b_{k+1}, \ldots\ldots, b_{2k} \end{pmatrix} = K\begin{pmatrix} 1, \ldots, 1 \\ b_{k-1}, \ldots\ldots, b_0 \end{pmatrix} = K\begin{pmatrix} 1, \ldots, 1 \\ b_0, \ldots\ldots, b_{k-1} \end{pmatrix} = A_{k-1},$$

$$A_{k-1,k} = K\begin{pmatrix} 1, \ldots, 1 \\ b_k, \ldots\ldots, b_{2k-1} \end{pmatrix} = K\begin{pmatrix} 1, \ldots, 1 \\ b_k, \ldots\ldots, b_1 \end{pmatrix} = K\begin{pmatrix} 1, \ldots, 1 \\ b_1, \ldots\ldots, b_k \end{pmatrix} = B_k,$$

$$B_{k-1,k} = K\begin{pmatrix} 1, \ldots, 1 \\ b_{k+1}, \ldots\ldots, b_{2k-1} \end{pmatrix} = K\begin{pmatrix} 1, \ldots, 1 \\ b_{k-1}, \ldots\ldots, b_1 \end{pmatrix} = K\begin{pmatrix} 1, \ldots, 1 \\ b_1, \ldots\ldots, b_{k-1} \end{pmatrix} = B_{k-1}.$$

Setzt man das oben ein, so erhält man

$$A_{2k} = A_{k-1}(A_k + A_{k-2}), \tag{11}$$

$$B_{2k} = A_{2k-1} = B_{k-1}A_k + B_{k-2}A_{k-1} = A_{k-1}B_k + A_{k-2}B_{k-1}, \tag{12}$$

$$B_{2k-1} = B_{k-1}(B_k + B_{k-2}). \tag{13}$$

Das sind die gesuchten Formeln.

§ 12. Unendliche regelmäßige Kettenbrüche.

I. Wenn ξ_0 eine rationale gebrochene Zahl ist, so ergibt sich ihre regelmäßige Kettenbruchentwicklung, deren letzter Teilnenner mindestens gleich 2 ist, aus dem Gleichungssystem

$$\xi_0 = b_0 + \frac{1}{\xi_1}, \quad \xi_1 = b_1 + \frac{1}{\xi_2}, \quad \xi_2 = b_2 + \frac{1}{\xi_3}, \quad \ldots, \tag{1}$$

wobei allgemein b_ν die größte in ξ_ν enthaltene ganze Zahl bedeutet, also $\xi_1 > 1$, $\xi_2 > 1, \ldots$ Dieses System wird, wie wir sahen, irgendwo abbrechen, indem einmal ξ_n eine ganze Zahl wird ($\xi_n = b_n$).

Wenn dagegen die Zahl ξ_0 irrational ist, so kann auf sie zwar offenbar das gleiche Verfahren angewandt werden; doch wird dies jetzt niemals abbrechen, sondern wird sich unbegrenzt fortsetzen lassen. Denn nach der ersten Gleichung (1) ist auch ξ_1 irrational, sodann nach der zweiten Gleichung (1) auch ξ_2 usw., so daß niemals ξ_n gleich einer ganzen Zahl b_n werden kann. Da unser Verfahren also nicht abbricht, so erhält man eine ganze Zahl b_0 und eine unbegrenzte Serie, also eine Folge von ganzen positiven Zahlen $b_1, b_2, \ldots$, und die Vermutung liegt nahe, daß ξ_0 gleich dem unendlichen regelmäßigen Kettenbruch $[b_0, b_1, b_2, \ldots]$ ist.

Das ist nun in der Tat der Fall; zum Beweis beachte man zunächst, daß die Näherungsnenner mit wachsendem Index über alle Grenzen wachsen. Denn sie genügen den Rekursionsformeln (7) des § 9; aus diesen folgt sogleich:

$$1 = B_0 \leqq B_1 < B_2 < B_3 < \cdots,$$

und da die B_ν ganzzahlig sind, so wachsen sie über alle Grenzen[1]). Sodann liefern die Gleichungen (1) für jedes ν die Beziehung

$$\xi_0 = [b_0, b_1, \ldots, b_{\nu-1}, \xi_\nu], \tag{2}$$

wofür man nach § 2, Formel (17) auch schreiben kann:

$$\xi_0 = \frac{A_{\nu-1}\xi_\nu + A_{\nu-2}}{B_{\nu-1}\xi_\nu + B_{\nu-2}}. \tag{3}$$

Daher ist

$$\xi_0 - \frac{A_{\nu-1}}{B_{\nu-1}} = \frac{A_{\nu-2}B_{\nu-1} - A_{\nu-1}B_{\nu-2}}{B_{\nu-1}(B_{\nu-1}\xi_\nu + B_{\nu-2})} = \frac{(-1)^{\nu-1}}{B_{\nu-1}(B_{\nu-1}\xi_\nu + B_{\nu-2})}.$$

Auf der rechten Seite dieser Gleichung ist der Zähler absolut gleich 1, während der Nenner mit ν über alle Grenzen wächst; daraus folgt dann

$$\xi_0 = \lim_{\nu\to\infty} \frac{A_{\nu-1}}{B_{\nu-1}},$$

oder also nach der Definition des Wertes eines unendlichen Kettenbruches (S. 18):

$$\xi_0 = [b_0, b_1, b_2, \ldots], \quad \text{w. z. b. w.}$$

Nun zeigen wir, daß auch umgekehrt jeder unendliche regelmäßige Kettenbruch konvergiert und einen irrationalen Wert hat. Um zunächst die Konvergenz, d. h. die Existenz des Grenzwertes

$$\lim_{\lambda\to\infty} \frac{A_\lambda}{B_\lambda}$$

nachzuweisen, genügt es bekanntlich, zu zeigen, daß zu jedem positiven ε ein Wert λ gefunden werden kann von der Beschaffenheit, daß für $\nu = 1, 2, 3, \ldots$ die Ungleichung

$$\left| \frac{A_{\nu+\lambda-1}}{B_{\nu+\lambda-1}} - \frac{A_{\lambda-1}}{B_{\lambda-1}} \right| < \varepsilon$$

besteht[2]). Nach § 6, Formel (4) ist aber, weil ja alle Teilzähler $a_\nu = 1$ sind:

$$\frac{A_{\nu+\lambda-1}}{B_{\nu+\lambda-1}} - \frac{A_{\lambda-1}}{B_{\lambda-1}} = (-1)^{\lambda-1} \frac{B_{\nu-1,\lambda}}{B_{\nu+\lambda-1}B_{\lambda-1}}; \tag{4}$$

---

[1]) Aus § 3, II folgt sogar, daß B_ν mindestens gleich

$$1 + \binom{\nu-1}{1} + \binom{\nu-2}{2} + \binom{\nu-3}{3} + \cdots$$

ist.

[2]) Man könnte natürlich auch $\left| \frac{A_{\nu+\lambda}}{B_{\nu+\lambda}} - \frac{A_\lambda}{B_\lambda} \right| < \varepsilon$ schreiben. Im Text ist nur deshalb λ um eine Einheit verringert, weil sich dann die Formeln des ersten Kapitels ohne Änderung anwenden lassen.

ferner nach der zweiten Fundamentalformel für $\lambda \geqq 1$ [1]):

$$B_{\nu+\lambda-1} = B_{\lambda-1} A_{\nu-1,\lambda} + B_{\lambda-2} B_{\nu-1,\lambda} > B_{\lambda-2} B_{\nu-1,\lambda},$$

so daß sich aus dem Vorstehenden ergibt:

$$\left| \frac{A_{\nu+\lambda-1}}{B_{\nu+\lambda-1}} - \frac{A_{\lambda-1}}{B_{\lambda-1}} \right| < \frac{1}{B_{\lambda-2} B_{\lambda-1}}.$$

Da B_λ mit λ über alle Grenzen wächst, so ist damit die Konvergenz bewiesen und wir können setzen:

$$[b_0, b_1, b_2, \ldots] = \xi_0.$$

Weil alle Näherungsbrüche offenbar größer als b_0 sind, so ist auch ihr Grenzwert $\xi_0 \geqq b_0$. Um nun noch die Irrationalität von ξ_0 nachzuweisen, sei analog

$$[b_\lambda, b_{\lambda+1}, b_{\lambda+2}, \ldots] = \xi_\lambda \qquad (\lambda = 1, 2, 3, \ldots),$$

wo dann auch $\xi_\lambda \geqq b_\lambda \geqq 1$ ist. Dann ergibt sich wieder (Regel A, S. 23):

$$\xi_0 = [b_0, b_1, \ldots, b_{\lambda-1}, \xi_\lambda] = \frac{A_{\lambda-1}\xi_\lambda + A_{\lambda-2}}{B_{\lambda-1}\xi_\lambda + B_{\lambda-2}},$$

woraus folgt:

$$B_{\lambda-1}\xi_0 - A_{\lambda-1} = \frac{B_{\lambda-1}A_{\lambda-2} - B_{\lambda-2}A_{\lambda-1}}{B_{\lambda-1}\xi_\lambda + B_{\lambda-2}} = \frac{(-1)^{\lambda-1}}{B_{\lambda-1}\xi_\lambda + B_{\lambda-2}}.$$

Demnach wird der Ausdruck $|B_{\lambda-1}\xi_0 - A_{\lambda-1}|$ zwar niemals Null, aber doch mit wachsendem λ beliebig klein. Das wäre aber nicht möglich, wenn ξ_0 rational wäre; denn für $\xi_0 = \frac{p}{q}$, wo p, q ganze Zahlen, kann der Ausdruck

$$|B_{\lambda-1}\xi_0 - A_{\lambda-1}| = \frac{|B_{\lambda-1}p - A_{\lambda-1}q|}{|q|}$$

nicht unter $\frac{1}{|q|}$ sinken, ohne zu verschwinden.

Da somit ξ_0 und natürlich auch alle ξ_λ irrational sind, kann in der Ungleichung $\xi_\lambda \geqq b_\lambda$ Gleichheit nicht bestehen; folglich ist $\xi_\lambda > b_\lambda$. Daraus folgt nun leicht, daß eine irrationale Zahl ξ_0 sich nur auf eine Weise in einen regelmäßigen Kettenbruch entwickeln läßt. Denn wenn

$$\xi_0 = [b_0, b_1, b_2, \ldots]$$

eine solche Entwicklung ist, und wir setzen wieder

$$[b_\nu, b_{\nu+1}, b_{\nu+2}, \ldots] = \xi_\nu \qquad (\nu = 1, 2, 3, \ldots),$$

so ist auch $\xi_{\nu-1} = [b_{\nu-1}, b_\nu, b_{\nu+1}, \ldots]$, woraus folgt

$$\xi_{\nu-1} = [b_{\nu-1}, \xi_\nu] = b_{\nu-1} + \frac{1}{\xi_\nu}.$$

Wegen $\xi_\nu > b_\nu \geqq 1$ ist also $b_{\nu-1}$ die größte in $\xi_{\nu-1}$ enthaltene ganze Zahl; daraus wird aber die Eindeutigkeit wörtlich ebenso erschlossen wie S. 25f. Zusammenfassend erhalten wir

Satz 2. 6. *Jeder unendliche regelmäßige Kettenbruch konvergiert und ist eine irrationale Zahl. Umgekehrt läßt sich jede irrationale Zahl auf eine und nur eine*

---

[1]) Während die A_ν sehr wohl negativ sein können, nämlich für $b_0 < 0$, sind die $A_{\nu,\lambda}$, wenn $\lambda \geqq 1$, offenbar positiv, weil $b_1, b_2, b_3, \ldots$ positiv.

Weise in einen regelmäßigen Kettenbruch entwickeln, und dieser ist notwendig unendlich.

Hieran schließen wir die

Definition. *Die bei der Kettenbruchentwicklung einer Zahl ξ_0 auftretenden ξ_ν heißen ihre vollständigen Quotienten (ξ_ν der ν^{te}), während die b_ν, also die Teilnenner des Kettenbruches, auch als die unvollständigen Quotienten bezeichnet werden.*

II. Wir wollen nun noch untersuchen, welcher von zwei nicht identischen regelmäßigen Kettenbrüchen den größeren Wert hat. Sei zunächst

$$\xi_0 = [b_0, b_1, \ldots, b_n]$$

ein endlicher Kettenbruch, mit welchem wir den folgenden vergleichen wollen:

$$\eta_0 = [b_0, b_1, \ldots, b_n, b_{n+1}, \ldots],$$

der endlich oder unendlich sein kann. Bezeichnet man die vollständigen Quotienten des ersten mit ξ_ν, die des zweiten mit η_ν, so ist zunächst

$$\xi_n = b_n; \quad \eta_n = [b_n, b_{n+1}, \ldots] > b_n;$$

also $\xi_n < \eta_n$. Aus den Gleichungen

$$\xi_{n-1} = b_{n-1} + \frac{1}{\xi_n}, \qquad \eta_{n-1} = b_{n-1} + \frac{1}{\eta_n},$$
$$\xi_{n-2} = b_{n-2} + \frac{1}{\xi_{n-1}}, \quad \eta_{n-2} = b_{n-2} + \frac{1}{\eta_{n-1}},$$
$$\cdots\cdots\cdots\cdots\cdots\cdots\cdots\cdots\cdots$$

folgt dann sukzessive

$$\xi_{n-1} > \eta_{n-1},$$
$$\xi_{n-2} < \eta_{n-2},$$
$$\cdots\cdots$$

wobei die Zeichen $>$ und $<$ alternieren. Die letzte dieser Ungleichungen lautet $\xi_0 > \eta_0$ oder $\xi_0 < \eta_0$, je nachdem die Gliederzahl $n + 1$ gerade oder ungerade ist. So ergibt sich

Satz 2. 7. *Wenn man einem endlichen regelmäßigen Kettenbruch noch endlich oder unendlich viele Glieder anhängt, so wird dadurch sein Wert verkleinert oder vergrößert, je nachdem er ursprünglich eine gerade oder ungerade Gliederzahl hatte.*

Nunmehr untersuchen wir die beiden Kettenbrüche

$$\xi_0 = [b_0, b_1, \ldots, b_{n-1}, b_n, \ldots],$$
$$\eta_0 = [b_0, b_1, \ldots, b_{n-1}, c_n, \ldots],$$

wobei $c_n > b_n$ sein möge. Wenn dann etwa

$$\xi_0 = [b_0, b_1, \ldots, b_{n-1}, b_n, 1], \quad \eta_0 = [b_0, b_1, \ldots, b_{n-1}, b_n + 1]$$

ist, so wissen wir aus § 9 (Formel (11)), daß $\xi_0 = \eta_0$ ist; diesen Fall schließen wir jetzt aus. Sind wieder ξ_ν, η_ν die vollständigen Quotienten, so ist zunächst

$$\eta_n \geqq c_n \geqq b_n + 1 \geqq \xi_n;$$

also ist $\eta_n \geqq \xi_n$, und zwar tritt Gleichheit offenbar nur in dem ausgeschlossenen Fall ein. In Wahrheit ist daher $\eta_n > \xi_n$, und daraus folgt genau wie vorhin, daß $\xi_0 > \eta_0$ oder $\xi_0 < \eta_0$, je nachdem $n + 1$ gerade oder ungerade ist. Dies führt zu

Satz 2. 8. *Wenn zwei nicht identische regelmäßige Kettenbrüche sich nur in der Weise voneinander unterscheiden, daß sie von der Gestalt*

$$[b_0, b_1, \ldots, b_{n-1}, b_n, 1], \quad [b_0, b_1, \ldots, b_{n-1}, b_n + 1]$$

sind, so haben sie den gleichen Wert. In jedem anderen Fall haben sie voneinander verschiedene Werte, und zwar ist, wenn n ($\geqq 0$) die Anzahl der gemeinsamen Anfangselemente bedeutet, derjenige der größere, welcher bei geradem (ungeradem) n den größeren (kleineren) n^{ten} Teilnenner hat.

Hieraus folgt dann insbesondere noch, daß ein regelmäßiger Kettenbruch größer wird, wenn man einen der Teilnenner $b_0, b_2, b_4, \ldots$ vergrößert oder einen der Teilnenner $b_1, b_3, b_5, \ldots$ verkleinert. Weiter ergibt sich

Satz 2. 9. *Wenn die regelmäßigen Kettenbrüche für die Zahlen η_0, ζ_0 in den ersten n Gliedern übereinstimmen, so beginnt der Kettenbruch für jede zwischen η_0 und ζ_0 gelegene Zahl ξ_0 ebenfalls mit diesen n Gliedern. Der nächste Teilnenner muß zwischen den zwei entsprechenden Teilnennern von η_0 und ζ_0 liegen, die Grenzen eingeschlossen.*

Wäre es nämlich anders, so müßte nach Satz 2. 8 die Zahl ξ_0 entweder größer als jede der Zahlen η_0, ζ_0 oder kleiner als η_0, ζ_0 sein; sie würde also nicht zwischen beiden liegen. Satz 2. 9 ist von Wichtigkeit, wenn es sich darum handelt, eine Zahl ξ_0, von der nur einige Dezimalstellen bekannt sind, in einen regelmäßigen Kettenbruch zu entwickeln. Denn durch den Dezimalbruch sind zwei rationale Zahlen bekannt, zwischen denen ξ_0 liegt; wenn man diese in Kettenbrüche entwickelt, und sie stimmen in den ersten n Gliedern überein, so beginnt auch die Kettenbruchentwicklung für ξ_0 mit diesen n Gliedern. Natürlich wird man, um unnötige Rechnung zu vermeiden, beide rationale Zahlen gleichzeitig entwickeln und die Rechnung beenden, sobald sich in beiden eine Abweichung ergibt.

Zum Beispiel gelten für die Ludolphsche Zahl π die Ungleichungen

$$3{,}14159265358 < \pi < 3{,}14159265359.$$

Nun findet man

$$3{,}14159265358 = [3, 7, 15, 1, 292, 1, 1, 1, 1, \ldots],$$
$$3{,}14159265359 = [3, 7, 15, 1, 292, 1, 1, 1, 2, \ldots].$$

Da diese beiden Kettenbrüche in den ersten acht Gliedern übereinstimmen, so ist auch

$$\pi = [3, 7, 15, 1, 292, 1, 1, 1, \ldots],$$

und zugleich ersieht man, daß der nächste Teilnenner nur 1 oder 2 sein kann. Bei Berücksichtigung von mehr Dezimalstellen findet man in der Tat 2 als nächsten Teilnenner[1]).

---

[1]) Das Bildungsgesetz der unvollständigen Quotienten von π ist nicht bekannt. *Wallis* **2a** hat sie bis b_{33} berechnet und neuerdings *Lehmer* **1, 2** bis b_{100}. Hier sind sie:

§ 13. Das Näherungsgesetz. Kriterium dafür, daß ein Bruch Näherungsbruch ist.

I. Sei wieder ξ_0 irrational oder rational gebrochen, und

(1) $$\xi_0 = [b_0, b_1, b_2, \ldots],$$

(2) $$\xi_\nu = [b_\nu, b_{\nu+1}, b_{\nu+2}, \ldots];$$

und zwar soll, wenn ξ_0 rational ist, diejenige Kettenbruchentwicklung gemeint sein, deren letzter Teilnenner größer als 1 ist, so daß für $\nu \geqq 1$ stets $\xi_\nu > 1$ ist. Aus der schon mehrfach benutzten Gleichung

(3) $$\xi_0 = \frac{A_{\nu-1}\xi_\nu + A_{\nu-2}}{B_{\nu-1}\xi_\nu + B_{\nu-2}}$$

findet man

$$\xi_\nu(B_{\nu-1}\xi_0 - A_{\nu-1}) = -(B_{\nu-2}\xi_0 - A_{\nu-2}).$$

Wäre nun die linke Klammer gleich 0, so müßte auch die rechte verschwinden, und folglich wäre $A_{\nu-1}B_{\nu-2} - A_{\nu-2}B_{\nu-1} = 0$, während dieser Ausdruck doch gleich $(-1)^\nu$ ist. Es ist also $B_{\nu-1}\xi_0 - A_{\nu-1} \neq 0$, und folglich erhält man

(4) $$\xi_\nu = -\frac{B_{\nu-2}\xi_0 - A_{\nu-2}}{B_{\nu-1}\xi_0 - A_{\nu-1}}.$$

Wegen $\xi_\nu > 1$ ergibt sich hieraus, daß die Zahlen $B_\nu\xi_0 - A_\nu$ mit wachsendem ν ihrem absoluten Wert nach abnehmen, aber im Vorzeichen alternieren, und zwar hat $B_\nu\xi_0 - A_\nu$ das Zeichen $(-1)^\nu$, weil dies ja für $\nu = 0$ der Fall ist. Daher werden a fortiori auch die Zahlen $\xi_0 - \frac{A_\nu}{B_\nu}$ absolut abnehmen und das Vorzeichen $(-1)^\nu$ haben. Das besagt, daß jeder folgende Näherungsbruch näher an ξ_0 liegt als der vorausgehende, und daß die Näherungsbrüche gerader Ordnung sämtlich kleiner, die ungerader Ordnung sämtlich größer als ξ_0 sind. Es gelten also die Ungleichungen

(5) $$\left|\xi_0 - \frac{A_\nu}{B_\nu}\right| < \left|\xi_0 - \frac{A_{\nu-1}}{B_{\nu-1}}\right|,$$

(6) $$\frac{A_0}{B_0} < \frac{A_2}{B_2} < \frac{A_4}{B_4} < \cdots < \xi_0 < \cdots < \frac{A_5}{B_5} < \frac{A_3}{B_3} < \frac{A_1}{B_1},$$

so daß insbesondere *zwei aufeinanderfolgende Näherungsbrüche die Zahl* ξ_0 *stets zwischen sich lassen.*

Um den Grad der Annäherung genauer zu ermitteln, greifen wir auf die obige Formel (3) zurück; aus ihr ergibt sich

(7) $$\xi_0 - \frac{A_{\nu-1}}{B_{\nu-1}} = \frac{A_{\nu-2}B_{\nu-1} - A_{\nu-1}B_{\nu-2}}{B_{\nu-1}(B_{\nu-1}\xi_\nu + B_{\nu-2})} = \frac{(-1)^{\nu-1}}{B_{\nu-1}(B_{\nu-1}\xi_\nu + B_{\nu-2})}.$$

3, 7, 15, 1, 292, 1, 1, 1, 2, 1, 3, 1, 14, 2, 1, 1, 2, 2, 2, 2, 1, 84, 2, 1, 1, 15, 3, 13, 1, 4, 2, 6, 6, 99, 1, 2, 2, 6, 3, 5, 1, 1, 6, 8, 1, 7, 1, 2, 3, 7, 1, 2, 1, 1, 12, 1, 1, 1, 3, 1, 1, 8, 1, 1, 2, 1, 6, 1, 1, 5, 2, 2, 3, 1, 2, 4, 4, 16, 1, 161, 45, 1, 22, 1, 2, 2, 1, 4, 1, 2, 24, 1, 2, 1, 3, 1, 2, 1, 1, 10, 2.

Eine Gesetzmäßigkeit ist nicht zu erkennen. Unabhängig von Lehmer hat auch *Pedersen* 1 die Rechnung bis b_{97} durchgeführt, wodurch die Lehmersche Rechnung soweit bestätigt wird.

Wegen $\xi_\nu \geqq b_\nu$ folgt hieraus zunächst

$$(8)\qquad \left|\xi_0 - \frac{A_{\nu-1}}{B_{\nu-1}}\right| \leqq \frac{1}{B_{\nu-1}(B_{\nu-1}b_\nu + B_{\nu-2})} = \frac{1}{B_{\nu-1}B_\nu},$$

wobei Gleichheit dann und nur dann statthat, wenn b_ν der letzte Teilnenner ist; daher auf jeden Fall:

$$(9)\qquad \left|\xi_0 - \frac{A_{\nu-1}}{B_{\nu-1}}\right| < \frac{1}{B_{\nu-1}^2}.$$

Des kürzeren Ausdrucks halber definieren wir nun: *Unter dem Näherungsbruch (-zähler, -nenner) ν^{ter} Ordnung einer Zahl ξ_0 versteht man den betreffenden Näherungsbruch (-zähler, -nenner) des regelmäßigen Kettenbruches, in den sich ξ_0 entwickeln läßt; ist ξ_0 rational, so ist dabei derjenige Kettenbruch gemeint, dessen letzter Teilnenner größer als* 1 *ist.* Die Ungleichungen (8), (9) lassen sich jetzt so aussprechen:

Satz 2. 10. *(Näherungsgesetz): Die Näherungsbrüche einer Zahl ξ_0 approximieren den wahren Wert ξ_0 mit einer solchen Genauigkeit, daß der Fehler kleiner ist als der reziproke Wert vom Quadrat des Näherungsnenners, ja sogar kleiner oder gleich*[1]) *dem reziproken Wert vom Produkt des Näherungsnenners und des folgenden Näherungsnenners. (Lagrange* **6.***)*

Multipliziert man (8), (9) mit $B_{\nu-1}$, so entstehen unter Berücksichtigung des Vorzeichens die Formeln

$$(10)\qquad B_{\nu-1}\xi_0 - A_{\nu-1} = (-1)^{\nu-1}\frac{\delta}{B_\nu} \qquad (0 < \delta \leqq 1),$$

$$(11)\qquad B_{\nu-1}\xi_0 - A_{\nu-1} = (-1)^{\nu-1}\frac{\delta'}{B_{\nu-1}} \qquad (0 < \delta' < 1);$$

in dieser Gestalt werden wir das Näherungsgesetz auch häufig anwenden. Man kann nun ebenso auch eine untere Grenze für den Fehler angeben. Da nämlich $\xi_\nu < b_\nu + 1$ ist, so wird

$$B_{\nu-1}\xi_\nu + B_{\nu-2} < B_{\nu-1}(b_\nu + 1) + B_{\nu-2} = B_\nu + B_{\nu-1},$$

und folglich nach (7):

$$(12)\qquad \left|\xi_0 - \frac{A_{\nu-1}}{B_{\nu-1}}\right| > \frac{1}{B_{\nu-1}(B_\nu + B_{\nu-1})} \qquad (\textit{Lagrange } 6).$$

II. Ist ξ_0 eine nicht ganze Zahl, und $\frac{p}{q}$ ein irreduzibler Bruch mit positivem Nenner, so kann $\frac{p}{q}$ nach Satz 2. 10 nur dann ein Näherungsbruch von ξ_0 sein, wenn $\left|\xi_0 - \frac{p}{q}\right| < \frac{1}{q^2}$ ist. Diese notwendige Bedingung ist aber nicht hinreichend. Um eine notwendige und hinreichende zu finden, setzen wir

$$(13)\qquad \xi_0 - \frac{p}{q} = \frac{\varepsilon\vartheta}{q^2},$$

wobei $0 < \vartheta < 1$ und ε eine der Zahlen ± 1 ist. Wir entwickeln dann $\frac{p}{q}$ in einen regelmäßigen Kettenbruch

---

[1]) Gleich dann und nur dann, wenn es sich um den vorletzten Näherungsbruch einer rationalen Zahl handelt.

(14) $$\frac{p}{q} = [b_0, b_1, \ldots, b_{n-1}] = \frac{A_{n-1}}{B_{n-1}}\,{}^{1)},$$

so daß $p = A_{n-1}$, $q = B_{n-1}$ wird und die Gleichung (13) die Form annimmt

$$\xi_0 - \frac{A_{n-1}}{B_{n-1}} = \frac{\varepsilon\vartheta}{B_{n-1}^2}.$$

Da wir die Gliederzahl in (14) nach Belieben gerade oder ungerade wählen können, so wollen wir es so einrichten, daß

$$(-1)^{n-1} = \varepsilon$$

wird. Definieren wir nun eine Zahl ω durch die Gleichung

(15) $$\xi_0 = \frac{A_{n-1}\,\omega + A_{n-2}}{B_{n-1}\,\omega + B_{n-2}},$$

so wird

$$\frac{\varepsilon\vartheta}{B_{n-1}^2} = \xi_0 - \frac{A_{n-1}}{B_{n-1}} = \frac{A_{n-2}B_{n-1} - A_{n-1}B_{n-2}}{B_{n-1}(B_{n-1}\,\omega + B_{n-2})} = \frac{(-1)^{n-1}}{B_{n-1}(B_{n-1}\,\omega + B_{n-2})}.$$

Daher ist

(16) $$\vartheta = \frac{B_{n-1}}{B_{n-1}\,\omega + B_{n-2}},$$

oder nach ω aufgelöst

(17) $$\omega = \frac{B_{n-1} - \vartheta B_{n-2}}{\vartheta B_{n-1}}.$$

Wegen $0 < \vartheta < 1$ ist also ω positiv. Nun ist die Gleichung (15) gleichbedeutend mit

$$\xi_0 = [b_0, b_1, \ldots, b_{n-1}, \omega].$$

Wenn daher $\omega > 1$, so läßt sich ω in einen regelmäßigen Kettenbruch

$$\omega = [b_n, \ldots]$$

entwickeln, bei welchem $b_n \geqq 1$ ist. Daraus folgt aber nach der Regel A auf S. 23

$$\xi_0 = [b_0, b_1, \ldots, b_{n-1}, b_n, \ldots],$$

und folglich ist $\frac{p}{q} = \frac{A_{n-1}}{B_{n-1}}$ ein Näherungsbruch von ξ_0; es ist eben ω in diesem Fall nichts anderes als der vollständige Quotient ξ_n. Wenn dagegen $\omega \leqq 1$, so ist immerhin ω positiv, und folglich

$$b_{n-1} + \frac{1}{\omega} \geqq b_{n-1} + 1.$$

Entwickelt man daher die Zahl $b_{n-1} + \frac{1}{\omega}$ in einen regelmäßigen Kettenbruch, so hat dieser die Form

$$b_{n-1} + \frac{1}{\omega} = [b_{n-1} + c, \ldots],$$

wobei $c \geqq 1$ ist. In Verbindung mit der Gleichung

$$\xi_0 = [b_0, b_1, \ldots, b_{n-1}, \omega] = \left[b_0, b_1, \ldots, b_{n-2}, b_{n-1} + \frac{1}{\omega}\right]$$

[1]) Der Bruch $\frac{A_{n-1}}{B_{n-1}}$ hat hier also nicht die Bedeutung eines Näherungsbruches von ξ_0. Ob oder wann er doch ein solcher ist, soll gerade untersucht werden.

ergibt sich daher jetzt die regelmäßige Kettenbruchentwicklung von ξ_0 in der Gestalt

$$\xi_0 = [b_0, b_1, \ldots, b_{n-2}, b_{n-1} + c, \ldots].$$

Der Näherungsbruch $(n-2)^{\text{ter}}$ und $(n-1)^{\text{ter}}$ Ordnung von ξ_0 sind daher jetzt

$$\frac{A_{n-2}}{B_{n-2}}, \quad \frac{A_{n-1} + c A_{n-2}}{B_{n-1} + c B_{n-2}},$$

und folglich kann $\frac{p}{q} = \frac{A_{n-1}}{B_{n-1}}$, da der Nenner zwischen den zwei vorstehenden liegt, kein Näherungsbruch sein. *Die notwendige und hinreichende Bedingung dafür, daß $\frac{p}{q}$ ein Näherungsbruch von ξ_0 ist, lautet daher: $\omega > 1$, was nach* (16) *gleichbedeutend ist mit*

$$\vartheta < \frac{B_{n-1}}{B_{n-1} + B_{n-2}}.$$

Von dieser Bedingung, die *Legendre* 1 angegeben hat, bemerken wir einen Spezialfall. Sie ist nämlich wegen $B_{n-2} \leqq B_{n-1}$ gewiß erfüllt, wenn $\vartheta < \frac{1}{2}$ ist. Das ergibt

Satz 2. 11. *Wenn ein rationaler Bruch $\frac{p}{q}$ die Eigenschaft hat, daß $\left|\xi_0 - \frac{p}{q}\right| < \frac{1}{2q^2}$ ist, so ist er einem Näherungsbruch von ξ_0 gleich.*

Man bemerke, daß hierbei $\frac{p}{q}$ nicht irreduzibel vorausgesetzt werden muß. Denn wenn $\frac{p}{q}$ sich noch reduzieren läßt, so ist für den reduzierten Bruch die analoge Ungleichung erst recht erfüllt, so daß dieser ein Näherungsbruch ist. Wir wollen nun als Anwendung des allgemeinen *Legendre*schen Kriteriums noch den folgenden Satz beweisen, der uns bald gute Dienste leisten wird.

Satz 2.12. *Wenn die positiven ganzen Zahlen p, q der Ungleichung $|p^2 - \xi_0^2 q^2| < \xi_0$ genügen, so ist der Bruch $\frac{p}{q}$ einem Näherungsbruch von ξ_0 gleich.*

Beim Beweis können wir uns offenbar wieder auf relativ prime p, q beschränken. Setzen wir dann

(18) $$\xi_0^2 q^2 - p^2 = \varepsilon\theta\xi_0, \quad 0 < \theta < 1, \quad \varepsilon = \pm 1,$$

so ist

(19) $$\xi_0 q - p = \frac{\varepsilon\theta\xi_0}{\xi_0 q + p};$$

also, wenn man das mit (13) vergleicht:

$$\vartheta = \frac{\theta\xi_0 q}{\xi_0 q + p} = \frac{\theta\xi_0 B_{n-1}}{\xi_0 B_{n-1} + A_{n-1}}.$$

Es ist daher nach dem Legendreschen Kriterium nur zu beweisen, daß die Ungleichung

$$\frac{\theta\xi_0 B_{n-1}}{\xi_0 B_{n-1} + A_{n-1}} < \frac{B_{n-1}}{B_{n-1} + B_{n-2}}$$

besteht, oder, was dasselbe ist:

$$\theta\xi_0(B_{n-1} + B_{n-2}) < \xi_0 B_{n-1} + A_{n-1}.$$

Diese ist aber, wenn etwa $n = 1$ sein sollte, wegen $\theta < 1$ gewiß erfüllt. Ist dagegen $n > 1$, so zeigen wir, daß sogar die stärkere Ungleichung

$$\xi_0(B_{n-1} + B_{n-2}) < \xi_0 B_{n-1} + A_{n-1}$$

besteht. In der Tat erweist sich diese unter Berücksichtigung von (19) und, weil $p = A_{n-1}$, $q = B_{n-1}$ ist, als gleichbedeutend mit:

$$B_{n-2} < \frac{A_{n-1}}{\xi_0} = B_{n-1} - \frac{\varepsilon\theta}{\xi_0 B_{n-1} + A_{n-1}}.$$

Da aber n so gewählt werden sollte, daß $(-1)^{n-1} = \varepsilon$ wird, so ist diese Ungleichung falls $n = 2$ ist, gewiß erfüllt; ebenso aber auch für $n > 2$, weil dann stets $B_{n-1} \geqq B_{n-2} + 1$ ist. Damit ist Satz 2. 12 vollständig bewiesen.

III. Hierher gehört auch noch

Satz 2. 13. *Wenn die Gleichung*

$$\xi_0 = \frac{P\omega + R}{Q\omega + S}$$

besteht, wo $\omega > 1$, *und wo* P, Q, R, S *ganze Zahlen sind, die den Bedingungen*

$$PS - QR = \pm 1, \quad Q > S > 0$$

genügen, so sind $\frac{R}{S}, \frac{P}{Q}$ *zwei aufeinanderfolgende Näherungsbrüche von* ξ_0, *und* ω *ist der zugehörige vollständige Quotient.*

Beweis. Zunächst bemerke man, daß P und Q wegen der Gleichung $PS - QR = \pm 1$ relativ prim sind; ferner ist $Q > 0$ vorausgesetzt. Entwickelt man daher $\frac{P}{Q}$ in einen regelmäßigen Kettenbruch

$$\frac{P}{Q} = [b_0, b_1, \ldots, b_{n-1}] = \frac{A_{n-1}}{B_{n-1}},$$

so ist $P = A_{n-1}$, $Q = B_{n-1}$. Dabei möge die Gliederzahl derart gewählt werden, daß

$$A_{n-1}S - B_{n-1}R = PS - QR = \pm 1 = (-1)^{n-2}$$

wird. Durch Subtraktion der Gleichung

$$A_{n-1}B_{n-2} - B_{n-1}A_{n-2} = (-1)^{n-2}$$

erhält man dann

$$A_{n-1}(S - B_{n-2}) = B_{n-1}(R - A_{n-2}).$$

Da A_{n-1} und B_{n-1} relativ prim sind, muß also $S - B_{n-2}$ durch B_{n-1} teilbar sein; aber B_{n-2} ist nicht größer als B_{n-1}, S nach Voraussetzung sogar kleiner als $Q = B_{n-1}$. Daher ist die Zahl $|S - B_{n-2}|$ kleiner als ihr Teiler B_{n-1}, also $S - B_{n-2} = 0$; folglich auch

$$R - A_{n-2} = 0.$$

Die Gleichung unseres Satzes läßt sich demnach so schreiben:

$$\xi_0 = \frac{A_{n-1}\omega + A_{n-2}}{B_{n-1}\omega + B_{n-2}},$$

und das besagt soviel wie

$$\xi_0 = [b_0, b_1, \ldots, b_{n-1}, \omega].$$

Wegen $\omega > 1$ beginnt daher die regelmäßige Kettenbruchentwicklung von ξ_0 mit den unvollständigen Quotienten $b_0, b_1, \ldots, b_{n-1}$. Somit sind in der Tat $\frac{A_{n-2}}{B_{n-2}}$, $\frac{A_{n-1}}{B_{n-1}}$, das heißt aber $\frac{R}{S}$, $\frac{P}{Q}$ aufeinanderfolgende Näherungsbrüche von ξ_0, und außerdem ist ω nichts anderes als der vollständige Quotient ξ_n. W. z. b. w.

§ 14. Approximation durch rationale Brüche.

I. Nach dem Näherungsgesetz hat jeder Näherungsbruch $\frac{A_\nu}{B_\nu}$ einer Zahl ξ_0 die Eigenschaft, daß

$$\left|\xi_0 - \frac{A_\nu}{B_\nu}\right| < \frac{1}{B_\nu^2}$$

ist. Man kann aber noch erheblich bessere Approximationen nachweisen. Ein erstes Theorem dieser Art ist

Satz 2. 14. *Von zwei aufeinanderfolgenden Näherungsbrüchen einer Zahl ξ_0 hat mindestens einer die Eigenschaft, daß*

$$\left|\xi_0 - \frac{A_\nu}{B_\nu}\right| < \frac{1}{2 B_\nu^2}$$

ist; insbesondere gibt es also bei irrationalem ξ_0 unendlich viele Brüche dieser Art. (Vahlen 1.*)*

Zum Beweis nehmen wir an, es sei im Gegenteil für einen gewissen Wert von ν $(\geqq 0)$:

$$\left|\xi_0 - \frac{A_\nu}{B_\nu}\right| \geqq \frac{1}{2B_\nu^2}, \quad \left|\xi_0 - \frac{A_{\nu+1}}{B_{\nu+1}}\right| \geqq \frac{1}{2B_{\nu+1}^2};$$

daraus folgt durch Addition

$$\left|\xi_0 - \frac{A_\nu}{B_\nu}\right| + \left|\xi_0 - \frac{A_{\nu+1}}{B_{\nu+1}}\right| \geqq \frac{1}{2B_\nu^2} + \frac{1}{2B_{\nu+1}^2}.$$

Nun liegt aber nach § 13, I ξ_0 zwischen $\frac{A_\nu}{B_\nu}$ und $\frac{A_{\nu+1}}{B_{\nu+1}}$; also haben die Zahlen $\xi_0 - \frac{A_\nu}{B_\nu}$ und $\frac{A_{\nu+1}}{B_{\nu+1}} - \xi_0$ gleiches Zeichen (die letztere kann eventuell auch Null sein), und es ist

$$\left|\xi_0 - \frac{A_\nu}{B_\nu}\right| + \left|\xi_0 - \frac{A_{\nu+1}}{B_{\nu+1}}\right| = \left|\left(\xi_0 - \frac{A_\nu}{B_\nu}\right) + \left(\frac{A_{\nu+1}}{B_{\nu+1}} - \xi_0\right)\right| = \left|\frac{A_{\nu+1}}{B_{\nu+1}} - \frac{A_\nu}{B_\nu}\right| = \frac{1}{B_\nu B_{\nu+1}},$$

so daß die letzte Ungleichung soviel besagt wie

$$\frac{1}{B_\nu B_{\nu+1}} \geqq \frac{1}{2B_\nu^2} + \frac{1}{2B_{\nu+1}^2},$$

oder also

$$\frac{1}{2}\left(\frac{1}{B_\nu} - \frac{1}{B_{\nu+1}}\right)^2 \leqq 0.$$

Das ist aber für $\nu > 0$ nicht möglich, weil dann stets $B_{\nu+1} > B_\nu$ ist. Für $\nu = 0$ dagegen liegt nur dann keine Unmöglichkeit vor, wenn $b_1 = 1$ ist und in allen

Ungleichungen das Gleichheitszeichen gilt. Aus der allerersten folgt dann aber insbesondere $\xi_0 - b_0 = \frac{1}{2}$, also, weil $b_1 = 1$ sein muß:

$$\xi_0 = b_0 + \frac{1|}{|1} + \frac{1|}{|1}.$$

Aber dann ist $\frac{A_1}{B_1}$ gar nicht als Näherungsbruch von ξ_0 anzusehen (siehe die Definition Seite 37). Somit ist Satz 2. 14 vollständig bewiesen.

II. Die Frage, ob noch bessere Approximationen möglich sind, wird beantwortet durch

Satz 2. 15. *Von drei aufeinanderfolgenden Näherungsbrüchen einer Zahl ξ_0 hat mindestens einer die Eigenschaft, daß*

$$\left|\xi_0 - \frac{A_\nu}{B_\nu}\right| < \frac{1}{\sqrt{5}\, B_\nu^2}$$

ist; insbesondere gibt es also bei irrationalem ξ_0 unendlich viele Brüche dieser Art. Dagegen gibt es irrationale Zahlen ξ_0 — nämlich alle und nur die Zahlen, in deren Kettenbruchentwicklung die Teilnenner b_ν von einem gewissen ν an sämtlich gleich 1 sind —, für welchc die Ungleichung

$$\left|\xi_0 - \frac{A}{B}\right| < \frac{1}{c\, B^2},$$

wenn c eine Zahl größer als $\sqrt{5}$ bedeutet, nicht mehr durch unendlich viele rationale Brüche $\frac{A}{B}$ befriedigt werden kann.

Daß schon von drei aufeinanderfolgenden Näherungsbrüchen mindestens einer die angegebene Eigenschaft hat, wurde erst von *Borel* **1** bemerkt; im übrigen stammt der Satz von *A. Hurwitz* **3**. Mit dem Beweis verbinden wir gleich den Beweis eines weiteren Satzes, der ebenfalls von *A. Hurwitz* **3** herrührt:

Satz 2. 16. *Wenn in der Kettenbruchentwicklung einer Zahl ξ_0 einmal $b_{n+1} \geqq 2$ ist ($n \geqq 1$), so gilt für wenigstens einen der drei Indizes $\nu = n - 1,\ n,\ n + 1$ die Ungleichung*

$$\left|\xi_0 - \frac{A_\nu}{B_\nu}\right| < \frac{1}{\sqrt{8}\, B_\nu^2}.$$

Beweis beider Sätze (nach *Fujiwara* **1**). Setzt man

$$\xi_0 - \frac{A_\nu}{B_\nu} = (-1)^\nu \frac{\delta_\nu}{B_\nu^2}, \tag{1}$$

so ist $0 \leqq \delta_\nu < 1$, und zwar $\delta_\nu = 0$ nur, wenn ξ_0 rational und b_ν der letzte vollständige Quotient ist. Von den drei Zahlen $\delta_{n-1}, \delta_n, \delta_{n+1}$ kann also höchstens die letzte gleich 0 sein (wenn es der Fall ist, ist übrigens nichts mehr zu beweisen); δ_n aber ist $\neq 0$. Aus (1) folgt

$$\frac{\delta_{\nu-1}}{B_{\nu-1}^2} + \frac{\delta_\nu}{B_\nu^2} = (-1)^\nu \left(\frac{A_{\nu-1}}{B_{\nu-1}} - \frac{A_\nu}{B_\nu}\right) = \frac{1}{B_{\nu-1} B_\nu},$$

oder etwas anders geschrieben:

(2) $$\delta_{\nu-1}\left(\frac{B_\nu}{B_{\nu-1}}\right)^2 - \frac{B_\nu}{B_{\nu-1}} + \delta_\nu = 0\,.$$

Durch Auflösung dieser quadratischen Gleichung kommt:

$$\frac{B_\nu}{B_{\nu-1}} = \frac{1+\varepsilon_\nu\sqrt{1-4\,\delta_{\nu-1}\delta_\nu}}{2\,\delta_{\nu-1}}, \qquad \frac{B_{\nu-1}}{B_\nu} = \frac{1-\varepsilon_\nu\sqrt{1-4\,\delta_{\nu-1}\delta_\nu}}{2\,\delta_\nu},$$

wobei $\varepsilon_\nu = 1$ oder -1 ist. Nimmt man die erste dieser Gleichungen für $\nu = n+1$, die zweite für $\nu = n$ in Anspruch (man beachte $\delta_n \neq 0$), so folgt durch Subtraktion:

$$\frac{B_{n+1}}{B_n} - \frac{B_{n-1}}{B_n} = \frac{\varepsilon_{n+1}\sqrt{1-4\,\delta_n\delta_{n+1}} + \varepsilon_n\sqrt{1-4\,\delta_{n-1}\delta_n}}{2\,\delta_n},$$

oder weil $B_{n+1} = b_{n+1}B_n + B_{n-1}$ ist:

$$2\,\delta_n b_{n+1} = \varepsilon_{n+1}\sqrt{1-4\,\delta_n\delta_{n+1}} + \varepsilon_n\sqrt{1-4\,\delta_{n-1}\delta_n},$$

und folglich

(3) $$\sqrt{1-4\,\delta_n\delta_{n+1}} + \sqrt{1-4\,\delta_{n-1}\delta_n} \geqq 2\,\delta_n b_{n+1}\,.$$

Wenn nun $\delta_{n-1}, \delta_n, \delta_{n+1}$ alle drei $\geqq \frac{1}{\sqrt{5}}$ wären, so könnte nicht bei allen dreien Gleichheit gelten, weil eine Gleichheit von δ_ν und $\delta_{\nu-1}$ nach (2) bewirkt, daß δ_ν rational ist. Aus (3) würde also, da ja $b_{n+1} \geqq 1$ ist, folgen:

$$\sqrt{1-\frac{4}{5}} + \sqrt{1-\frac{4}{5}} > \frac{2}{\sqrt{5}}, \qquad \text{also} \quad \frac{1}{\sqrt{5}} + \frac{1}{\sqrt{5}} > \frac{2}{\sqrt{5}}\,.$$

Wegen dieses Widerspruchs muß wenigstens eine der drei Zahlen $< \frac{1}{\sqrt{5}}$ sein, womit der erste Teil von Satz 2. 15 bewiesen ist.

Wenn aber $b_{n+1} \geqq 2$ ist, dann können $\delta_{n-1}, \delta_n, \delta_{n+1}$ nicht einmal alle drei $\geqq \frac{1}{\sqrt{8}}$ sein, weil sonst, da wieder nicht bei allen dreien Gleichheit gelten könnte, aus (3) folgen würde:

$$\sqrt{1-\frac{4}{8}} + \sqrt{1-\frac{4}{8}} > \frac{2}{\sqrt{8}}\cdot 2, \qquad \text{also} \quad \frac{1}{\sqrt{2}} + \frac{1}{\sqrt{2}} > \frac{2}{\sqrt{2}}\,.$$

Wegen dieses Widerspruchs muß wenigstens eine der drei Zahlen $< \frac{1}{\sqrt{8}}$ sein, womit Satz 2. 16 bewiesen ist.

Zum Beweis des zweiten Teiles von Satz 2. 15 gehen wir aus von der Formel (7) des § 13:

$$\xi_0 - \frac{A_\nu}{B_\nu} = \frac{(-1)^\nu}{B_\nu(B_\nu\xi_{\nu+1} + B_{\nu-1})} = \frac{(-1)^\nu}{B_\nu^2\left(\xi_{\nu+1} + \frac{B_{\nu-1}}{B_\nu}\right)}\,.$$

Durch Vergleich mit (1) ergibt sich

(4) $$\frac{1}{\delta_\nu} = \xi_{\nu+1} + \frac{B_{\nu-1}}{B_\nu}\,.$$

Wenn nun etwa für $\nu \geqq \nu_0$ stets $b_\nu = 1$ ist, so hat man für $\nu \geqq \nu_0$

$$\xi_{\nu+1} = [b_{\nu+1}, b_{\nu+2}, b_{\nu+3}, \ldots] = [1, 1, 1, \ldots],$$

und nach der Formel (3) des § 11 auch

$$\frac{B_{\nu-1}}{B_\nu} = \frac{1}{[b_\nu, \ldots, b_{\nu_0}, b_{\nu_0-1}, \ldots, b_1]} = \frac{1}{[1, 1, \ldots, 1, b_{\nu_0-1}, \ldots, b_1]}.$$

Der Wert des letzten Kettenbruches liegt nun zwischen seinen Näherungsbrüchen $(\nu - \nu_0 - 1)^{\text{ter}}$ und $(\nu - \nu_0)^{\text{ter}}$ Ordnung, die sich aber mit den betreffenden Näherungsbrüchen des unendlichen Kettenbruches $[1, 1, 1, \ldots]$ decken; er hat also letzteren zum Grenzwert für $\nu \to \infty$, so daß sich ergibt:

$$\lim_{\nu \to \infty} \frac{1}{\delta_\nu} = [1, 1, 1, \ldots] + \frac{1}{[1, 1, 1, \ldots]}. \tag{5}$$

Der Kettenbruch $[1, 1, 1, \ldots] = \eta_0$ ist aber leicht zu berechnen. Setzt man nämlich $\eta_0 = 1 + \frac{1}{\eta_1}$, so ist auch $\eta_1 = [1, 1, 1, \ldots] = \eta_0$, also η_0 die positive Wurzel der Gleichung $x = 1 + \frac{1}{x}$, und somit $\eta_0 = \frac{1+\sqrt{5}}{2}$. Setzt man das in (5) ein, so erhält man:

$$\lim_{\nu \to \infty} \frac{1}{\delta_\nu} = \frac{1+\sqrt{5}}{2} + \frac{2}{1+\sqrt{5}} = \sqrt{5}, \qquad \text{also} \quad \lim_{\nu \to \infty} \delta_\nu = \frac{1}{\sqrt{5}}.$$

Daher kann, wenn $c > \sqrt{5}$ ist, nicht unendlich oft $\delta_\nu < \frac{1}{c}$ sein. Damit ist gezeigt, daß die im zweiten Teil von Satz 2. 15 genannten Zahlen ξ_0 wirklich die dort behauptete Eigenschaft haben; daß das aber auch nur für sie gelten kann, lehrt Satz 2. 16.

III. Der zweite Teil von Satz 2. 15 läßt sich unter Vorwegnahme des Inhalts von § 17 auch so formulieren, daß für alle und nur die mit $\frac{1+\sqrt{5}}{2} = [1, 1, 1, \ldots]$ äquivalenten Zahlen der Faktor $\sqrt{5}$ des ersten Teils nicht vergrößert werden kann. Analog läßt sich, wie ohne Beweis bemerkt sei, der Satz 2. 16 dahin ergänzen, daß für alle und nur die mit $1 + \sqrt{2} = [2, 2, 2, \ldots]$ äquivalenten Zahlen der Faktor $\sqrt{8}$ nicht vergrößert werden kann. Hieran knüpft nun eine weitere Literatur an, die die Reihe $\sqrt{5}, \sqrt{8}, \ldots$ in bestimmter Weise fortsetzt (*Perron* 1, *Heawood* 1, *Shibata* 1, *Prasad* 1, *Khintchine* 1 u. a. m.). Darüber hinaus ist auch untersucht worden, wie sich die Dinge ändern, wenn man nur ungerade oder gerade A_ν, B_ν (natürlich nicht beide gerade) zuläßt (*Robinson* 1) oder, wenn man die Annäherung nur von der einen Seite her betrachtet (*Robinson* 2, 3, *Negoescu* 1). Wir müssen uns mit diesen Hinweisen begnügen.

§ 15. Das Gesetz der besten Näherung.

I. *Lagrange* 6 hat folgenden Satz bewiesen:

Satz 2. 17. *Ist* $\frac{A_\nu}{B_\nu}$ $(\nu \geqq 1)$ *der Näherungsbruch* ν^{ter} *Ordnung von* ξ_0, *und* $\frac{P}{Q}$ *ein von* $\frac{A_\nu}{B_\nu}$ *verschiedener Bruch, bei dem* $0 < Q \leqq B_\nu$ *ist, so wird stets*

$$|Q\xi_0 - P| \geqq |B_{\nu-1}\xi_0 - A_{\nu-1}| > |B_\nu \xi_0 - A_\nu|.$$

Beweis (nach *Legendre* 1). Es ist identisch

$$(1) \qquad Q\xi_0 - P = M(B_\nu \xi_0 - A_\nu) + N(B_{\nu-1}\xi_0 - A_{\nu-1}),$$

wenn die Zahlen M, N aus den zwei Gleichungen

$$(2) \qquad P = MA_\nu + NA_{\nu-1}, \quad Q = MB_\nu + NB_{\nu-1}$$

berechnet werden. Da $A_\nu B_{\nu-1} - A_{\nu-1}B_\nu = \pm 1$ ist, so ergeben sich M, N hieraus als ganze Zahlen. Wäre etwa $N = 0$, so hätte man $P = MA_\nu$, $Q = MB_\nu$, also $\frac{P}{Q} = \frac{A_\nu}{B_\nu}$, gegen die Voraussetzung; daher ist $N \neq 0$. Ferner muß M entweder gleich 0 oder von entgegengesetztem Zeichen sein wie N, weil sonst wegen $\nu \geqq 1$ aus (2) folgen würde: $Q > B_\nu$, wieder gegen die Voraussetzung. Daraus ergibt sich, daß die beiden Summanden auf der rechten Seite von (1), falls $M \neq 0$ ist, gleiches Zeichen haben, weil ja die zwei Klammergrößen nach § 13, I ebenfalls von entgegengesetztem Zeichen sind. Es folgt daher aus (1)

$$|Q\xi_0 - P| = |M(B_\nu\xi_0 - A_\nu)| + |N(B_{\nu-1}\xi_0 - A_{\nu-1})|,$$

und somit, weil N eine von Null verschiedene ganze Zahl ist:

$$|Q\xi_0 - P| \geqq |B_{\nu-1}\xi_0 - A_{\nu-1}|.$$

Hiermit ist der Satz bewiesen; denn daß stets

$$|B_{\nu-1}\xi_0 - A_{\nu-1}| > |B_\nu\xi_0 - A_\nu|$$

ist, wurde schon in § 13, I gezeigt[1]). Aus Satz 2. 17 ergibt sich nun eine wichtige, die Näherungsbrüche völlig charakterisierende Eigenschaft, die wir folgendermaßen aussprechen.

Satz 2. 18. *Wenn der irreduzible Bruch $\frac{A}{B}$ mit positivem Nenner ein Näherungsbruch mindestens erster Ordnung von ξ_0 ist, so gibt es keinen von $\frac{A}{B}$ verschiedenen Bruch $\frac{P}{Q}$, für den $|Q\xi_0 - P| \leqq |B\xi_0 - A|$ und zugleich $0 < Q \leqq B$ wäre. Wenn dagegen $\frac{A}{B}$ kein Näherungsbruch von ξ_0 ist, so gibt es einen von $\frac{A}{B}$ verschiedenen Bruch $\frac{P}{Q}$, für den $|Q\xi_0 - P| \leqq |B\xi_0 - A|$ und zugleich $0 < Q \leqq B$, im Fall $B > 1$ sogar $Q < B$ ist. (Lagrange 6.)*

Beweis. Der erste Teil dieses Satzes ist schon durch Satz 2.17 erledigt. Was den zweiten Teil betrifft, so erkennt man leicht, daß für $B = 1$ der Bruch $\frac{P}{Q} = \frac{A_0}{B_0}$ stets das Verlangte leistet. In dem ungleich wichtigeren Fall $B > 1$

---

[1]) Zwar kann nach Formel (4) des § 13 auch

$$|B_{\nu-1}\xi_0 - A_{\nu-1}| = |B_\nu\xi_0 - A_\nu|$$

sein; aber nur, wenn $\xi_{\nu+1} = 1$ ist, wenn also der Kettenbruch die Form hat $\xi_0 = [b_0, b_1, \ldots, b_\nu, 1]$. Dann ist aber $\frac{A_\nu}{B_\nu}$ kein Näherungsbruch von ξ_0 (siehe die Definition Seite 37), so daß Satz 2.17 durch diese Ausnahme nicht berührt wird.

sei B_ν der erste Näherungsnenner, welcher nicht kleiner als B ist[1]), also

$$B_{\nu-1} < B \leqq B_\nu .$$

Dann ist $B \leqq B_\nu$, und außerdem, weil $\frac{A}{B}$ kein Näherungsbruch ist, gewiß $\frac{A}{B}$ von $\frac{A_\nu}{B_\nu}$ verschieden. Nach Satz 2. 17 ist daher

$$|B\xi_0 - A| \geqq |B_{\nu-1}\xi_0 - A_{\nu-1}| .$$

Da zugleich $B_{\nu-1} < B$ ist, so hat gewiß der Bruch $\frac{P}{Q} = \frac{A_{\nu-1}}{B_{\nu-1}}$ die behauptete Eigenschaft. Damit ist Satz 2. 18 bewiesen.

II. In Satz 2. 18 ist über den Näherungsbruch $\frac{A_0}{B_0}$ nichts ausgesagt. Für diesen erkennt man leicht, daß ein Bruch $\frac{P}{Q}$ mit den angegebenen Eigenschaften existiert oder nicht existiert, je nachdem $b_1 = 1$ oder $b_1 > 1$ ist. Für $b_1 = 1$ leistet nämlich der Bruch $\frac{P}{Q} = \frac{A_1}{B_1}$ das Verlangte. Hieran schließen wir die

Definition. *Ein Bruch $\frac{A}{B}$ mit positivem Nenner heißt eine „beste Näherung von ξ_0“, wenn jeder andere Bruch, der näher oder ebenso nahe an ξ_0 liegt wie $\frac{A}{B}$, einen größeren Nenner hat.*

Von größter Wichtigkeit ist nun

Satz 2. 19. *Die Näherungsbrüche einer Zahl ξ_0 sind von der ersten Ordnung an „beste Näherungen“. Der Näherungsbruch nullter Ordnung ist eine „beste Näherung“ oder nicht, je nachdem der Teilnenner b_1 größer als 1 oder gleich 1 ist.*

Beweis. Für die nullte Ordnung erkennt man ohne weiteres die Richtigkeit des Satzes. Für höhere Ordnungen aber nehmen wir an, es sei etwa $\frac{A_\nu}{B_\nu}$ keine beste Näherung. Dann muß es ex definitione einen von $\frac{A_\nu}{B_\nu}$ verschiedenen Bruch $\frac{P}{Q}$ geben, für welchen

$$\left|\xi_0 - \frac{P}{Q}\right| \leqq \left|\xi_0 - \frac{A_\nu}{B_\nu}\right|, \quad 0 < Q \leqq B_\nu ,$$

also durch Multiplikation auch

$$|Q\xi_0 - P| \leqq |B_\nu\xi_0 - A_\nu|$$

ist. Das widerspricht aber dem Satz 2. 17; also muß $\frac{A_\nu}{B_\nu}$ in der Tat eine beste Näherung sein.

Übrigens ist diese Eigenschaft im Gegensatz zu der weitergehenden Eigenschaft, welche in Satz 2. 18 ausgesprochen wurde, keineswegs charakteristisch für die Näherungsbrüche. Vielmehr werden wir im nächsten Paragraphen noch

[1]) Der Fall, daß alle Näherungsnenner kleiner als B sind, ist ganz trivial. Dann ist ja der Kettenbruch endlich, und der letzte Näherungsbruch $\frac{A_n}{B_n}$ leistet das Verlangte, indem $B_n\xi_0 - A_n = 0$ ist.

andere Brüche kennenlernen, welche ebenfalls beste Näherungen sind. Das Gesetz der besten Näherung (Satz 2. 19) war einigermaßen schon *Daniel Schwenter* **1** bekannt. Später kommt es bei *Wallis* **2a** und namentlich bei *Huygens* **1** vor. Letzterer hat es auch zur Lösung eines technischen Problems angewandt, worüber näheres in § 16, V.

§ 16. Nebennäherungsbrüche.

I. Als „Nebennäherungsbrüche" oder „eingeschaltete Brüche" bezeichnet man die Zahlen

$$(1) \qquad \frac{A_{\nu-1}+A_{\nu-2}}{B_{\nu-1}+B_{\nu-2}},\ \frac{2A_{\nu-1}+A_{\nu-2}}{2B_{\nu-1}+B_{\nu-2}},\ \ldots,\ \frac{(b_\nu-1)A_{\nu-1}+A_{\nu-2}}{(b_\nu-1)B_{\nu-1}+B_{\nu-2}};$$

die dem Wert $\nu = 0$ entsprechenden $\frac{1}{1}, \frac{2}{1}, \ldots, \frac{b_0-1}{1}$ wollen wir jedoch nicht zu den Nebennäherungsbrüchen rechnen; wir denken uns also $\nu \geqq 1$. Wegen der Identität

$$(cA_{\nu-1}+A_{\nu-2})B_{\nu-1}-(cB_{\nu-1}+B_{\nu-2})A_{\nu-1}=(-1)^{\nu-1}$$

sind auch Zähler und Nenner von Nebennäherungsbrüchen relativ prim. Wir wollen jetzt die seither als Näherungsbrüche bezeichneten Brüche der Deutlichkeit halber „Hauptnäherungsbrüche" nennen und mit dem Wort „Näherung" die Haupt- und Nebennäherungsbrüche zusammenfassen. Als Näherung in diesem Sinn gilt daher jede Zahl der Form

$$\frac{cA_{\nu-1}+A_{\nu-2}}{cB_{\nu-1}+B_{\nu-2}} \qquad (c=0,1,\ldots,b_\nu;\ \nu\geqq 1),$$

wobei lediglich der für $\nu = 1$, $c = 0$ entstehende sinnlose Bruch $\frac{A_{-1}}{B_{-1}}=\frac{1}{0}$ auszunehmen ist.

Die Brüche (1) liegen sämtlich zwischen

$$\frac{0\cdot A_{\nu-1}+A_{\nu-2}}{0\cdot B_{\nu-1}+B_{\nu-2}} \quad\text{und}\quad \frac{b_\nu A_{\nu-1}+A_{\nu-2}}{b_\nu B_{\nu-1}+B_{\nu-2}},$$

also zwischen $\frac{A_{\nu-2}}{B_{\nu-2}}$ und $\frac{A_\nu}{B_\nu}$, und zwar nähern sie sich in der angeschriebenen Reihenfolge beständig dem Wert $\frac{A_\nu}{B_\nu}$. Da aber $\frac{A_{\nu-2}}{B_{\nu-2}}$ und $\frac{A_\nu}{B_\nu}$ auf der gleichen Seite von ξ_0 liegen, so liegen auch die Zahlen (1) auf dieser Seite. Man wird also alle Näherungen, die kleiner als ξ_0 sind, der Reihe nach erhalten, wenn man zwischen $\frac{A_0}{B_0}, \frac{A_2}{B_2}, \frac{A_4}{B_4}, \ldots$ noch die betreffenden Nebennäherungsbrüche einschaltet. So entsteht die folgende Serie von Näherungen:

$$(2) \quad \begin{cases} \frac{A_0}{B_0},\ \frac{A_1+A_0}{B_1+B_0},\ \frac{2A_1+A_0}{2B_1+B_0},\ \ldots,\ \frac{b_2A_1+A_0}{b_2B_1+B_0}=\frac{A_2}{B_2},\ \frac{A_3+A_2}{B_3+B_2},\ \frac{2A_3+A_2}{2B_3+B_2},\ \ldots, \\ \frac{b_4A_3+A_2}{b_4B_3+B_2}=\frac{A_4}{B_4},\ \frac{A_5+A_4}{B_5+B_4},\ \frac{2A_5+A_4}{2B_5+B_4},\ \ldots,\ \frac{b_6A_5+A_4}{b_6B_5+B_4}=\frac{A_6}{B_6},\ \frac{A_7+A_6}{B_7+B_6},\ \ldots. \end{cases}$$

Die Serie dieser Brüche nähert sich wachsend dem Wert ξ_0. Analog ergeben sich die Näherungen, welche größer als ξ_0 sind:

$$(3)\quad \begin{cases} \dfrac{A_0+A_{-1}}{B_0+B_{-1}},\ \dfrac{2A_0+A_{-1}}{2B_0+B_{-1}},\ \ldots,\ \dfrac{b_1A_0+A_{-1}}{b_1B_0+B_{-1}}=\dfrac{A_1}{B_1},\ \dfrac{A_2+A_1}{B_2+B_1},\ \dfrac{2A_2+A_1}{2B_2+B_1},\ \ldots, \\ \dfrac{b_3A_2+A_1}{b_3B_2+B_1}=\dfrac{A_3}{B_3},\ \dfrac{A_4+A_3}{B_4+B_3},\ \dfrac{2A_4+A_3}{2B_4+B_3},\ \ldots,\ \dfrac{b_5A_4+A_3}{b_5B_4+B_3}=\dfrac{A_5}{B_5},\ \dfrac{A_6+A_5}{B_6+B_5},\ \ldots; \end{cases}$$

diese nähern sich abnehmend dem Wert ξ_0. Man bemerke, daß beide Zahlenserien auch nach wachsendem Nenner geordnet sind und daß beide mit Brüchen beginnen, deren Nenner gleich 1 ist. Man sieht weiter, daß von den beiden Näherungen

$$\frac{A_{\nu-1}}{B_{\nu-1}} \text{ und } \frac{cA_{\nu-1}+A_{\nu-2}}{cB_{\nu-1}+B_{\nu-2}} \qquad (0 \leqq c \leqq b_\nu)$$

stets eine der Serie (2), die andere der Serie (3) angehört; sie schließen also den Wert ξ_0 ein, so daß die Zahlen

$$(4)\qquad \xi_0-\frac{A_{\nu-1}}{B_{\nu-1}},\qquad \xi_0-\frac{cA_{\nu-1}+A_{\nu-2}}{cB_{\nu-1}+B_{\nu-2}},$$

wo c einen beliebigen der Werte $0, 1, \ldots, b_\nu$ bedeutet, von entgegengesetzten Vorzeichen sind.

II. Nun sei $\frac{P}{Q}$ ein Bruch mit positivem Nenner, der näher oder ebenso nahe an ξ_0 (aber eventuell auf der andern Seite) liegt wie eine gewisse von ihm verschiedene Näherung; also

$$\left|\xi_0-\frac{P}{Q}\right| \leqq \left|\xi_0-\frac{cA_{\nu-1}+A_{\nu-2}}{cB_{\nu-1}+B_{\nu-2}}\right|.$$

Daraus folgt dann

$$\begin{aligned}\left|\frac{P}{Q}-\frac{A_{\nu-1}}{B_{\nu-1}}\right| &= \left|\left(\xi_0-\frac{A_{\nu-1}}{B_{\nu-1}}\right)-\left(\xi_0-\frac{P}{Q}\right)\right| \leqq \left|\xi_0-\frac{A_{\nu-1}}{B_{\nu-1}}\right|+\left|\xi_0-\frac{P}{Q}\right| \\ &\leqq \left|\xi_0-\frac{A_{\nu-1}}{B_{\nu-1}}\right|+\left|\xi_0-\frac{cA_{\nu-1}+A_{\nu-2}}{cB_{\nu-1}+B_{\nu-2}}\right| = \left|\left(\xi_0-\frac{A_{\nu-1}}{B_{\nu-1}}\right)-\left(\xi_0-\frac{cA_{\nu-1}+A_{\nu-2}}{cB_{\nu-1}+B_{\nu-2}}\right)\right|,\end{aligned}$$

letzteres, weil ja die beiden Klammergrößen von entgegengesetztem Vorzeichen sind. Hier kann nicht beidemal Gleichheit eintreten. Denn beim erstenmal müßte ξ_0 zwischen $\frac{P}{Q}$ und $\frac{A_{\nu-1}}{B_{\nu-1}}$ liegen; beim zweitenmal aber müßte $\frac{P}{Q}$ ebenso nahe an ξ_0 liegen wie $\frac{cA_{\nu-1}+A_{\nu-2}}{cB_{\nu-1}+B_{\nu-2}}$, also auf der andern Seite, und folglich auf der gleichen Seite wie $\frac{A_{\nu-1}}{B_{\nu-1}}$. Es ist also schließlich

$$\left|\frac{P}{Q}-\frac{A_{\nu-1}}{B_{\nu-1}}\right| < \left|\frac{cA_{\nu-1}+A_{\nu-2}}{cB_{\nu-1}+B_{\nu-2}}-\frac{A_{\nu-1}}{B_{\nu-1}}\right| = \frac{1}{B_{\nu-1}(cB_{\nu-1}+B_{\nu-2})},$$

oder, indem man mit $QB_{\nu-1}$ multipliziert,

$$|PB_{\nu-1}-QA_{\nu-1}| < \frac{Q}{cB_{\nu-1}+B_{\nu-2}}.$$

Wenn nun $\frac{P}{Q}$ von $\frac{A_{\nu-1}}{B_{\nu-1}}$ verschieden, so ist $|PB_{\nu-1}-QA_{\nu-1}|$ eine positive ganze Zahl, also mindestens gleich 1, und aus der letzten Ungleichung folgt dann:

$Q > cB_{\nu-1} + B_{\nu-2}$. Ist aber $\frac{P}{Q} = \frac{A_{\nu-1}}{B_{\nu-1}}$, so darf man diesen Schluß nicht ziehen; somit ergibt sich

Satz 2. 20. *Jeder andere Bruch, der näher oder ebenso nahe an ξ_0 liegt wie die zwischen die Näherungsbrüche $(\nu - 2)^{ter}$ und ν^{ter} Ordnung eingeschaltete Näherung*

$$\frac{cA_{\nu-1} + A_{\nu-2}}{cB_{\nu-1} + B_{\nu-2}},$$

hat einen absolut größeren Nenner als diese; eine Ausnahme bildet allenfalls der Näherungsbruch $(\nu - 1)^{ter}$ Ordnung $\frac{A_{\nu-1}}{B_{\nu-1}}$. (Bruno **1.***)*

Da die Zahlen (4) von entgegengesetztem Zeichen sind, so kann $\frac{A_{\nu-1}}{B_{\nu-1}}$ niemals zwischen ξ_0 und $\frac{cA_{\nu-1} + A_{\nu-2}}{cB_{\nu-1} + B_{\nu-2}}$ liegen; aus Satz 2. 20 ist daher zu schließen:

Satz 2. 21. *Jeder Bruch, der zwischen ξ_0 und einem Haupt- oder Nebennäherungsbruch liegt, hat einen absolut größeren Nenner als dieser. (Lagrange* **6.***)*

Für die Hauptnäherungsbrüche ist diese Tatsache übrigens auch schon in Satz 2. 19 enthalten. Von größter Wichtigkeit ist nun der Umstand, daß die in Satz 2.21 angegebene Eigenschaft die ,,Näherungen“ völlig charakterisiert. Wir beweisen nämlich jetzt die Umkehrung von Satz 2. 21.:

Satz 2. 22. *Wenn ein Bruch $\frac{P}{Q}$ mit positivem Nenner von der Art ist, daß jeder zwischen ξ_0 und $\frac{P}{Q}$ fallende Bruch einen Nenner hat, der absolut größer als Q ist, dann ist $\frac{P}{Q}$ einem Haupt- oder Nebennäherungsbruch von ξ_0 gleich.*

Beweis. Wenn $\frac{P}{Q}$ keiner Näherung gleich ist, also weder der Serie (2) noch (3) angehört, so sind zunächst die Fälle $\frac{P}{Q} < \xi_0$ und $\frac{P}{Q} > \xi_0$ zu unterscheiden. Für $\frac{P}{Q} < \xi_0$ muß $\frac{P}{Q}$ entweder zwischen zwei aufeinanderfolgenden Brüchen der Serie (2) liegen, oder aber kleiner als der erste sein: $\frac{P}{Q} < \frac{A_0}{B_0}$. Für $\frac{P}{Q} > \xi_0$ dagegen muß $\frac{P}{Q}$ entweder zwischen zwei aufeinanderfolgenden Brüchen der Serie (3) liegen, oder aber größer als der erste sein: $\frac{P}{Q} > \frac{A_0 + A_{-1}}{B_0 + B_{-1}}$. Wenn nun eine der Ungleichungen

$$\frac{P}{Q} < \frac{A_0}{B_0} = \frac{b_0}{1} \quad \text{oder} \quad \frac{P}{Q} > \frac{A_0 + A_{-1}}{B_0 + B_{-1}} = \frac{b_0 + 1}{1}$$

vorliegt, so gibt es einen zwischen ξ_0 und $\frac{P}{Q}$ liegenden Bruch mit dem Nenner 1, nämlich $\frac{b_0}{1}$ bzw. $\frac{b_0 + 1}{1}$; daher erfüllt $\frac{P}{Q}$ nicht die Voraussetzung von Satz 2.22. Wenn dagegen $\frac{P}{Q}$ zwischen zwei Zahlen der Serie (2) oder der Serie (3) fällt, so gelten im ersten Fall die Ungleichungen

$$\frac{(c-1)A_{\nu-1} + A_{\nu-2}}{(c-1)B_{\nu-1} + B_{\nu-2}} < \frac{P}{Q} < \frac{cA_{\nu-1} + A_{\nu-2}}{cB_{\nu-1} + B_{\nu-2}} < \xi_0$$

für ein gewisses ν und c, im zweiten Fall die entgegengesetzten. Beidemal liegt also einerseits der Bruch $\frac{cA_{\nu-1}+A_{\nu-2}}{cB_{\nu-1}+B_{\nu-2}}$ zwischen ξ_0 und $\frac{P}{Q}$; anderseits ist aber auch

$$0 < \left|\frac{P}{Q} - \frac{(c-1)A_{\nu-1}+A_{\nu-2}}{(c-1)B_{\nu-1}+B_{\nu-2}}\right| < \left|\frac{cA_{\nu-1}+A_{\nu-2}}{cB_{\nu-1}+B_{\nu-2}} - \frac{(c-1)A_{\nu-1}+A_{\nu-2}}{(c-1)B_{\nu-1}+B_{\nu-2}}\right|$$
$$= \frac{1}{(cB_{\nu-1}+B_{\nu-2})\,[(c-1)B_{\nu-1}+B_{\nu-2}]},$$

also, indem man mit $Q[(c-1)B_{\nu-1}+B_{\nu-2})]$ multipliziert:

$$0 < |P[(c-1)B_{\nu-1}+B_{\nu-2}] - Q[(c-1)A_{\nu-1}+A_{\nu-2}]| < \frac{Q}{cB_{\nu-1}+B_{\nu-2}}.$$

Hieraus folgt wieder, da das Mittelglied als positive ganze Zahl mindestens gleich 1 ist:

$$Q > cB_{\nu-1}+B_{\nu-2}.$$

Der zwischen ξ_0 und $\frac{P}{Q}$ gelegene Bruch $\frac{cA_{\nu-1}+A_{\nu-2}}{cB_{\nu-1}+B_{\nu-2}}$ hat also einen Nenner kleiner als Q. Daher erfüllt $\frac{P}{Q}$ wieder nicht unsere Voraussetzung, womit Satz 2.22 bewiesen ist[1]).

III. Aus Satz 2. 22 ergibt sich nun, daß insbesondere jeder Bruch, der eine „beste Näherung" ist, ein Haupt- oder Nebennäherungsbruch sein muß. Die Hauptnäherungsbrüche sind nach Satz 2. 19 auch wirklich beste Näherungen (wenigstens von der ersten Ordnung an); wir untersuchen jetzt noch, inwieweit auch die Nebennäherungsbrüche das gleiche leisten. Dazu gibt Satz 2. 20 uns die Mittel in die Hand. Dieser lehrt nämlich, daß der Nebennäherungsbruch $\frac{cA_{\nu-1}+A_{\nu-2}}{cB_{\nu-1}+B_{\nu-2}}$ dann und nur dann eine beste Näherung sein wird, wenn er näher an ξ_0 liegt als der Bruch $\frac{A_{\nu-1}}{B_{\nu-1}}$, wenn also

$$\left|\xi_0 - \frac{cA_{\nu-1}+A_{\nu-2}}{cB_{\nu-1}+B_{\nu-2}}\right| < \left|\xi_0 - \frac{A_{\nu-1}}{B_{\nu-1}}\right|$$

ist. Diese Ungleichung ist gleichbedeutend mit

$$\frac{|c(B_{\nu-1}\xi_0 - A_{\nu-1}) + B_{\nu-2}\xi_0 - A_{\nu-2}|}{cB_{\nu-1}+B_{\nu-2}} < \frac{|B_{\nu-1}\xi_0 - A_{\nu-1}|}{B_{\nu-1}};$$

da aber nach der allgemein gültigen Formel (4) des § 13

$$-\frac{B_{\nu-2}\xi_0 - A_{\nu-2}}{B_{\nu-1}\xi_0 - A_{\nu-1}} = \xi_\nu$$

ist, so besagt das soviel wie

$$\frac{|(c-\xi_\nu)(B_{\nu-1}\xi_0 - A_{\nu-1})|}{cB_{\nu-1}+B_{\nu-2}} < \frac{|B_{\nu-1}\xi_0 - A_{\nu-1}|}{B_{\nu-1}},$$

[1]) Die Sätze 2.21 und 2.22 werden sehr hübsch durch die Kleinschen Umrißpolygone veranschaulicht; indes können wir auf diese geometrische Interpretation der regelmäßigen Kettenbrüche, welche von der allgemeinen Theorie ziemlich abseits steht, nicht eingehen. Man vergleiche die Note *Klein* 1, sowie die ausführlichere Darstellung bei *Klein* 2. Bei dieser Gelegenheit sei auch auf die ebenfalls außerhalb des Rahmens dieses Buches liegende geometrische Veranschaulichung der Kettenbrüche von *Humbert* 1 und von *Züllig* 1 wenigstens hingewiesen.

oder also

$$|\xi_\nu - c|\, B_{\nu-1} < c B_{\nu-1} + B_{\nu-2}.$$

Nun ist $c < b_\nu \leqq \xi_\nu$, so daß man auf der linken Seite dieser Ungleichung die Absolutstriche weglassen kann; es kommt dann schließlich

$$2 c B_{\nu-1} + B_{\nu-2} > \xi_\nu B_{\nu-1}.$$

Diese notwendige und hinreichende Bedingung ist nun gewiß erfüllt, wenn $2c \geqq b_\nu + 1$ ist; dann wird nämlich

$$2 c B_{\nu-1} + B_{\nu-2} \geqq (b_\nu + 1) B_{\nu-1} > \xi_\nu B_{\nu-1}.$$

Die Bedingung ist dagegen nicht erfüllt, wenn $2c \leqq b_\nu - 1$ ist; dann wird nämlich

$$2 c B_{\nu-1} + B_{\nu-2} \leqq (b_\nu - 1) B_{\nu-1} + B_{\nu-1} = b_\nu B_{\nu-1} \leqq \xi_\nu B_{\nu-1}.$$

Unentschieden ist also nur noch der Fall $2c = b_\nu$; in diesem lautet die Bedingung:

$$b_\nu B_{\nu-1} + B_{\nu-2} > \xi_\nu B_{\nu-1}$$

oder, was dasselbe ist,

$$\frac{B_\nu}{B_{\nu-1}} > \xi_\nu,$$

und indem man beide Seiten in Kettenbrüche entwickelt,

$$[b_\nu, b_{\nu-1}, \ldots, b_2, b_1] > [b_\nu, b_{\nu+1}, b_{\nu+2} \ldots].$$

Ob diese Bedingung erfüllt ist oder nicht, läßt sich aber nach Satz 2. 7 und 2. 8 in jedem Fall sofort entscheiden. Wir erhalten so

Satz 2. 23. *Der Nebennäherungsbruch* $\frac{c A_{\nu-1} + A_{\nu-2}}{c B_{\nu-1} + B_{\nu-2}}$ *ist dann und nur dann eine „beste Näherung", wenn* $2c > b_\nu$ *oder wenn* $2c = b_\nu$ *und zugleich* $[b_\nu, b_{\nu-1}, \ldots, b_2, b_1] > [b_\nu, b_{\nu+1}, b_{\nu+2}, \ldots]$ *ist. Dagegen liegt für* $2c < b_\nu$ *niemals eine beste Näherung vor.*

Man sieht so, daß von den zwischen $\frac{A_{\nu-2}}{B_{\nu-2}}$ und $\frac{A_\nu}{B_\nu}$ eingeschalteten Nebennäherungsbrüchen

$$\frac{A_{\nu-1} + A_{\nu-2}}{B_{\nu-1} + B_{\nu-2}}, \quad \frac{2 A_{\nu-1} + A_{\nu-2}}{2 B_{\nu-1} + B_{\nu-2}}, \quad \ldots, \quad \frac{(b_\nu - 1) A_{\nu-1} + A_{\nu-2}}{(b_\nu - 1) B_{\nu-1} + B_{\nu-2}}$$

immer nur die zweite Hälfte beste Näherungen gibt, die erste Hälfte nicht. Ist die Anzahl $b_\nu - 1$ ungerade, so wird der mittlere Bruch eine beste Näherung sein oder nicht, je nachdem $[b_\nu, b_{\nu-1}, \ldots, b_2, b_1] > [b_\nu, b_{\nu+1}, b_{\nu+2}, \ldots]$ ist oder nicht. Danach ist es nun leicht, die sämtlichen besten Näherungen der Reihe nach anzuschreiben, und zwar so, daß jeder folgende Bruch näher an ξ_0 liegt als der vorausgehende. Die Brüche sind dann ganz von selbst auch nach wachsendem Nenner geordnet; sie werden teils größer, teils kleiner sein als ξ_0, und zwar findet der Übergang von größeren zu kleineren und umgekehrt jedesmal nach einem Hauptnäherungsbruch statt. Sind $\frac{P}{Q}, \frac{R}{S}$ zwei aufeinanderfolgende Brüche dieser Serie, so ist unter allen Brüchen, die näher an ξ_0 liegen als $\frac{P}{Q}$, gerade $\frac{R}{S}$ der mit dem kleinsten Nenner.

IV. Wir wollen diese Verhältnisse an dem Beispiel der Ludolphschen Zahl illustrieren. Auf S. 35 fanden wir

$$\pi = [3, 7, 15, 1, 292, 1, 1, \ldots].$$

Die Hauptnäherungsbrüche sind daher:

$$\frac{3}{1}, \frac{22}{7}, \frac{333}{106}, \frac{355}{113}, \frac{103993}{33102}, \frac{104348}{33215}, \ldots,$$

während die Nebennäherungsbrüche die Gestalt haben:

$$\frac{3c+1}{c}, \quad \frac{22c'+3}{7c'+1}, \quad \frac{355c'''+333}{113c'''+106}, \ldots,$$

$$1 \leqq c \leqq 6, \quad 1 \leqq c' \leqq 14, \quad 1 \leqq c''' \leqq 291.$$

Die Brüche der Form $\frac{333c''+22}{106c''+7}$ fallen aus, weil $b_3 = 1$ ist, also schon für $c'' = 1$ der nächste Hauptnäherungsbruch zum Vorschein kommt. Die Nebennäherungsbrüche sind „beste Näherungen" für

$$c = 4, 5, 6; \quad \text{also } \frac{13}{4}, \frac{16}{5}, \frac{19}{6},$$

$$c' = 8, 9, 10, 11, 12, 13, 14; \quad \text{also } \frac{179}{57}, \frac{201}{64}, \frac{223}{71}, \frac{245}{78}, \frac{267}{85}, \frac{289}{92}, \frac{311}{99},$$

$$c''' = 147, 148, \ldots; \quad \text{also } \frac{52518}{16717}, \frac{52873}{16830}, \ldots.$$

Ob auch schon der Wert $c''' = 146$ eine beste Näherung gibt, hängt davon ab, ob die Ungleichung

$$[b_4, b_3, b_2, b_1] > [b_4, b_5, b_6, \ldots]$$

erfüllt ist; diese wird aber: $[292, 1, 15, 7] > [292, 1, 1, \ldots]$, ist also nach Satz 2.8 in der Tat erfüllt; daher ist auch schon der für $c''' = 146$ entstehende Bruch $\frac{52163}{16604}$ eine beste Näherung. Hiernach sind nun die besten Näherungen der Reihe nach

$$\underline{\frac{3}{1}}, \overline{\frac{13}{4}}, \overline{\frac{16}{5}}, \overline{\frac{19}{6}}, \overline{\frac{22}{7}}, \underline{\frac{179}{57}}, \underline{\frac{201}{64}}, \underline{\frac{223}{71}}, \underline{\frac{245}{78}}, \underline{\frac{267}{85}}, \underline{\frac{289}{92}}, \underline{\frac{311}{99}},$$

$$\underline{\frac{333}{106}}, \overline{\frac{355}{113}}, \underline{\frac{52163}{16604}}, \underline{\frac{52518}{16717}}, \underline{\frac{52873}{16830}}, \ldots,$$

wobei wir diejenigen Brüche, die kleiner sind als π, unterstrichen, die größeren überstrichen haben. Eine Tabelle sämtlicher Haupt- und Nebennäherungsbrüche, die aus den ersten 34 Teilnennern hervorgehen, hat *Wallis* **2a** berechnet. Unter diesen Brüchen fällt $\frac{22}{7}$ als eine besonders günstige Näherung auf; denn um dem wahren Wert π noch näher zu kommen, muß man den Nenner ganz erheblich, von 7 bis auf 57, vergrößern. Vor allem aber ist $\frac{355}{113}$ eine vorzügliche Näherung; hier ist der Nenner noch nicht sehr groß; aber um dem wahren Wert noch näher zu kommen, müßte man die enorme Vergrößerung des Nenners bis auf 16604 in Kauf nehmen, und selbst dann wäre der Gewinn noch sehr bescheiden; der Fehler würde nämlich, wie die unten stehende Tabelle zeigt, nur um etwa 2‰

verkleinert. Dagegen ist der Bruch $\frac{333}{106}$, obwohl in unserem Sinn eine „beste Näherung" und sogar ein Hauptnäherungsbruch, ziemlich ungünstig. Denn durch eine nur mäßige Erhöhung des Nenners auf 113 wird der Fehler schon bedeutend verkleinert. So erkennt man, daß die besonders günstigen Näherungen allemal dann zum Vorschein kommen, wenn große Teilnenner auftreten, hier 15 und 292.

$$\frac{22}{7} = 3{,}142857, \qquad \text{Fehler } \pi - \frac{22}{7} = -\,0{,}001;$$

$$\frac{223}{71} = 3{,}140845, \qquad \text{Fehler} = +\,0{,}0007;$$

$$\frac{333}{106} = 3{,}1415094, \qquad \text{Fehler} = +\,0{,}00008;$$

$$\frac{355}{113} = 3{,}14159292035, \qquad \text{Fehler} = -\,0{,}00000026676;$$

$$\frac{52163}{16604} = 3{,}141592387376, \qquad \text{Fehler} = +\,0{,}00000026621.$$

Interessant ist, daß einige von diesen Brüchen als gute Approximationen von π längst bekannt waren, ehe man sich mit Kettenbrüchen beschäftigte. Archimedes fand, daß π zwischen $\frac{22}{7}$ und $\frac{223}{71}$ liegt; aus diesem Grunde wurde gerade die beste Näherung $\frac{223}{71}$ in die obige Fehlertabelle aufgenommen. Die beiden Brüche $\frac{333}{106}$ und $\frac{355}{113}$ kennt Adrianus Metius (1571—1635), und ums Jahr 1700 war der Wert $\frac{355}{113}$ sogar in Japan bekannt[1]).

V. Die „besten Näherungen" haben durch die Erfindung der Dezimalbrüche natürlich bedeutend von dem Wert verloren, der ihnen sonst für die Praxis des numerischen Rechnens zukommen würde. Daß sie aber trotz der Dezimalbrüche noch immer recht nützlich sind, zeigt zum Beispiel das Problem, durch welches *Huygens* **1** zur Erfindung der regelmäßigen Kettenbrüche angeregt wurde. Bei der Konstruktion eines Planetariums sah er sich nämlich der Aufgabe gegenüber, zwei ineinandergreifende Zahnräder zu konstruieren, deren Umlaufzeiten sich verhalten sollen wie zwei der Beobachtung entnommene große ganze Zahlen $a : b$. Um das exakt zu erreichen, müßte man dem einen Rad a, dem andern b Zähne aufsetzen. Das ist aber, wenn a, b sehr groß sind, praktisch nicht ausführbar, und es handelt sich dann darum, das Verhältnis $a : b$ möglichst angenähert durch

[1]) Nach *Hayashi* **1**. Das Verfahren, durch welches die Japaner diesen Näherungsbruch fanden, ist kaum mehr als eine hübsche Spielerei. Geradezu staunen muß man aber über Hayashis Angabe, daß im Jahre 1766 die beiden Brüche

$$\frac{5419351}{1725033}, \quad \frac{428224593349304}{136308121570117}$$

als gute Näherungen von π in Japan entdeckt wurden. Wie der erwähnten Wallisschen Tabelle zu entnehmen ist, sind das nämlich in der Tat Hauptnäherungsbrüche, und zwar diejenigen, welche den ziemlich großen Teilnennern 14 und 13 vorausgehen (siehe die Fußnote S. 35f.). Es läßt sich schwer begreifen, wie man ohne ein kettenbruchähnliches Verfahren diese außerordentlich genauen „besten Näherungen" herausbekommen kann.

kleinere Zahlen auszudrücken, und zwar so, daß durch noch kleinere Zahlen eine bessere Annäherung nicht mehr möglich ist (sonst würde man eben die kleineren vorziehen). Huygens fand nun, daß man zu diesem Zweck $\frac{a}{b}$ in einen Kettenbruch entwickeln muß, und daß stets die Haupt- sowie die eine Hälfte der Nebennäherungsbrüche die Aufgabe lösen. Somit ist der wesentliche Inhalt der Sätze 2. 19 und 2. 23 schon Huygens bekannt, wenn auch von einer Beweisführung im modernen Sinn natürlich keine Rede ist. Vollständig bewiesen, auch unter Berücksichtigung des Falles $2c = b_\nu$, wurde Satz 2. 23 von *H. J. Stephen Smith* **1**.

§ 17. Äquivalente Zahlen.

Definition. *Zwei irrationale Zahlen ξ, η heißen miteinander äquivalent, wenn zwischen ihnen eine Gleichung der Form*

$$\eta = \frac{a\xi + c}{b\xi + d} \tag{1}$$

besteht, wo a, b, c, d ganze Zahlen sind, für die $ad - bc = \pm 1$ ist.

Da mit (1) zugleich die Formel

$$\xi = \frac{d\eta - c}{-b\eta + a} = \frac{a'\eta + c'}{b'\eta + d'} \qquad (a'd' - b'c' = \pm 1)$$

gilt, so ist dieser Begriff symmetrisch, weshalb in der Definition das Wort „miteinander“ berechtigt ist. Ferner wird der Leser leicht einsehen, daß der Begriff auch reflexiv ist, d. h. jede Zahl ist mit sich selbst äquivalent, und transitiv, d. h. wenn ξ mit η und η mit ζ äquivalent ist, so ist auch ξ mit ζ äquivalent. Schließlich erkennt man auch, indem man speziell $a = -1$, $b = 0$, $d = 1$ setzt, daß zwei Zahlen ξ, η mit ganzzahliger Summe stets äquivalent sind.

Nun seien ξ_0, η_0 zwei irrationale Zahlen, deren regelmäßige Kettenbruchentwicklungen

$$\xi_0 = [b_0, b_1, \ldots, b_{n-1}, g_0, g_1, g_2, \ldots],$$
$$\eta_0 = [d_0, d_1, \ldots, d_{m-1}, g_0, g_1, g_2, \ldots]$$

vom Teilnenner g_0 an übereinstimmen. Bezeichnet man die Näherungszähler und -nenner des ersten Kettenbruches wie immer mit A_ν, B_ν, die des zweiten mit C_ν, D_ν und setzt noch

$$[g_0, g_1, g_2, \ldots] = \omega,$$

so ist

$$\xi_0 = \frac{A_{n-1}\omega + A_{n-2}}{B_{n-1}\omega + B_{n-2}}, \quad \eta_0 = \frac{C_{m-1}\omega + C_{m-2}}{D_{m-1}\omega + D_{m-2}}.$$

Demnach ist sowohl ξ_0 als η_0 mit ω äquivalent, so daß also ξ_0, η_0 auch miteinander äquivalent sind.

Wir nehmen jetzt umgekehrt an, daß zwei irrationale Zahlen ξ_0, η_0 miteinander äquivalent seien; sei also

$$\eta_0 = \frac{a\xi_0 + c}{b\xi_0 + d}, \tag{2}$$

$$ad - bc = \pm 1. \tag{3}$$

Es läßt sich dann zeigen, daß die regelmäßigen Kettenbrüche für ξ_0 und η_0 von einer gewissen Stelle an miteinander übereinstimmen. Beim Beweis wollen wir die Zahl $b\xi_0 + d$ als positiv voraussetzen; das läßt sich nötigenfalls dadurch erreichen, daß a, b, c, d durch $-a, -b, -c, -d$ ersetzt werden, was ohne Schaden geschehen kann. Nun sei in gewohnter Bezeichnung

$$\xi_0 = [b_0, b_1, \ldots, b_{\nu-1}, \xi_\nu],$$

also

$$\xi_0 = \frac{A_{\nu-1}\xi_\nu + A_{\nu-2}}{B_{\nu-1}\xi_\nu + B_{\nu-2}}, \tag{4}$$

wo ξ_ν als vollständiger Quotient natürlich größer als 1 ist; für die zunächst beliebige Zahl ν behalten wir uns eine geeignete Wahl noch vor.

Aus (2) und (4) folgt (vgl. die Regel auf S. 12)

$$\eta_0 = \frac{P\xi_\nu + R}{Q\xi_\nu + S}, \tag{5}$$

wobei

$$\begin{pmatrix} P & R \\ Q & S \end{pmatrix} = \begin{pmatrix} a & c \\ b & d \end{pmatrix} \begin{pmatrix} A_{\nu-1} & A_{\nu-2} \\ B_{\nu-1} & B_{\nu-2} \end{pmatrix}.$$

Also ist

$$P = aA_{\nu-1} + cB_{\nu-1}, \qquad R = aA_{\nu-2} + cB_{\nu-2},$$
$$Q = bA_{\nu-1} + dB_{\nu-1}, \qquad S = bA_{\nu-2} + dB_{\nu-2}.$$

Daher sind P, Q, R, S ganze Zahlen, und außerdem besteht die Gleichung

$$PS - QR = (ad - bc)(A_{\nu-1}B_{\nu-2} - A_{\nu-2}B_{\nu-1}) = \pm 1.$$

Nun ist nach dem Näherungsgesetz (§ 13, Formel (11))

$$A_{\nu-1} = \xi_0 B_{\nu-1} + \frac{\delta}{B_{\nu-1}}, \qquad A_{\nu-2} = \xi_0 B_{\nu-2} + \frac{\delta'}{B_{\nu-2}},$$

wo δ, δ' absolut kleiner als 1 sind. Folglich wird, wenn man das in die obigen Ausdrücke für Q und S einsetzt:

$$Q = (b\xi_0 + d)B_{\nu-1} + \frac{b\delta}{B_{\nu-1}}, \qquad S = (b\xi_0 + d)B_{\nu-2} + \frac{b\delta'}{B_{\nu-2}}.$$

Da wir $b\xi_0 + d$ positiv gewählt haben, so werden also für hinreichend große Werte von ν auch Q, S positiv und außerdem $Q > S$. Dann folgt aber aus (5) mit Hilfe von Satz 2.13, S. 40, daß $\frac{R}{S}$, $\frac{P}{Q}$ zwei aufeinanderfolgende Näherungsbrüche von η_0 sind und daß ξ_ν der zugehörige vollständige Quotient ist. Man hat also

$$\eta_0 = [d_0, d_1, \ldots, d_{\mu-1}, \xi_\nu] = [d_0, d_1, \ldots, d_{\mu-1}, b_\nu, b_{\nu+1}, b_{\nu+2}, \ldots],$$

und damit ist bewiesen:

Satz 2. 24. *Die notwendige und hinreichende Bedingung dafür, daß die regelmäßigen Kettenbrüche für zwei irrationale Zahlen ξ_0, η_0 von einem gewissen Teilnenner an übereinstimmen, besteht in der Äquivalenz der Zahlen ξ_0, η_0.* (*Serret* 1.)

Beispiel: Die Zahlen ξ_0 und $-\xi_0$ sind äquivalent (sie haben eine ganzzahlige Summe). Setzt man

$$\xi_0 = [b_0, b_1, b_2, b_3, \ldots],$$

so ist auch in der Tat

$$-\xi_0 = \begin{cases} [-(b_0+1), 1, b_1-1, b_2, b_3, \ldots] & \text{für } b_1 > 1, \\ [-(b_0+1), b_2+1, b_3, b_4, \ldots] & \text{für } b_1 = 1, \end{cases}$$

wie der Leser leicht verifizieren wird.

§ 18. Zwei zahlentheoretische Anwendungen.

I. Bereits in § 11 wurde der Satz bewiesen, daß eine Zahl der Form $a^2 + b^2$, wo a und b relativ prim sind, nur Teiler von der gleichen Form haben kann (Satz 2. 5). Wir wollen diesen Satz jetzt auf eine zweite Art beweisen und gleich noch zwei ähnliche Sätze hinzufügen:

Satz 2. 25. *Jeder Teiler einer Zahl der Form $a^2 + 2\varepsilon b^2$, wo a, b relativ prim sind und $\varepsilon = \pm 1$ ist, hat wieder die Form $\alpha^2 + 2\varepsilon\beta^2$ mit relativ primen α, β. (Lagrange 4.)*

Satz 2. 26. *Jeder ungerade Teiler einer Zahl der Form $a^2 + 3b^2$, wo a, b relativ prim sind, hat wieder die Form $\alpha^2 + 3\beta^2$ mit relativ primen α, β. (Lagrange 4.)*

Beweis (nach *Lucas* 1): Wenn λ eine der Zahlen 1, 2ε oder 3 bedeutet, so ist jeder Teiler von $a^2 + \lambda b^2$ zugleich auch Teiler von

$$(a^2 + \lambda b^2)(x^2 + \lambda y^2) = (ax + \lambda by)^2 + \lambda(ay - bx)^2.$$

Bei relativ primen a, b kann man aber nach § 10 x, y so wählen, daß $ay - bx = 1$ ist; also genügt es, unsere Sätze für Zahlen der Form $m^2 + \lambda$ zu beweisen.

Sei daher n ein (positiver) Teiler von $m^2 + \lambda$. Sollte $n = 1$ oder $|\lambda|$ sein, so ist durch die Formeln

$$1 = 1^2 + \lambda \cdot 0^2, \quad 2 = 0^2 + 2 \cdot 1^2 = 2^2 - 2 \cdot 1^2, \quad 3 = 0^2 + 3 \cdot 1^2$$

die Sache erledigt; sei also n von 1 und $|\lambda|$ verschieden. Dann ist der Bruch $\frac{m}{n}$ keine ganze Zahl. Unter seinen Näherungsbrüchen $\frac{A_\nu}{B_\nu}$ gibt es, weil $n > 1$ ist, sicher solche, für die $B_\nu^2 < n$; denn mindestens $\frac{A_0}{B_0}$ hat diese Eigenschaft. Es gibt aber auch solche, für die $B_\nu^2 \geqq n$ ist; denn mindestens der letzte Näherungsbruch hat diese Eigenschaft[1]). Sei daher $\frac{A_\nu}{B_\nu}$ derjenige sicher existierende und eindeutig bestimmte Näherungsbruch, für welchen

(1) $$B_\nu^2 < n \leqq B_{\nu+1}^2$$

[1]) Das ist zunächst klar, wenn m und n relativ prim sind, weil dann das letzte B_ν gleich n ist. Wenn aber etwa $m = \varrho m'$, $n = \varrho n'$ ist, wo nun m' und n' relativ prim sind und $\varrho > 1$ ist, so muß $m^2 + \lambda = \varrho^2 m'^2 + \lambda$ durch n, also gewiß durch ϱ teilbar sein, so daß nur $\varrho = |\lambda|$ sein kann. Da $n \neq |\lambda|$ vorausgesetzt ist, muß dann $n' > 1$ sein. Nun ist das letzte B_ν gleich n', also

$$B_\nu^2 = n'^2 = \frac{n^2}{\varrho^2} = n \cdot \frac{n}{|\lambda|^2} = n \cdot \frac{n'}{|\lambda|}.$$

Für $\lambda = 1$, 2ε ist daher gewiß $B_\nu^2 \geqq n$. Für $\lambda = 3$ handelt es sich nur um ungerades n (Satz 2.26); daher muß $n' \geqq 3$ sein, so daß wiederum $B_\nu^2 \geqq n$ kommt.

wird. Nach dem Näherungsgesetz (Satz 2. 10, S. 37) ist

$$0 < \left(\frac{A_\nu}{B_\nu} - \frac{m}{n}\right)^2 \leqq \left(\frac{1}{B_\nu B_{\nu+1}}\right)^2.$$

Daher, wenn man mit $n B_\nu^2$ multipliziert:

$$0 < \frac{1}{n}(n A_\nu - m B_\nu)^2 \leqq \frac{n}{B_{\nu+1}^2}.$$

Addiert man hierzu die Zahl $\frac{\lambda}{n} B_\nu^2$, so kommt

(2) $$\frac{\lambda}{n} B_\nu^2 < n A_\nu^2 - 2 m A_\nu B_\nu + \frac{m^2 + \lambda}{n} B_\nu^2 \leqq \frac{n}{B_{\nu+1}^2} + \lambda \frac{B_\nu^2}{n}.$$

Daraus folgt aber mit Rücksicht auf (1), wenn $\lambda = 1, 2, 3$ ist:

(3a) $$0 < n A_\nu^2 - 2 m A_\nu B_\nu + \frac{m^2 + \lambda}{n} B_\nu^2 < 1 + \lambda;$$

dagegen, wenn $\lambda = -2$ ist:

(3b) $$-2 < n A_\nu^2 - 2 m A_\nu B_\nu + \frac{m^2 + \lambda}{n} B_\nu^2 < 1.$$

In diesen Ungleichungen steht nun, weil $m^2 + \lambda$ nach Voraussetzung durch n teilbar ist, in der Mitte eine ganze Zahl; diese kann daher für $\lambda = 1$ nur den Wert 1, für $\lambda = 2, 3$ nur einen der Werte 1, 2, λ, für $\lambda = -2$ nur einen der Werte -1, 0 haben. Multipliziert man dann noch mit n, so kommt also:

(4) für $\lambda = 1$: $(n A_\nu - m B_\nu)^2 + B_\nu^2 = n$,

(5) für $\lambda = 2$: $(n A_\nu - m B_\nu)^2 + 2 B_\nu^2 = n$ oder $2n$,

(6) für $\lambda = -2$: $(n A_\nu - m B_\nu)^2 - 2 B_\nu^2 = -n$ oder 0,

(7) für $\lambda = 3$: $(n A_\nu - m B_\nu)^2 + 3 B_\nu^2 = n$ oder $2n$ oder $3n$.

Im Fall $\lambda = 1$ ist mit Formel (4) der Satz 2. 5 bereits wieder bewiesen, sobald gezeigt ist, daß B_ν und $n A_\nu - m B_\nu$ relativ prim sind. Wenn das aber nicht so wäre, so müßten B_ν und n einen gemeinsamen Teiler größer als 1 haben, was sich mit (3a) nicht verträgt.

Im Fall $\lambda = 2$ ergeben sich die beiden Möglichkeiten

(5a) $$n = (n A_\nu - m B_\nu)^2 + 2 B_\nu^2$$

oder

(5b) $$n = B_\nu^2 + 2\left(\frac{n A_\nu - m B_\nu}{2}\right)^2,$$

so daß n in der Tat die Form $\alpha^2 + 2\beta^2$ hat. Wenn dabei α und β einen gemeinsamen Teiler größer als 1 hätten, so hätten auch B_ν und n diesen Teiler, der dann wegen (3a) nur gleich 2 sein könnte und die Möglichkeit (5a) ausschlösse; aber in (5b) ist dieser Teiler weggekürzt.

Im Fall $\lambda = -2$ ist in Formel (6) die Null unmöglich, weil 2 kein Quadrat ist; es bleibt also nur

$$n = 2 B_\nu^2 - (n A_\nu - m B_\nu)^2.$$

Da aber die rechte Seite identisch gleich

$$(2B_\nu + nA_\nu - mB_\nu)^2 - 2(B_\nu + nA_\nu - mB_\nu)^2,$$

also von der Form $\alpha^2 - 2\beta^2$ ist, so ist damit auch oieser Fall erledigt. Denn ein gemeinsamer Teiler von α und β, der größer als 1 wäre, müßte auch wieder Teiler von B_ν und n sein, was wegen (3b) nicht möglich ist.

Endlich im Fall $\lambda = 3$ ist bei ungeradem n die Gleichung

$$(nA_\nu - mB_\nu)^2 + 3B_\nu^2 = 2n$$

nicht möglich, weil die rechte Seite $\equiv 2 \pmod 4$ ist, während die linke offenbar nur $\equiv 0, \pm 1$ sein kann. Es bleiben also nach (7) nur die Möglichkeiten

(7a) $$n = (nA_\nu - mB_\nu)^2 + 3B_\nu^2$$

oder

(7b) $$n = B_\nu^2 + 3\left(\frac{nA_\nu - mB_\nu}{3}\right)^2,$$

also n von der Form $\alpha^2 + 3\beta^2$, womit auch Satz 2.26 erledigt ist. Denn wenn α und β einen gemeinsamen Teiler größer als 1 hätten, so müßte das auch wieder ein Teiler von B_ν und n sein, und da n jetzt ungerade sein soll, könnte es wegen (3a) nur der Teiler 3 sein, der dann die Möglichkeit (7a) ausschlösse. Aber in (7b) ist er weggekürzt.

II. In der Theorie der Modulfunktionen sind die folgenden beiden Sätze von Bedeutung:

Satz 2.27. *Jede Matrix* $\begin{pmatrix} a & c \\ b & d \end{pmatrix}$ *mit ganzzahligen Elementen und der Determinante* $ad - bc = \pm 1$ *läßt sich als Produkt aus den Faktoren*

$$\begin{pmatrix} 1 & 1 \\ 0 & 1 \end{pmatrix}, \quad \begin{pmatrix} 1 & -1 \\ 0 & 1 \end{pmatrix}, \quad \begin{pmatrix} 0 & 1 \\ 1 & 0 \end{pmatrix}$$

aufbauen.

Satz 2.28. *Jede Matrix* $\begin{pmatrix} a & c \\ b & d \end{pmatrix}$ *mit ganzzahligen Elementen und der Determinante* $ad - bc = 1$ *läßt sich als Produkt aus den Faktoren*

$$\begin{pmatrix} 1 & 1 \\ 0 & 1 \end{pmatrix}, \quad \begin{pmatrix} 1 & -1 \\ 0 & 1 \end{pmatrix}, \quad \begin{pmatrix} 0 & -1 \\ 1 & 0 \end{pmatrix}$$

aufbauen.

Dazu bemerke man, daß die Matrizes $\begin{pmatrix} 1 & 1 \\ 0 & 1 \end{pmatrix}$ und $\begin{pmatrix} 1 & -1 \\ 0 & 1 \end{pmatrix}$ zueinander reziprok sind, d. h. als Produkt die Einheitsmatrix $\begin{pmatrix} 1 & 0 \\ 0 & 1 \end{pmatrix}$ haben, und daß die Matrix $\begin{pmatrix} 0 & 1 \\ 1 & 0 \end{pmatrix}$ zu sich selbst reziprok ist.

Um die beiden Sätze mit Hilfe von Kettenbrüchen zu beweisen, sei ξ_0 eine irrationale Zahl, die nicht Wurzel einer quadratischen Gleichung mit rationalen

Koeffizienten ist, also z.B. eine Wurzel einer irreduzibeln kubischen Gleichung, und sei

$$\eta_0 = \frac{a\xi_0 + c}{b\xi_0 + d}. \tag{8}$$

Nach Satz 2. 24 ist dann bei geeigneter Wahl von n und m

$$\xi_0 = [b_0, b_1, \ldots, b_n, \omega], \tag{9}$$

$$\eta_0 = [d_0, d_1, \ldots, d_m, \omega], \tag{10}$$

wo $\omega > 1$. Setzt man nun $\xi_0 = \frac{x_0}{x_1}$, wo x_0 beliebig, so ist $\eta_0 = \frac{y_0}{y_1}$, wobei

$$y_0 = a x_0 + c x_1,$$
$$y_1 = b x_0 + d x_1,$$

oder in Matrixschreibweise

$$\begin{pmatrix} y_0 \\ y_1 \end{pmatrix} = \begin{pmatrix} a & c \\ b & d \end{pmatrix} \begin{pmatrix} x_0 \\ x_1 \end{pmatrix}. \tag{11}$$

Betrachtet man dann die Gleichungssysteme

$$\left\{\begin{array}{l|l} x_0 = b_0 x_1 + x_2, & y_0 = d_0 y_1 + y_2, \\ x_1 = b_1 x_2 + x_3, & y_1 = d_1 y_2 + y_3, \\ x_2 = b_2 x_3 + x_4, & y_2 = d_2 y_3 + y_4, \\ \ldots\ldots\ldots & \ldots\ldots\ldots \end{array}\right. \tag{12}$$

so ist

$$\frac{x_0}{x_1} = \xi_0, \quad \frac{x_{n+1}}{x_{n+2}} = \omega, \quad \frac{y_0}{y_1} = \eta_0, \quad \frac{y_{m+1}}{y_{m+2}} = \omega, \tag{13}$$

und außerdem folgt aus (12) gemäß Formel (14) des § 5:

$$\begin{pmatrix} x_0 \\ x_1 \end{pmatrix} = \begin{pmatrix} p_1 & p_3 \\ p_2 & p_4 \end{pmatrix} \begin{pmatrix} x_{n+1} \\ x_{n+2} \end{pmatrix}, \qquad \begin{pmatrix} y_0 \\ y_1 \end{pmatrix} = \begin{pmatrix} q_1 & q_3 \\ q_2 & q_4 \end{pmatrix} \begin{pmatrix} y_{m+1} \\ y_{m+2} \end{pmatrix}, \tag{14}$$

wobei

$$\begin{pmatrix} p_1 & p_3 \\ p_2 & p_4 \end{pmatrix} = \prod_{\nu=0}^{n} \begin{pmatrix} b_\nu & 1 \\ 1 & 0 \end{pmatrix}, \qquad \begin{pmatrix} q_1 & q_3 \\ q_2 & q_4 \end{pmatrix} = \prod_{\nu=0}^{m} \begin{pmatrix} d_\nu & 1 \\ 1 & 0 \end{pmatrix}. \tag{15}$$

Nach (14) und (11) ist nunmehr

$$\begin{pmatrix} y_{m+1} \\ y_{m+2} \end{pmatrix} = \begin{pmatrix} q_1 & q_3 \\ q_2 & q_4 \end{pmatrix}^{-1} \begin{pmatrix} y_0 \\ y_1 \end{pmatrix} = \begin{pmatrix} q_1 & q_3 \\ q_2 & q_4 \end{pmatrix}^{-1} \begin{pmatrix} a & c \\ b & d \end{pmatrix} \begin{pmatrix} x_0 \\ x_1 \end{pmatrix} = \begin{pmatrix} q_1 & q_3 \\ q_2 & q_4 \end{pmatrix}^{-1} \begin{pmatrix} a & c \\ b & d \end{pmatrix} \begin{pmatrix} p_1 & p_3 \\ p_2 & p_4 \end{pmatrix} \begin{pmatrix} x_{n+1} \\ x_{n+2} \end{pmatrix},$$

wofür wir kürzer schreiben wollen:

$$\begin{pmatrix} y_{m+1} \\ y_{m+2} \end{pmatrix} = \begin{pmatrix} r_1 & r_3 \\ r_2 & r_4 \end{pmatrix} \begin{pmatrix} x_{n+1} \\ x_{n+2} \end{pmatrix}. \tag{16}$$

Dabei sind r_1, r_2, r_3, r_4 ganze Zahlen mit $r_1 r_4 - r_2 r_3 = \pm 1$. Aus (16) und (13) folgt nun

$$\omega = \frac{r_1\omega + r_3}{r_2\omega + r_4}, \quad \text{also} \quad r_2\omega^2 + (r_4 - r_1)\omega - r_3 = 0.$$

Da aber ξ_0 nach Voraussetzung keiner quadratischen Gleichung mit rationalen Koeffizienten genügt, so gilt von ω dasselbe[1]), und folglich ist $r_2 = 0$, $r_4 - r_1 = 0$, $r_3 = 0$. Daher hat man

$$\begin{pmatrix} r_1 & r_3 \\ r_2 & r_4 \end{pmatrix} = \begin{pmatrix} \varepsilon & 0 \\ 0 & \varepsilon \end{pmatrix} \qquad \text{mit } \varepsilon = \pm 1,$$

oder also

$$\begin{pmatrix} q_1 & q_3 \\ q_2 & q_4 \end{pmatrix}^{-1} \begin{pmatrix} a & c \\ b & d \end{pmatrix} \begin{pmatrix} p_1 & p_3 \\ p_2 & p_4 \end{pmatrix} = \begin{pmatrix} \varepsilon & 0 \\ 0 & \varepsilon \end{pmatrix}.$$

Durch Auflösung nach $\begin{pmatrix} a & c \\ b & d \end{pmatrix}$ erhält man hieraus:

$$\begin{pmatrix} a & c \\ b & d \end{pmatrix} = \begin{pmatrix} q_1 & q_3 \\ q_2 & q_4 \end{pmatrix} \begin{pmatrix} \varepsilon & 0 \\ 0 & \varepsilon \end{pmatrix} \begin{pmatrix} p_1 & p_3 \\ p_2 & p_4 \end{pmatrix}^{-1} = \prod_{\nu=0}^{m} \begin{pmatrix} d_\nu & 1 \\ 1 & 0 \end{pmatrix} \cdot \begin{pmatrix} \varepsilon & 0 \\ 0 & \varepsilon \end{pmatrix} \cdot \prod_{\nu=n}^{0} \begin{pmatrix} b_\nu & 1 \\ 1 & 0 \end{pmatrix}^{-1}.$$

Zum Beweis von Satz 2.27 wird es demnach genügen, zu zeigen, daß die Matrizes $\begin{pmatrix} b & 1 \\ 1 & 0 \end{pmatrix}$ und $\begin{pmatrix} -1 & 0 \\ 0 & -1 \end{pmatrix}$ sich als Produkte aus den dort angegebenen aufbauen lassen. Nun verifiziert man in der Tat leicht

$$\begin{pmatrix} b & 1 \\ 1 & 0 \end{pmatrix} = \begin{pmatrix} 1 & b \\ 0 & 1 \end{pmatrix} \begin{pmatrix} 0 & 1 \\ 1 & 0 \end{pmatrix} = \begin{pmatrix} 1 & 1 \\ 0 & 1 \end{pmatrix}^{b} \begin{pmatrix} 0 & 1 \\ 1 & 0 \end{pmatrix} = \begin{pmatrix} 1 & -1 \\ 0 & 1 \end{pmatrix}^{-b} \begin{pmatrix} 0 & 1 \\ 1 & 0 \end{pmatrix}$$

für positive und negative b. Ferner

$$\begin{pmatrix} -1 & 0 \\ 0 & -1 \end{pmatrix} = \begin{pmatrix} -1 & 1 \\ 1 & 0 \end{pmatrix} \begin{pmatrix} 1 & 1 \\ 1 & 0 \end{pmatrix} \begin{pmatrix} 1 & -1 \\ 0 & 1 \end{pmatrix} \begin{pmatrix} -1 & 1 \\ 1 & 0 \end{pmatrix} \begin{pmatrix} 1 & 1 \\ 1 & 0 \end{pmatrix} \begin{pmatrix} 1 & -1 \\ 0 & 1 \end{pmatrix},$$

wobei sich die Faktoren dieses Produkts mittels der vorausgehenden Formel auf die in Satz 2.27 angeführten zurückführen lassen.

Zum Beweis von Satz 2.28 gehen wir von dem Aufbau gemäß Satz 2.27 aus. Dabei müssen dann, weil die Determinante gleich $+1$ sein soll, die Faktoren $\begin{pmatrix} 0 & 1 \\ 1 & 0 \end{pmatrix}$ in gerader Anzahl kommen. Daher ist es unter Berücksichtigung des Umstands, daß das Produkt $\begin{pmatrix} 0 & 1 \\ 1 & 0 \end{pmatrix}\begin{pmatrix} 0 & 1 \\ 1 & 0 \end{pmatrix}$ die Einheitsmatrix ist, also nach Bedarf überall in ein Matrixprodukt eingeschaltet werden darf, nur nötig, zu zeigen, daß ein Produkt $\begin{pmatrix} 0 & 1 \\ 1 & 0 \end{pmatrix}\begin{pmatrix} 1 & b \\ 0 & 1 \end{pmatrix}\begin{pmatrix} 0 & 1 \\ 1 & 0 \end{pmatrix}$ sich aus den in Satz 2.28 angeführten Faktoren aufbauen läßt. In der Tat verifiziert man leicht

$$\begin{pmatrix} 0 & 1 \\ 1 & 0 \end{pmatrix}\begin{pmatrix} 1 & b \\ 0 & 1 \end{pmatrix}\begin{pmatrix} 0 & 1 \\ 1 & 0 \end{pmatrix} = \begin{pmatrix} 1 & 0 \\ b & 1 \end{pmatrix} = \begin{pmatrix} 0 & -1 \\ 1 & 0 \end{pmatrix}\begin{pmatrix} 1 & -b \\ 0 & 1 \end{pmatrix}\begin{pmatrix} 0 & -1 \\ 1 & 0 \end{pmatrix}^{3}$$

$$= \begin{pmatrix} 0 & -1 \\ 1 & 0 \end{pmatrix}\begin{pmatrix} 1 & -1 \\ 0 & 1 \end{pmatrix}^{b}\begin{pmatrix} 0 & -1 \\ 1 & 0 \end{pmatrix}^{3} = \begin{pmatrix} 0 & -1 \\ 1 & 0 \end{pmatrix}\begin{pmatrix} 1 & 1 \\ 0 & 1 \end{pmatrix}^{-b}\begin{pmatrix} 0 & -1 \\ 1 & 0 \end{pmatrix}^{3}.$$

---

[1]) Nach (9) ist ja

$$\xi_0 = \frac{A_n \omega + A_{n-1}}{B_n \omega + B_{n-1}}, \qquad \text{also } \omega = -\frac{B_{n-1}\xi_0 - A_{n-1}}{B_n \xi_0 - A_n},$$

so daß eine quadratische Gleichung für ω sofort eine solche für ξ_0 nach sich ziehen würde.

III. Regelmäßige periodische Kettenbrüche.

§ 19. Rein- und gemischtperiodische Kettenbrüche.

I. Wir beschäftigen uns in diesem Kapitel mit unendlichen regelmäßigen Kettenbrüchen, deren Teilnenner ein bemerkenswertes Bildungsgesetz befolgen. Der einfachste Spezialfall, den wir vorausschicken wollen, besteht darin, daß alle Teilnenner einander gleich sind. Ein solcher Kettenbruch hat die Gestalt

$$\xi_0 = [b, b, b, \ldots],$$

und sein Wert läßt sich leicht in geschlossener Form angeben. Es ist nämlich auch, wenn ξ_1 unsere gewohnte Bedeutung hat,

$$\xi_1 = [b, b, b, \ldots] = \xi_0.$$

Anderseits ist aber $\xi_0 = b + \frac{1}{\xi_1}$, so daß ξ_0 eine Wurzel der Gleichung

$$x = b + \frac{1}{x} \qquad \text{oder also} \qquad x^2 - bx - 1 = 0$$

sein muß. Da ξ_0 außerdem positiv ist, ergibt sich:

$$\xi_0 = \frac{b + \sqrt{b^2 + 4}}{2}.$$

Der soeben behandelte Kettenbruch ist ein Spezialfall des folgenden allgemeineren:

$$\xi_0 = [b_0, b_1, \ldots, b_{k-1}, b_0, b_1, \ldots, b_{k-1}, b_0, b_1, \ldots, b_{k-1}, \ldots],$$

bei dem die Teilnenner $b_0, b_1, \ldots, b_{k-1}$ sich in unendlicher Folge „periodisch" wiederholen; ein solcher Kettenbruch ist also dadurch charakterisiert, daß stets

$$b_{\nu+k} = b_\nu \qquad (\nu = 0, 1, 2, \ldots$$

ist. Er heißt periodisch, und zwar speziell reinperiodisch; die Zahlen $b_0, b_1, \ldots, b_{k-1}$ bilden die Periode. Wir schreiben einen solchen Kettenbruch in der Form

$$\xi_0 = [\overline{b_0, b_1, \ldots, b_{k-1}}];$$

sein Anfangsglied b_0 ist positiv, da es auch an einer späteren Stelle wieder vorkommt ($b_0 = b_k$); daher sind nicht nur die Näherungsnenner B_ν, sondern auch die Näherungszähler A_ν positiv. Der Wert eines reinperiodischen Kettenbruches kann wieder leicht berechnet werden; denn es ist jetzt

$$\xi_0 = \xi_k = \xi_{2k} = \xi_{3k} = \cdots.$$

Daher ergibt sich aus der Gleichung

$$\xi_0 = \frac{A_{k-1}\xi_k + A_{k-2}}{B_{k-1}\xi_k + B_{k-2}}$$

für ξ_0 die quadratische Gleichung

$$x = \frac{A_{k-1}x + A_{k-2}}{B_{k-1}x + B_{k-2}},$$

oder also

$$B_{k-1}x^2 + (B_{k-2} - A_{k-1})x - A_{k-2} = 0. \tag{1}$$

Diese Gleichung hat eine positive und eine negative Wurzel; da aber $\xi_0 > b_0$, also positiv ist, so folgt durch Auflösung:

$$\xi_0 = \frac{A_{k-1} - B_{k-2} + \sqrt{(A_{k-1} - B_{k-2})^2 + 4\,B_{k-1}A_{k-2}}}{2\,B_{k-1}}.$$

Da ξ_0 als unendlicher Kettenbruch irrational ist, kann der Radikand unmöglich ein Quadrat sein. Man erkennt das auch durch Rechnung, indem man ihm die Form gibt:

$$(A_{k-1} + B_{k-2})^2 + 4(B_{k-1}A_{k-2} - B_{k-2}A_{k-1}) = (A_{k-1} + B_{k-2})^2 + 4(-1)^{k-1}.$$

Dieser Ausdruck wäre offenbar nur dann ein Quadrat, und zwar Null, wenn k gerade und $A_{k-1} + B_{k-2} = 2$ wäre; aber für gerade k ist stets

$$A_{k-1} + B_{k-2} \geqq A_1 + B_0 = b_0 b_1 + 1 + 1 > 2.$$

Wir haben bis jetzt bloß von der Gleichheit $\xi_0 = \xi_k$ Gebrauch gemacht; es ist aber auch, wie schon erwähnt, $\xi_0 = \xi_{nk}$. Wir dürfen daher in unserer ganzen Rechnung k auch durch nk ersetzen und erhalten so für ξ_0 noch die unendlich vielen quadratischen Gleichungen

$$B_{nk-1}x^2 + (B_{nk-2} - A_{nk-1})x - A_{nk-2} = 0 \quad (n = 1, 2, 3, \ldots), \tag{2}$$

die natürlich, weil ξ_0 eine eindeutig bestimmte irrationale Zahl ist, alle miteinander identisch sein müssen. Wir wollen diese a priori klare Tatsache auch durch Rechnung bestätigen; dazu ist nur nachzuweisen, daß die Koeffizienten der Gleichung sich proportional bleiben, wenn man die Zahl n durch irgendeine andere m ersetzt, daß also die Determinanten der dreispaltigen Matrix

$$\left\| \begin{matrix} B_{nk-1} & B_{nk-2} - A_{nk-1} & A_{nk-2} \\ B_{mk-1} & B_{mk-2} - A_{mk-1} & A_{mk-2} \end{matrix} \right\|$$

verschwinden. Das folgt aber in der Tat aus der Periodizität, durch welche nämlich bewirkt wird, daß bei der Bezeichnung des § 5, I

$$A_\nu = A_{\nu,k} = A_{\nu,2k} = A_{\nu,3k} = \cdots,$$
$$B_\nu = B_{\nu,k} = B_{\nu,2k} = B_{\nu,3k} = \cdots$$

ist, weil ja die b_ν unverändert bleiben, wenn man ihren Index um k erhöht. Daher ergibt sich aus den Fundamentalformeln (4) des § 5, angewandt für den Wert $\lambda = nk$:

$$A_{\nu+nk-1} = A_{nk-1}A_{\nu-1} + A_{nk-2}B_{\nu-1},$$
$$B_{\nu+nk-1} = B_{nk-1}A_{\nu-1} + B_{nk-2}B_{\nu-1}.$$

Setzt man hier für ν speziell den Wert mk, sodann auch $mk - 1$, so bleiben die linken Seiten bei Vertauschung von n und m jedesmal ungeändert; es müssen also auch die rechten Seiten ungeändert bleiben. Daraus folgt

$$
\begin{aligned}
(A_{(n+m)k-1} &=) \, A_{nk-1} A_{mk-1} + A_{nk-2} B_{mk-1} = A_{mk-1} A_{nk-1} + A_{mk-2} B_{nk-1}, \\
(B_{(n+m)k-1} &=) \, B_{nk-1} A_{mk-1} + B_{nk-2} B_{mk-1} = B_{mk-1} A_{nk-1} + B_{mk-2} B_{nk-1}, \\
(A_{(n+m)k-2} &=) \, A_{nk-1} A_{mk-2} + A_{nk-2} B_{mk-2} = A_{mk-1} A_{nk-2} + A_{mk-2} B_{nk-2}, \\
(B_{(n+m)k-2} &=) \, B_{nk-1} A_{mk-2} + B_{nk-2} B_{mk-2} = B_{mk-1} A_{nk-2} + B_{mk-2} B_{nk-2}.
\end{aligned}
$$

Diese Formeln, deren erste und letzte nach Unterdrückung der sich weghebenden Glieder übereinstimmen, besagen nun gerade das Verschwinden der erwähnten Determinanten.

II. Eine noch etwas allgemeinere Klasse von Kettenbrüchen erhält man, wenn man die Periode nicht schon beim Anfangsglied b_0, sondern etwa erst bei b_h beginnen läßt, so daß die Gleichung $b_{\nu+k} = b_\nu$ erst von $\nu = h$ an erfüllt ist. Derartige periodische Kettenbrüche, bei denen nun auch wieder $b_0 \leqq 0$ sein darf, haben die Form

$$\xi_0 = [b_0, b_1, \ldots, b_{h-1}, b_h, b_{h+1}, \ldots, b_{h+k-1}, b_h, b_{h+1}, \ldots, b_{h+k-1}, b_h, \ldots]$$

und heißen speziell gemischtperiodisch; der Zahlenkomplex $b_h, b_{h+1}, \ldots, b_{h+k-1}$ ist wieder die Periode, während der Komplex $b_0, b_1, \ldots, b_{h-1}$ als Vorperiode bezeichnet wird. Wir schreiben auch solche Kettenbrüche in abgekürzter Form, indem wir die Periode überstreichen:

$$\xi_0 = [b_0, b_1, \ldots, b_{h-1}, \overline{b_h, b_{h+1}, \ldots, b_{h+k-1}}].$$

Ist $h = 0$, so kommt man auf den früheren Fall der reinen Periodizität zurück.

Auch der Wert eines gemischtperiodischen Kettenbruches läßt sich leicht berechnen. Es ist nämlich in unserer gewohnten Bezeichnung

$$\xi_0 = \frac{A_{h-1}\xi_h + A_{h-2}}{B_{h-1}\xi_h + B_{h-2}}, \tag{3}$$

und offenbar ist ξ_h gleich dem reinperiodischen Kettenbruch

$$\xi_h = [\overline{b_h, b_{h+1}, \ldots, b_{h+k-1}}],$$

den wir bereits berechnen können. Dadurch ist dann auch der Wert von ξ_0 bekannt. Da sich ξ_0 rational durch ξ_h ausdrückt, und ξ_h Wurzel einer quadratischen Gleichung mit rationalen Koeffizienten ist, so muß auch ξ_0 einer solchen Gleichung genügen, die sich wieder in verschiedenen Gestalten aufstellen läßt. Die einfachste erhält man, wenn man bedenkt, daß $\xi_{h+k} = \xi_h$ ist, so daß die Gleichung besteht:

$$\xi_0 = \frac{A_{h+k-1}\xi_h + A_{h+k-2}}{B_{h+k-1}\xi_h + B_{h+k-2}}. \tag{4}$$

Eliminiert man ξ_h aus (3) und (4), so ergibt sich die gesuchte Gleichung für ξ_0 in der Form:

$$L\xi_0^2 + M\xi_0 + N = 0, \tag{5}$$

wobei

$$
\left\{
\begin{aligned}
L &= B_{h-2}B_{h+k-1} - B_{h-1}B_{h+k-2}, \\
M &= B_{h-1}A_{h+k-2} + A_{h-1}B_{h+k-2} - A_{h-2}B_{h+k-1} - B_{h-2}A_{h+k-1}, \\
N &= A_{h-2}A_{h+k-1} - A_{h-1}A_{h+k-2}.
\end{aligned}
\right. \tag{6}
$$

Für $h = 0$ kommt also speziell $L = B_{k-1}$, $M = B_{k-2} - A_{k-1}$, $N = -A_{k-2}$, in Übereinstimmung mit der für diesen Fall aufgestellten Gleichung (1). Für $h > 0$ ist freilich zunächst einzuwenden, daß vielleicht $L = M = N = 0$ sein könnte, so daß die quadratische Gleichung eine identische wäre, die zur Berechnung von ξ_0 nichts nützte. Das ist jedoch nicht möglich: denn wäre $L = 0$, also

$$B_{h-2} B_{h+k-1} = B_{h-1} B_{h+k-2},$$

so wäre die rechte Seite dieser Gleichung durch B_{h+k-1} teilbar. Da aber der Faktor B_{h+k-2} zu B_{h+k-1} relativ prim ist, müßte der andere Faktor B_{h-1} durch B_{h+k-1} teilbar sein, während doch $B_{h-1} < B_{h+k-1}$ ist[1]).

Eine Schwierigkeit entsteht nun bei der Frage, welche von den beiden Wurzeln der quadratischen Gleichung (5) dem Kettenbruch gleich ist. Das läßt sich auf zwei Arten entscheiden. Erstens kann man nämlich die quadratische Gleichung für ξ_h aufstellen. Da der Kettenbruch für ξ_h reinperiodisch ist, so hat diese quadratische Gleichung, wie wir wissen, nur eine positive Wurzel, und diese ist ξ_h. Vermöge Gleichung (3) ist dann auch ξ_0 eindeutig bestimmt. Man kann aber zweitens auch an die Gleichung (5) direkt anknüpfen. Es muß nämlich ξ_0 zwischen b_0 und $b_0 + 1$ liegen. Hat nun die Gleichung (5) nur eine Wurzel in diesem Intervall, so muß diese ξ_0 sein. Liegen dagegen beide Wurzeln zwischen b_0 und $b_0 + 1$, so bedenke man, daß ξ_0 auch zwischen $[b_0, b_1]$ und $[b_0, b_1 + 1]$ liegen muß. Wenn also nur eine Wurzel in diesem engeren Intervall liegt, so ist dadurch die Frage entschieden; liegen aber beide Wurzeln darin, so beachte man weiter, daß ξ_0 auch zwischen $[b_0, b_1, b_2]$ und $[b_0, b_1, b_2 + 1]$ liegt. Durch Fortsetzung dieses Verfahrens gelangt man im allgemeinen rasch zum Ziel. Gleichwohl ist in der Praxis die erste Methode meist bequemer.

Als Beispiel berechnen wir den Kettenbruch

$$\xi_0 = [2, 3, \overline{10, 1, 1, 1}].$$

Hier ist

$$\xi_0 = \frac{A_1 \xi_2 + A_0}{B_1 \xi_2 + B_0} = \frac{7\xi_2 + 2}{3\xi_2 + 1},$$

wo ξ_2 ein reinperiodischer Kettenbruch, dessen Periode aus $k = 4$ Gliedern besteht:

$$\xi_2 = [\overline{10, 1, 1, 1}].$$

Um diesen letzteren zu berechnen, bilden wir seine Näherungszähler und -nenner:

ν	-1	0	1	2	3
$A_{\nu,2}$	1	10	11	21	32
$B_{\nu,2}$	0	1	1	2	3

Die quadratische Gleichung für ξ_2 lautet daher (Formel (1)):

$$3x^2 + (2 - 32)x - 21 = 0$$

[1]) Nur wenn $h = 0$, versagt dieser Schluß, weil $B_{-1} = 0$ ist. Aber dieser Fall ist schon erledigt, da er auf reine Periodizität führt.

oder

$$x^2 - 10x - 7 = 0.$$

Hieraus folgt

$$\xi_2 = 5 + \sqrt{32} = 5 + 4\sqrt{2}.$$

Setzt man das oben in den Ausdruck für ξ_0 ein, so kommt

$$[2, 3, \overline{10, 1, 1, 1}] = \xi_0 = \frac{35 + 28\sqrt{2} + 2}{15 + 12\sqrt{2} + 1} = \frac{20 - \sqrt{2}}{8}.$$

Ist die Gliederzahl k nicht groß, so ist es meist bequemer, die quadratische Gleichung für den reinperiodischen Kettenbruch direkt aufzustellen, ohne auf die fertige Gleichung (1) zurückzugreifen. Zum Beispiel für $\xi_0 = [\overline{2, 3}]$ wird man einfach so verfahren:

$$\xi_0 = 2 + \cfrac{1}{3 + \cfrac{1}{\xi_0}} = 2 + \frac{\xi_0}{3\xi_0 + 1}.$$

Multipliziert man mit $3\xi_0 + 1$, so kommt die gewünschte Gleichung

$$3\xi_0^2 - 6\xi_0 - 2 = 0;$$

also ist

$$[\overline{2, 3}] = \frac{3 + \sqrt{15}}{3}.$$

III. Man kann, wo es zweckmäßig erscheint, einen reinperiodischen Kettenbruch auch als gemischtperiodisch auffassen, und einen gemischtperiodischen auch als einen ebensolchen mit längerer Vorperiode. Denn es ist ja offenbar

$$[b_0, b_1, \ldots, b_{h-1}, \overline{b_h, b_{h+1}, \ldots, b_{h+k-1}}] = [b_0, b_1, \ldots, b_{h-1}, b_h, \overline{b_{h+1}, \ldots, b_{h+k-1}, b_h}].$$

Ferner kann man mehrere Perioden zu einer einzigen zusammenfassen und folglich einen Kettenbruch mit k-gliedriger Periode auch ansehen als einen mit (nk)-gliedriger Periode. Zum Beispiel ist

$$[b_0, \ldots, b_{h-1}, \overline{b_h, \ldots, b_{h+k-1}}] = [b_0, \ldots, b_{h-1}, \overline{b_h, \ldots, b_{h+k-1}, b_h, \ldots, b_{h+k-1}}].$$

Im Grunde genommen haben wir ja hiervon schon bei Aufstellung der Gleichung (2) Gebrauch gemacht.

Wir nennen eine Periode primitiv, wenn sie nicht in dieser Weise durch Zusammenfassung von mehreren kleineren gebildet ist. Andernfalls heißt sie imprimitiv. Bei einem periodischen Kettenbruch ist dann die Gliederzahl einer imprimitiven Periode stets ein Multiplum von der Gliederzahl der primitiven Periode.

§ 20. Der Lagrangesche Satz von der Periodizität.

I. Eine reelle irrationale Zahl, die einer quadratischen Gleichung mit rationalen Koeffizienten genügt, nennen wir eine quadratische Irrationalzahl. Mit dieser Terminologie läßt sich das Hauptergebnis des vorigen Paragraphen folgendermaßen aussprechen:

Satz 3. 1. *Ein periodischer regelmäßiger Kettenbruch stellt eine quadratische Irrationalzahl dar. (Euler* 1, 2.*)*

Nun ist es eine der wichtigsten Tatsachen der ganzen Kettenbruchlehre, daß dieses Theorem sich umkehren läßt:

Satz 3. 2. *Der regelmäßige Kettenbruch, in welchen sich eine quadratische Irrationalzahl entwickeln läßt, ist stets periodisch. (Lagrange* 3.*)*

Beweis. Jede quadratische Irrationalzahl hat die Form

$$\xi_0 = \frac{\sqrt{D} + P_0}{Q_0}, \tag{1}$$

wo P_0, Q_0 $(\neq 0)$, D ganze Zahlen sind, und zwar D positiv, aber kein Quadrat; umgekehrt ist jede solche Zahl eine quadratische Irrationalzahl. Dabei verstehen wir wie üblich unter $\sqrt{D}$ die *positive* Wurzel, wodurch keine quadratische Irrationalzahl verloren geht, weil ja

$$\frac{-\sqrt{D} + P_0}{Q_0} = \frac{\sqrt{D} - P_0}{-Q_0}.$$

Ferner dürfen wir voraussetzen, daß

$$\frac{D - P_0^2}{Q_0} = Q_{-1} \tag{2}$$

eine ganze Zahl ist; sollte das nämlich nicht von vornherein der Fall sein, so setzen wir

$$\xi_0 = \frac{\sqrt{Dc^2} + P_0 c}{Q_0 c} = \frac{\sqrt{D'} + P_0'}{Q_0'},$$

und jetzt wird die Zahl

$$\frac{D' - P_0'^2}{Q_0'} = c\,\frac{D - P_0^2}{Q_0}$$

bei geeigneter Wahl von c gewiß ganz. Wir denken uns also von vornherein den Ausdruck (1) in der angegebenen Weise präpariert. Entwickelt man nun ξ_0 in einen Kettenbruch, so kommt zunächst:

$$\xi_0 = b_0 + \frac{1}{\xi_1};$$

also

$$\frac{1}{\xi_1} = \xi_0 - b_0 = \frac{\sqrt{D} + P_0}{Q_0} - b_0 = \frac{\sqrt{D} + P_0 - b_0 Q_0}{Q_0},$$

woraus folgt

$$\xi_1 = \frac{Q_0}{\sqrt{D} + P_0 - b_0 Q_0} = \frac{\sqrt{D} + b_0 Q_0 - P_0}{\frac{1}{Q_0}[D - (b_0 Q_0 - P_0)^2]} = \frac{\sqrt{D} + P_1}{Q_1}.$$

Dabei ist

$$P_1 = b_0 Q_0 - P_0,$$

$$Q_1 = \frac{D - (b_0 Q_0 - P_0)^2}{Q_0} = \frac{D - P_0^2 + 2 b_0 Q_0 P_0 - b_0^2 Q_0^2}{Q_0} = Q_{-1} + 2 b_0 P_0 - b_0^2 Q_0.$$

Es sind also P_1, Q_1 ganze Zahlen, und außerdem ist

$$\frac{D-P_1^2}{Q_1}=\frac{D-(b_0Q_0-P_0)^2}{Q_1}=Q_0,$$

also wieder eine ganze Zahl. Folglich hat der Ausdruck

$$\xi_1=\frac{\sqrt{D}+P_1}{Q_1}$$

ganz die gleichen Eigenschaften, die wir von dem Ausdruck (1) vorausgesetzt haben. Geht man daher in der Kettenbruchentwicklung einen Schritt weiter, indem man $\xi_1=b_1+\frac{1}{\xi_2}$ setzt, so wird sich auch für ξ_2 wieder ein Ausdruck der gleichen Art ergeben. Bei Fortsetzung des Verfahrens erscheinen dann die vollständigen Quotienten immer in der Gestalt

(3) $$\xi_\nu=\frac{\sqrt{D}+P_\nu}{Q_\nu},$$

wobei P_ν, Q_ν, $\frac{D-P_\nu^2}{Q_\nu}$ ganze Zahlen sind.

Wir bezeichnen jetzt mit η_ν die zu ξ_ν konjugierte Zahl, das heißt

(4) $$\eta_\nu=\frac{-\sqrt{D}+P_\nu}{Q_\nu}.$$

Aus der Gleichung

(5) $$\xi_0=[b_0,b_1,\ldots,b_{\nu-1},\xi_\nu]=\frac{A_{\nu-1}\xi_\nu+A_{\nu-2}}{B_{\nu-1}\xi_\nu+B_{\nu-2}}$$

folgt dann, indem man das Zeichen von $\sqrt{D}$ ändert[1]):

(6) $$\eta_0=\frac{A_{\nu-1}\eta_\nu+A_{\nu-2}}{B_{\nu-1}\eta_\nu+B_{\nu-2}}.$$

Durch Auflösung nach η_ν ergibt sich hieraus

$$\eta_\nu=-\frac{\eta_0B_{\nu-2}-A_{\nu-2}}{\eta_0B_{\nu-1}-A_{\nu-1}}=-\frac{B_{\nu-2}}{B_{\nu-1}}\cdot\frac{\eta_0-\frac{A_{\nu-2}}{B_{\nu-2}}}{\eta_0-\frac{A_{\nu-1}}{B_{\nu-1}}}.$$

[1]) Daß das zulässig ist, zeigt man folgendermaßen. Die Gleichung (5) nimmt, wenn man mit dem Nenner heraufmultipliziert, die Form an:

(a) $$U+V\sqrt{D}=0,$$

wo U, V ganze Zahlen sind; ebenso nimmt (6) die Form an:

(b) $$U-V\sqrt{D}=0$$

mit denselben Zahlen U, V. Man hat also nur zu zeigen, daß (b) eine Folge von (a) ist. Nun folgt aber aus (a): $V=0$, $U=0$, weil sonst $\sqrt{D}=-\frac{U}{V}$ daraus hervorginge, also $\sqrt{D}$ rational wäre. Daher ist in der Tat auch $U-V\sqrt{D}=0$. W.z.b.w.

Überhaupt zieht hiernach jede Gleichung der Form $f(\sqrt{D})=0$, wo f eine rationale Funktion mit rationalen Koeffizienten ist, immer auch $f(-\sqrt{D})=0$ nach sich.

Da aber $\frac{A_{\nu-2}}{B_{\nu-2}}$, $\frac{A_{\nu-1}}{B_{\nu-1}}$ Näherungsbrüche von ξ_0 sind, so nähert sich der letzte Bruch mit wachsendem ν dem Grenzwert $\frac{\eta_0 - \xi_0}{\eta_0 - \xi_0} = 1$; es ist also

$$\eta_\nu = -\frac{B_{\nu-2}}{B_{\nu-1}}(1 + \varepsilon_\nu),$$

wo $|\varepsilon_\nu|$ beliebig klein. Daher wird η_ν für genügend große Werte von ν jedenfalls negativ. Genauer findet man sogar, daß η_ν zwischen -1 und 0 liegt; denn aus der Gleichung $\xi_{\nu-1} = b_{\nu-1} + \frac{1}{\xi_\nu}$ folgt durch Übergang zu den konjugierten Zahlen (vgl. die Fußnote S. 67): $\eta_{\nu-1} = b_{\nu-1} + \frac{1}{\eta_\nu}$, und, weil für genügend große ν natürlich auch $\eta_{\nu-1}$ negativ ist, so schließt man hieraus, daß

$$\frac{1}{\eta_\nu} = -b_{\nu-1} + \eta_{\nu-1} < -b_{\nu-1} \leqq -1$$

ist, woraus die Behauptung folgt. Da also $-1 < \eta_\nu < 0$, anderseits aber $\xi_\nu > 1$, so werden die Zahlen $\xi_\nu - \eta_\nu$ und $\xi_\nu + \eta_\nu$ positiv. Das besagt aber, wenn man für ξ_ν, η_ν die Werte aus (3), (4) einsetzt:

$$\frac{2\sqrt{D}}{Q_\nu} > 0, \quad \frac{2P_\nu}{Q_\nu} > 0;$$

also jedenfalls $Q_\nu > 0$, $P_\nu > 0$. Weiter muß, damit η_ν negativ wird, $P_\nu < \sqrt{D}$ sein, also, wenn man mit E die größte in $\sqrt{D}$ enthaltene ganze Zahl bezeichnet:

$$P_\nu \leqq E. \tag{7}$$

Endlich findet man noch, weil $\xi_\nu > 1$ sein muß,

$$\frac{\sqrt{D} + P_\nu}{Q_\nu} > 1, \text{ oder } Q_\nu < \sqrt{D} + P_\nu,$$

also auch

$$Q_\nu \leqq 2E. \tag{8}$$

Damit ist gezeigt, daß die P_ν, Q_ν von einem gewissen Index ν an positive ganze Zahlen sind, welche höchstens gleich E, bzw. $2E$ sein können. Es liegen also bei großem ν für P_ν überhaupt bloß E und für Q_ν bloß $2E$ verschiedene Möglichkeiten vor, daher für $\xi_\nu = \frac{\sqrt{D} + P_\nu}{Q_\nu}$ bloß $2E^2$ Möglichkeiten. Folglich müssen notwendig mehrere ξ_ν den gleichen Wert haben, etwa $\xi_h = \xi_{h+k}$; das heißt aber

$$[b_h, b_{h+1}, b_{h+2}, \ldots] = [b_{h+k}, b_{h+k+1}, b_{h+k+2}, \ldots],$$

und weil eine unendliche regelmäßige Kettenbruchentwicklung nur auf eine Weise möglich ist, so folgt hieraus

$$b_{h+k} = b_h, \quad b_{h+k+1} = b_{h+1}, \quad b_{h+k+2} = b_{h+2}, \ldots,$$

womit die Periodizität bewiesen ist.

II. Wir wollen jetzt als Beispiel die Zahl $\frac{\sqrt{24} + 5}{2}$ in ihren Kettenbruch entwickeln. Zunächst ist der Bruch mit 2 zu erweitern, damit $D - P_0^2$ durch Q_0 teilbar ist. Ohne diese Vorsichtsmaßregel ginge es zwar formal auch, aber dann würden die späteren P_ν, Q_ν keine ganzen Zahlen werden, was die Rechnung sehr erschweren würde. Nach der Erweiterung ergibt sich dann folgende Gleichungskette:

$$\xi_0 = \frac{\sqrt{96}+10}{4} = 4 + \frac{\sqrt{96}-6}{4},$$

$$\xi_1 = \frac{4}{\sqrt{96}-6} = \frac{\sqrt{96}+6}{15} = 1 + \frac{\sqrt{96}-9}{15},$$

$$\xi_2 = \frac{15}{\sqrt{96}-9} = \frac{\sqrt{96}+9}{1} = 18 + \frac{\sqrt{96}-9}{1},$$

$$\xi_3 = \frac{1}{\sqrt{96}-9} = \frac{\sqrt{96}+9}{15} = 1 + \frac{\sqrt{96}-6}{15},$$

$$\xi_4 = \frac{15}{\sqrt{96}-6} = \frac{\sqrt{96}+6}{4} = 3 + \frac{\sqrt{96}-6}{4},$$

$$\xi_5 = \frac{4}{\sqrt{96}-6} = \xi_1.$$

Wegen $\xi_5 = \xi_1$ reicht die Periode von b_1 bis b_4 und es ist

$$\frac{\sqrt{24}+5}{2} = \frac{\sqrt{96}+10}{4} = [4, \overline{1, 18, 1, 3}].$$

Bei dieser Rechnung findet man den neuen Nenner $Q_{\nu+1}$ jedesmal dadurch, daß man $D - P_{\nu+1}^2$ durch Q_ν dividiert. Diese Division muß aufgehen, da nach dem Bewiesenen $Q_{\nu+1}$ stets ganz ist. Damit hat man eine bei größeren Zahlen sehr wertvolle automatische Kontrolle; wenn die Division einmal nicht aufgeht, hat man unmittelbar vorher einen Rechenfehler gemacht und kann ihn korrigieren.

Indes läßt sich die Rechnung auch wesentlich kürzer ohne die vielen Divisionen durchführen, dafür aber allerdings auch ohne automatische Kontrolle. Wir benötigen dazu einige Formeln, die auch später noch häufig gebraucht werden. Aus der Gleichung $\xi_\nu = b_\nu + \frac{1}{\xi_{\nu+1}}$ folgt nach (3):

$$\frac{\sqrt{D}+P_\nu}{Q_\nu} = b_\nu + \frac{Q_{\nu+1}}{\sqrt{D}+P_{\nu+1}},$$

oder nach Beseitigung der Nenner:

$$D + P_\nu P_{\nu+1} + (P_\nu + P_{\nu+1})\sqrt{D} = b_\nu Q_\nu \sqrt{D} + b_\nu Q_\nu P_{\nu+1} + Q_\nu Q_{\nu+1}.$$

Diese Formel spaltet sich aber wegen der Irrationalität von $\sqrt{D}$ sofort in zwei, nämlich

(9) $$D + P_\nu P_{\nu+1} = b_\nu Q_\nu P_{\nu+1} + Q_\nu Q_{\nu+1},$$

(10) $$P_\nu + P_{\nu+1} = b_\nu Q_\nu.$$

Multipliziert man Gleichung (10) mit $P_{\nu+1}$ und subtrahiert sie dann von (9), so kommt

(11) $$D - P_{\nu+1}^2 = Q_\nu Q_{\nu+1},$$

eine Formel, die mit Rücksicht auf (2) auch noch für $\nu = -1$ gilt. Setzt man in (11) $\nu - 1$ an Stelle von ν und subtrahiert die entstehende Gleichung von (11), so kommt mit Berücksichtigung von (10)

$$Q_\nu Q_{\nu+1} - Q_{\nu-1} Q_\nu = P_\nu^2 - P_{\nu+1}^2 = (P_\nu - P_{\nu+1})(P_\nu + P_{\nu+1}) = (P_\nu - P_{\nu+1}) b_\nu Q_\nu,$$

und nach Division durch Q_ν:

$$(12) \qquad Q_{\nu+1} - Q_{\nu-1} = b_\nu (P_\nu - P_{\nu+1}).$$

Schreibt man nun die Formeln (10), (12) in der Gestalt

$$(13) \qquad P_{\nu+1} = b_\nu Q_\nu - P_\nu,$$

$$(14) \qquad Q_{\nu+1} = b_\nu (P_\nu - P_{\nu+1}) + Q_{\nu-1},$$

so kann man bei jedem gegebenen ξ_0 das Schema

$$(15) \qquad \begin{cases} P_0, & P_1, & P_2, & P_3, & \ldots \\ Q_0, & Q_1, & Q_2, & Q_3, & \ldots \\ b_0, & b_1, & b_2, & b_3, & \ldots \end{cases}$$

sofort hinschreiben. Denn zunächst sind ja P_0, Q_0 direkt gegeben, womit man auch b_0 bekommt. P_1 ergibt sich dann aus (13) für $\nu = 0$, Q_1 aus (11) für $\nu = 0$ als der Quotient $\frac{D - P_1^2}{Q_0}$. Dann braucht man aber keine Division mehr. Sobald man nämlich $Q_{\nu-1}$ und P_ν, Q_ν, b_ν für ein gewisses ν hat, ergibt sich $P_{\nu+1}$ aus (13), sodann $Q_{\nu+1}$ aus (14), während man $b_{\nu+1}$ allerdings wie bei dem früheren Verfahren als größte in $\frac{\sqrt{D} + P_{\nu+1}}{Q_{\nu+1}}$ enthaltene ganze Zahl bestimmen muß, also als die größte ganze Zahl b der Art, daß $bQ_{\nu+1} - P_{\nu+1}$ kleiner als $\sqrt{D}$ bleibt. Bei dem obigen Zahlenbeispiel sieht das Schema (15) so aus:

$$\begin{matrix} 10, & 6, & 9, & 9, & 6, & 6 \\ 4, & 15, & 1, & 15, & 4, & 15 \\ 4, & 1, & 18, & 1, & 3, & \end{matrix}$$

Es ist also $P_5 = P_1$ $(= 6)$, $Q_5 = Q_1$ $(= 15)$, und damit hat man die Periode und den ganzen Kettenbruch bereits gewonnen.

III. Jetzt soll noch eine Formel hergeleitet werden, die uns später gute Dienste leisten wird. Aus (1), (3) und (5) folgt:

$$\frac{\sqrt{D} + P_0}{Q_0} = \frac{A_{\nu-1}(\sqrt{D} + P_\nu) + A_{\nu-2} Q_\nu}{B_{\nu-1}(\sqrt{D} + P_\nu) + B_{\nu-2} Q_\nu}.$$

Wenn man hier mit den Nennern heraufmultipliziert, so spaltet sich die entstehende Gleichung wegen der Irrationalität von $\sqrt{D}$ wieder in zwei, und zwar in die folgenden:

$$(16) \qquad A_{\nu-1} Q_0 - B_{\nu-1} P_0 = B_{\nu-1} P_\nu + B_{\nu-2} Q_\nu,$$

$$(17) \qquad D B_{\nu-1} = (A_{\nu-1} P_\nu + A_{\nu-2} Q_\nu) Q_0 - (B_{\nu-1} P_\nu + B_{\nu-2} Q_\nu) P_0.$$

Multipliziert man die erste mit $A_{\nu-1}Q_0 - B_{\nu-1}P_0$, die zweite mit $B_{\nu-1}$, so folgt durch Subtraktion:

$$(A_{\nu-1}Q_0 - B_{\nu-1}P_0)^2 - DB_{\nu-1}^2 = (B_{\nu-1}P_\nu + B_{\nu-2}Q_\nu)A_{\nu-1}Q_0 - \\ - (A_{\nu-1}P_\nu + A_{\nu-2}Q_\nu)B_{\nu-1}Q_0 \\ = (B_{\nu-2}A_{\nu-1} - B_{\nu-1}A_{\nu-2})Q_\nu Q_0,$$

also schließlich

$$(A_{\nu-1}Q_0 - B_{\nu-1}P_0)^2 - DB_{\nu-1}^2 = (-1)^\nu Q_0 Q_\nu. \tag{18}$$

Das ist bereits die angekündigte Formel; sie dürfte erstmals bei *Scheffler* **1** vorkommen, d. h. in einem dicken Buch, wo sie kürzlich von *Schmidt* **1** aufgefunden wurde. Auch die Formeln (16) und (17) werden später noch mehrfach Verwendung finden.

§ 21. Zwei weitere Beweise des Lagrangeschen Satzes.

I. Der im vorigen Paragraphen mitgeteilte Beweis des Lagrangeschen Satzes weicht zwar in der Form erheblich von dem Lagrangeschen Originalbeweis ab; doch ist er dem Wesen nach kaum davon verschieden, Grundlage und Hilfsmittel sind die gleichen. Dagegen ist der folgende sehr kurze Beweis, der von *Charves* **1** herrührt, der Idee nach verschieden, indem er als wesentlichstes Beweismittel das Näherungsgesetz zu Hilfe nimmt. Die zahlreichen Beweisanordnungen, die außerdem im Laufe der Zeit noch gegeben worden sind, laufen alle mehr oder weniger auf einen der beiden Beweise oder eine Mischung derselben hinaus. Eine Ausnahme macht nur der unten in II folgende besonders einfache Beweis von *Ballieu* **1**, bei dem man nicht einmal zu wissen braucht, daß der Kettenbruch überhaupt konvergiert.

Die quadratische Gleichung, welcher ξ_0 genügt, sei

$$p_0\xi_0^2 + q_0\xi_0 + r_0 = 0, \tag{1}$$

wo p_0, q_0, r_0 ganze Zahlen. Wenn wir nun ξ_0 in einen regelmäßigen Kettenbruch entwickeln, so ist in unserer gewohnten Bezeichnung

$$\xi_0 = \frac{A_{\nu-1}\xi_\nu + A_{\nu-2}}{B_{\nu-1}\xi_\nu + B_{\nu-2}}. \tag{2}$$

Setzt man das in (1) ein, so kommt

$$p_0(A_{\nu-1}\xi_\nu + A_{\nu-2})^2 + q_0(A_{\nu-1}\xi_\nu + A_{\nu-2})(B_{\nu-1}\xi_\nu + B_{\nu-2}) + r_0(B_{\nu-1}\xi_\nu + B_{\nu-2})^2 = 0,$$

oder einfacher:

$$p_\nu\xi_\nu^2 + q_\nu\xi_\nu + r_\nu = 0, \tag{3}$$

wobei

$$p_\nu = p_0A_{\nu-1}^2 + q_0A_{\nu-1}B_{\nu-1} + r_0B_{\nu-1}^2, \tag{4}$$

$$q_\nu = 2p_0A_{\nu-1}A_{\nu-2} + q_0(A_{\nu-1}B_{\nu-2} + A_{\nu-2}B_{\nu-1}) + 2r_0B_{\nu-1}B_{\nu-2}, \tag{5}$$

$$r_\nu = p_0A_{\nu-2}^2 + q_0A_{\nu-2}B_{\nu-2} + r_0B_{\nu-2}^2. \tag{6}$$

Die Gleichung (3) ist keine identische. Denn wäre etwa $p_\nu = 0$, so würde ein Vergleich von (1) mit (4) lehren, daß die Gleichung (1) die rationale Wurzel

$\frac{A_{\nu-1}}{B_{\nu-1}}$ hat; dann müßten aber beide Wurzeln rational sein, während doch ξ_0 irrational ist.

Wenn wir nun zeigen können, daß die ganzen Zahlen p_ν, q_ν, r_ν absolut unter einer von ν unabhängigen Schranke bleiben, so ist unter den quadratischen Gleichungen für die vollständigen Quotienten ξ_ν nur eine endliche Anzahl verschiedener. Daher ist für die ξ_ν selbst nur eine endliche Anzahl verschiedener Werte möglich, woraus die Periodizität wieder augenblicklich folgt.

Eine solche Schranke für die p_ν, q_ν, r_ν findet man aber leicht durch Anwendung des Näherungsgesetzes; nach diesem ist nämlich

$$A_{\nu-1} = \xi_0 B_{\nu-1} + \frac{\delta}{B_{\nu-1}}, \quad \text{wo } |\delta| < 1.$$

Setzt man das in (4) ein, so kommt

$$\begin{aligned} p_\nu &= p_0\left(\xi_0 B_{\nu-1} + \frac{\delta}{B_{\nu-1}}\right)^2 + q_0\left(\xi_0 B_{\nu-1} + \frac{\delta}{B_{\nu-1}}\right) B_{\nu-1} + r_0 B_{\nu-1}^2 \\ &= (p_0\xi_0^2 + q_0\xi_0 + r_0) B_{\nu-1}^2 + 2\,p_0\xi_0\delta + p_0\frac{\delta^2}{B_{\nu-1}^2} + q_0\delta. \end{aligned}$$

Da aber $p_0\xi_0^2 + q_0\xi_0 + r_0 = 0$ ist, so folgt hieraus

$$|p_\nu| < 2\,|p_0\xi_0| + |p_0| + |q_0|.$$

Unter der gleichen Schranke bleibt auch r_ν, weil nach (4) und (6) ja $r_\nu = p_{\nu-1}$ ist. Daß endlich auch q_ν unter einer Schranke bleibt, ergibt sich aus der durch einfache Ausrechnung zu verifizierenden Identität

$$q_\nu^2 - 4\,p_\nu r_\nu = (q_0^2 - 4\,p_0 r_0)(A_{\nu-1}B_{\nu-2} - A_{\nu-2}B_{\nu-1})^2.$$

Da nämlich $A_{\nu-1}B_{\nu-2} - A_{\nu-2}B_{\nu-1} = \pm 1$ ist, so folgt hieraus:

$$q_\nu^2 \leqq 4\,|p_\nu r_\nu| + |q_0^2 - 4\,p_0 r_0| < 4(2\,|p_0\xi_0| + |p_0| + |q_0|)^2 + |q_0^2 - 4\,p_0 r_0|.$$

II. Der Beweis von **Ballieu** knüpft ebenfalls an die Formel (3) an. Setzt man darin $\xi_\nu = b_\nu + \frac{1}{\xi_{\nu+1}}$, so ergibt sich:

$$p_\nu\left(b_\nu + \frac{1}{\xi_{\nu+1}}\right)^2 + q_\nu\left(b_\nu + \frac{1}{\xi_{\nu+1}}\right) + r_\nu = 0$$

oder nach Beseitigung der Nenner und Ordnung nach Potenzen von $\xi_{\nu+1}$:

$$(p_\nu b_\nu^2 + q_\nu b_\nu + r_\nu)\,\xi_{\nu+1}^2 + (2\,p_\nu b_\nu + q_\nu)\,\xi_{\nu+1} + p_\nu = 0.$$

Man kann also

(7) $$p_{\nu+1} = p_\nu b_\nu^2 + q_\nu b_\nu + r_\nu, \quad q_{\nu+1} = 2\,p_\nu b_\nu + q_\nu, \quad r_{\nu+1} = p_\nu$$

setzen[1]). Hieraus folgt sofort $q_{\nu+1}^2 - 4\,p_{\nu+1}r_{\nu+1} = q_\nu^2 - 4\,p_\nu r_\nu$, also ist $q_\nu^2 - 4\,p_\nu r_\nu$ eine von ν unabhängige Zahl D.

Führt man nun die Polynome

(8) $$f_\nu(x) = p_\nu x^2 + q_\nu x + r_\nu$$

[1]) Damit soll nicht gesagt sein, daß diese Rekursionsformeln die gleichen Werte liefern wie die Formeln (4), (5), (6) und nicht nur dazu proportionale. Es sind übrigens wirklich die gleichen, aber darauf kommt es nicht an.

ein, so ist

$$f_\nu(b_\nu) = p_{\nu+1}, \quad f_\nu(\xi_\nu) = 0, \quad f_\nu(\eta_\nu) = 0,$$

wo wieder η_ν die zu ξ_ν konjugierte Zahl bedeutet.

Wir wollen jetzt zeigen, daß nicht dauernd $p_\nu r_\nu > 0$ sein kann. Dann hätten nämlich wegen $r_{\nu+1} = p_\nu$ alle p_ν, r_ν dasselbe Vorzeichen, also das Vorzeichen von p_0, das wir positiv annehmen dürfen. Ferner hätten die Wurzeln ξ_ν, η_ν stets gleiches Vorzeichen, wären also beide positiv, und folglich $q_\nu < 0$. Aus der zweiten Gleichung (7) würde dann $q_\nu < q_{\nu+1}$ folgen, also $q_0 < q_1 < q_2 \cdots$, und trotzdem alle q_ν negativ. Das ist unmöglich.

Daher muß einmal $p_\nu r_\nu < 0$ sein. Dann haben aber ξ_ν, η_ν entgegengesetztes Vorzeichen. Also liegen die Zahlen 0 und b_ν beide zwischen den Wurzeln ξ_ν, η_ν, so daß $f_\nu(0)$ und $f_\nu(b_\nu)$ gleiches Vorzeichen haben müssen, also

$$f_\nu(0)\, f_\nu(b_\nu) > 0, \qquad \text{das heißt:} \quad r_\nu p_{\nu+1} > 0.$$

Wegen $p_\nu r_\nu < 0$ folgt hieraus: $p_\nu p_{\nu+1} < 0$, und schließlich wegen $p_\nu = r_{\nu+1}$ auch: $p_{\nu+1} r_{\nu+1} < 0$. Demnach ist von einem gewissen ν an dauernd $p_\nu r_\nu < 0$. Da aber $q_\nu^2 - 4 p_\nu r_\nu$ eine von ν unabhängige Zahl ist, kommen dann für p_ν, q_ν, r_ν nur endlich viele Möglichkeiten in Frage, womit die Periodizität wieder bewiesen ist.

§ 22. Reduzierte Zahlen und reine Periodizität.

I. Definition. *Eine quadratische Irrationalzahl heißt reduziert, wenn sie größer ist als* 1, *und wenn ihre Konjugierte zwischen* —1 *und* 0 *liegt*[1]).

Auf Seite 68 haben wir gesehen, daß die vollständigen Quotienten ξ_ν, die bei Entwicklung einer quadratischen Irrationalzahl in einen regelmäßigen Kettenbruch auftreten, für genügend große Werte von ν gerade diese Eigenschaft haben; sie sind also reduzierte Zahlen. Wir untersuchen jetzt speziell einen reinperiodischen Kettenbruch

$$\xi_0 = [\overline{b_0, b_1, \ldots, b_{k-1}}].$$

Hier ist $\xi_0 = \xi_k = \xi_{2k} = \xi_{3k} = \cdots$; folglich wird ξ_0 auch einem ξ_ν mit passend gewähltem, aber beliebig großem Index gleich; ein solches ξ_ν ist aber eine reduzierte Zahl, daher ist ξ_0 selbst eine solche. Wir erhalten also

Satz 3. 3. *Ein reinperiodischer regelmäßiger Kettenbruch stellt eine reduzierte quadratische Irrationalzahl dar. (Galois* 1.*)*

Dieses Theorem läßt sich noch auf eine zweite Art beweisen. Einerseits ist nämlich wegen der reinen Periodizität: $b_0 = b_k \geqq 1$; also gewiß $\xi_0 > 1$. Anderseits ist ξ_0 die positive Wurzel der quadratischen Gleichung

$$B_{k-1} x^2 + (B_{k-2} - A_{k-1}) x - A_{k-2} = 0 \qquad (\S\,19,\ \text{Formel (1)}).$$

---

1) Das entspricht der Gaußschen Definition der reduzierten quadratischen Form mit positiver Determinante (*Gauß* 1, § 183).

Die zu ξ_0 konjugierte Zahl η_0, das heißt die andere Wurzel dieser Gleichung, ist negativ. Da aber die linke Seite für $x = 0$ und $x = -1$ die Werte

$$-A_{k-2} \quad \text{bzw.} \quad (B_{k-1} - B_{k-2}) + (A_{k-1} - A_{k-2})$$

annimmt, welche von entgegengesetztem Zeichen sind, so liegt η_0 zwischen 0 und -1. Daher ist in der Tat ξ_0 eine reduzierte Zahl. Satz 3.3 läßt sich wieder umkehren:

Satz 3.4. *Der regelmäßige Kettenbruch, in den sich eine reduzierte quadratische Irrationalzahl entwickeln läßt, ist stets reinperiodisch. (Galois* **1.***)*

Beweis. Wir bezeichnen wieder allgemein mit η_ν die zu ξ_ν konjugierte Zahl. Ist ξ_0 reduziert, so bestehen die Ungleichungen

$$\xi_0 > 1, \quad -1 < \eta_0 < 0.$$

Entwickelt man also ξ_0 in einen Kettenbruch, so erhält man zunächst

$$\xi_0 = b_0 + \frac{1}{\xi_1}, \quad b_0 \geqq 1,$$

und, indem man zu den konjugierten Zahlen übergeht (vgl. S. 67, Fußnote):

$$\eta_0 = b_0 + \frac{1}{\eta_1}.$$

Daraus folgt aber

$$\frac{1}{\eta_1} = -b_0 + \eta_0 < -b_0 \leqq -1,$$

also $-1 < \eta_1 < 0$, so daß auch ξ_1 eine reduzierte Zahl ist. Geht man in der Kettenbruchentwicklung einen Schritt weiter, so erweist sich ebenso ξ_2, und bei Fortsetzung des Verfahrens überhaupt jeder vollständige Quotient ξ_ν als eine reduzierte Zahl; es ist also stets

$$-1 < \eta_\nu < 0.$$

Nehmen wir nun an, der periodische Kettenbruch, in den sich ξ_0 entwickeln läßt, sei nicht reinperiodisch, sondern die Periode beginne etwa mit b_h, wo $h \geqq 1$; dann ist

$$\xi_0 = [b_0, b_1, \ldots, b_{h-1}, \overline{b_h, b_{h+1}, \ldots, b_{h+k-1}}],$$

wobei, da die Periode nicht schon mit b_{h-1} beginnen soll,

$$b_{h-1} \neq b_{h+k-1}$$

sein muß. Wegen der Periodizität ist jetzt $\xi_h = \xi_{h+k}$; daher

$$\xi_{h-1} - \xi_{h+k-1} = \left(b_{h-1} + \frac{1}{\xi_h}\right) - \left(b_{h+k-1} + \frac{1}{\xi_{h+k}}\right) = b_{h-1} - b_{h+k-1}.$$

Durch Übergang zu den konjugierten Zahlen folgt hieraus:

$$\eta_{h-1} - \eta_{h+k-1} = b_{h-1} - b_{h+k-1}.$$

Hier steht rechts eine ganze Zahl, aber die linke Seite ist absolut kleiner als 1, also gleich 0. Daher ist $b_{h-1} = b_{h+k-1}$, im Widerspruch mit unserer Annahme. Der Kettenbruch muß also reinperiodisch sein.

II. Über die Vorperioden bei gemischtperiodischen Kettenbrüchen gibt folgender Satz einige Auskunft:

Satz 3. 5. *Wird die quadratische Irrationalzahl $\xi_0 > 1$, deren Konjugierte η_0 ist, in einen regelmäßigen Kettenbruch entwickelt, so erhält man*

1. *für $-1 < \eta_0 < 0$: reine Periodizität,*
2. *für $\eta_0 < -1$: ein Glied vor der Periode,*
3. *für $\eta_0 > 0$: ein oder mehr Glieder vor der Periode.*

Der Fall 1 folgt aus Satz 3. 4, der Fall 3 aus Satz 3. 3. Der Fall 2 erledigt sich dadurch, daß jetzt ξ_0 nicht reduziert ist, wohl aber ξ_1, weil in diesem Falle ja $-1 > \eta_0 = b_0 + \frac{1}{\eta_1} > \frac{1}{\eta_1}$, also $-1 < \eta_1 < 0$ ist.

Zusatz zu Satz 3. 5. *Bei $\xi_0 = [b_0, \overline{b_1, \ldots, b_k}]$ ist im Fall 2 stets $b_0 < b_k$, im Fall 3 stets $b_0 > b_k$. (Elte 1.)*

Da nämlich ξ_k reduziert ist, also $-1 < \eta_k < 0$, so ist

$$\text{im Fall 2: } \eta_0 < \eta_k, \text{ oder also } b_0 + \frac{1}{\eta_1} < b_k + \frac{1}{\eta_1},$$

$$\text{im Fall 3: } \eta_0 > \eta_k, \text{ oder also } b_0 + \frac{1}{\eta_1} > b_k + \frac{1}{\eta_1}.$$

§ 23. Inverse Perioden.

I. Sei $\xi_0 = [\overline{b_0, b_1, \ldots, b_{k-1}}]$ ein reinperiodischer Kettenbruch, also ξ_0 eine reduzierte Zahl. Die vollständigen Quotienten ξ_ν sind dann ebenfalls reduzierte Zahlen, und für sie besteht das System von Gleichungen

$$\xi_0 = b_0 + \frac{1}{\xi_1}, \ \xi_1 = b_1 + \frac{1}{\xi_2}, \ \ldots, \ \xi_{k-2} = b_{k-2} + \frac{1}{\xi_{k-1}}, \ \xi_{k-1} = b_{k-1} + \frac{1}{\xi_0},$$

in deren letzter von der Beziehung $\xi_k = \xi_0$ Gebrauch gemacht ist. Geht man zu den konjugierten Zahlen über, so erhält man

$$\eta_0 = b_0 + \frac{1}{\eta_1}, \ \eta_1 = b_1 + \frac{1}{\eta_2}, \ \ldots, \ \eta_{k-2} = b_{k-2} + \frac{1}{\eta_{k-1}}, \ \eta_{k-1} = b_{k-1} + \frac{1}{\eta_0},$$

oder in umgekehrter Reihenfolge mit leichter Umstellung der Terme:

$$-\frac{1}{\eta_0} = b_{k-1} - \eta_{k-1}, \ -\frac{1}{\eta_{k-1}} = b_{k-2} - \eta_{k-2}, \ \ldots, \ -\frac{1}{\eta_2} = b_1 - \eta_1, \ -\frac{1}{\eta_1} = b_0 - \eta_0.$$

Der Deutlichkeit halber ändern wir nun ein wenig die Bezeichnung, indem wir setzen

$$-\frac{1}{\eta_0} = \zeta_0, \ -\frac{1}{\eta_\nu} = \zeta_{k-\nu} \qquad (\nu = 1, 2 \ldots, k-1).$$

Da ξ_ν reduziert, also $-1 < \eta_\nu < 0$ ist, so sind alle ζ_ν größer als 1, und die vorausgehenden Gleichungen lauten:

$$\zeta_0 = b_{k-1} + \frac{1}{\zeta_1}, \ \zeta_1 = b_{k-2} + \frac{1}{\zeta_2}, \ \ldots, \ \zeta_{k-2} = b_1 + \frac{1}{\zeta_{k-1}}, \ \zeta_{k-1} = b_0 + \frac{1}{\zeta_0},$$

woraus sofort die Kettenbruchentwicklung hervorgeht:

$$-\frac{1}{\eta_0} = \zeta_0 = [\overline{b_{k-1}, b_{k-2}, \ldots, b_1, b_0}].$$

Die Periode dieses Kettenbruches entsteht aus der ursprünglichen, indem man die Reihenfolge ihrer Glieder umkehrt; wir nennen sie zu ihr invers. So können wir das folgende von *Galois* 1 herrührende Theorem aussprechen:

Satz 3. 6. *Ist* ξ_0 *ein reinperiodischer regelmäßiger Kettenbruch*

$$\xi_0 = [\overline{b_0, b_1, \ldots, b_{k-1}}],$$

und η_0 *die zu* ξ_0 *konjugierte Zahl, so ist der regelmäßige Kettenbruch für die Zahl* $-\frac{1}{\eta_0}$ *ebenfalls reinperiodisch, und zwar ist seine Periode die inverse der vorigen:*

$$-\frac{1}{\eta_0} = [\overline{b_{k-1}, b_{k-2}, \ldots, b_1, b_0}].$$

II. Auch die vollständigen Quotienten der beiden Kettenbrüche zeigen eine gewisse Inversion, wie wir jetzt beweisen wollen. Zu dem Zweck nehmen wir für die ξ_ν wieder die Bezeichnung des § 20 auf. Sei also

$$\xi_0 = \frac{\sqrt{D} + P_0}{Q_0} = [\overline{b_0, b_1, \ldots, b_{k-1}}]$$

unser reinperiodischer Kettenbruch. Die vollständigen Quotienten sind der Reihe nach $\xi_0, \xi_1, \ldots, \xi_{k-1}$, oder

(1) $$\frac{\sqrt{D} + P_0}{Q_0}, \quad \frac{\sqrt{D} + P_1}{Q_1}, \quad \frac{\sqrt{D} + P_2}{Q_2}, \quad \ldots, \quad \frac{\sqrt{D} + P_{k-1}}{Q_{k-1}};$$

von hier an wiederholen sie sich periodisch. Ebenso sind mit unserer obigen Bezeichnung die vollständigen Quotienten des Kettenbruches

$$-\frac{1}{\eta_0} = \zeta_0 = [\overline{b_{k-1}, b_{k-2}, \ldots, b_1, b_0}]$$

diese: $\zeta_0, \zeta_1, \ldots, \zeta_{k-1}$, oder was dasselbe ist,

(2) $$-\frac{1}{\eta_0}, \quad -\frac{1}{\eta_{k-1}}, \quad -\frac{1}{\eta_{k-2}}, \ldots, \quad -\frac{1}{\eta_2}, \quad -\frac{1}{\eta_1}.$$

Es ist aber

$$\xi_\nu = \frac{\sqrt{D} + P_\nu}{Q_\nu}, \qquad \text{also} \quad \eta_\nu = \frac{-\sqrt{D} + P_\nu}{Q_\nu};$$

daher

$$-\frac{1}{\eta_\nu} = \frac{Q_\nu}{\sqrt{D} - P_\nu} = \frac{Q_\nu(\sqrt{D} + P_\nu)}{D - P_\nu^2}.$$

Nach Formel (11) des § 20 ist aber $D - P_\nu^2 = Q_{\nu-1} Q_\nu$; also

$$-\frac{1}{\eta_\nu} = \frac{\sqrt{D} + P_\nu}{Q_{\nu-1}}.$$

Die vollständigen Quotienten (2) sind daher die folgenden:

$$\frac{\sqrt{D} + P_0}{Q_{-1}}, \quad \frac{\sqrt{D} + P_{k-1}}{Q_{k-2}}, \quad \frac{\sqrt{D} + P_{k-2}}{Q_{k-3}}, \ldots, \quad \frac{\sqrt{D} + P_2}{Q_1}, \quad \frac{\sqrt{D} + P_1}{Q_0}.$$

Hier kann aber der erste Nenner Q_{-1} noch etwas anders ausgedrückt werden. Es ist nämlich $\xi_0 = \xi_k$, also $P_0 = P_k$, $Q_0 = Q_k$. Dann lehrt aber die Formel (11) des § 20:

$$Q_{-1}Q_0 = D - P_0^2 = D - P_k^2 = Q_{k-1}Q_k = Q_{k-1}Q_0,$$

also $Q_{-1} = Q_{k-1}$. Wir erhalten daher

Satz 3. 7. *Sind die vollständigen Quotienten des reinperiodischen Kettenbruches* $[\overline{b_0, b_1, \ldots, b_{k-1}}]$ *der Reihe nach*

$$\frac{\sqrt{D}+P_0}{Q_0}, \quad \frac{\sqrt{D}+P_1}{Q_1}, \quad \frac{\sqrt{D}+P_2}{Q_2}, \quad \ldots, \quad \frac{\sqrt{D}+P_{k-1}}{Q_{k-1}},$$

wobei $D - P_0^2$ *durch* Q_0 *teilbar ist, so sind*

$$\frac{\sqrt{D}+P_0}{Q_{k-1}}, \quad \frac{\sqrt{D}+P_{k-1}}{Q_{k-2}}, \quad \frac{\sqrt{D}+P_{k-2}}{Q_{k-3}}, \quad \ldots, \quad \frac{\sqrt{D}+P_1}{Q_0}$$

diejenigen des Kettenbruches $[\overline{b_{k-1}, b_{k-2}, \ldots, b_1, b_0}]$, *dessen Periode die inverse der vorigen ist. (Legendre* **1.***)*

III. Aus Satz 3. 6 ergibt sich leicht noch folgender

Satz 3. 8. *Die regelmäßigen Kettenbrüche für zwei zueinander konjugierte quadratische Irrationalzahlen haben inverse Perioden. (Serret* **1.***)*

Beweis. Sei

$$\xi_0 = [b_0, b_1, \ldots, b_{h-1}, \overline{b_h, b_{h+1}, \ldots, b_{h+k-1}}];$$

daraus folgt

$$\xi_0 = \frac{A_{h-1}\xi_h + A_{h-2}}{B_{h-1}\xi_h + B_{h-2}}, \tag{3}$$

wobei

$$\xi_h = [\overline{b_h, b_{h+1}, \ldots, b_{h+k-1}}]$$

reinperiodisch ist. Nach Satz 3. 6 ist daher

$$-\frac{1}{\eta_h} = [\overline{b_{h+k-1}, b_{h+k-2}, \ldots, b_{h+1}, b_h}].$$

Anderseits erhält man aus (3), wenn man zu den konjugierten Zahlen übergeht:

$$\eta_0 = \frac{A_{h-1}\eta_h + A_{h-2}}{B_{h-1}\eta_h + B_{h-2}} = \frac{A_{h-2}\left(-\frac{1}{\eta_h}\right) + (-A_{h-1})}{B_{h-2}\left(-\frac{1}{\eta_h}\right) + (-B_{h-1})}.$$

Die Zahlen η_0 und $-\frac{1}{\eta_h}$ sind also äquivalent, so daß nach Satz 2. 24, S. 55 ihre regelmäßigen Kettenbrüche von einer gewissen Stelle an übereinstimmen. Folglich muß auch der Kettenbruch für η_0 die Periode

$$b_{h+k-1}, b_{h+k-2}, \ldots, b_{h+1}, b_h$$

haben, das heißt aber die zur Periode von ξ_0 inverse. W. z. b. w.

Man findet zum Beispiel

$$\frac{14-\sqrt{37}}{3} = [2, 1, 1, \overline{1, 3, 2}], \quad \frac{14+\sqrt{37}}{3} = [6, \overline{1, 2, 3}],$$

wobei es allerdings zunächst scheint, als ob der zweite Kettenbruch nicht die inverse Periode des ersten hätte. Doch tritt das sofort in Erscheinung, wenn man die Periode des zweiten an passender Stelle beginnen läßt, nämlich

$$\frac{14+\sqrt{37}}{3} = [6, 1, \overline{2, 3, 1}].$$

Interessant ist der von *Serret* 1 behandelte Fall, daß zwei konjugierte Zahlen ξ_0, η_0 miteinander äquivalent sind. Dann hat η_0 nach Satz 2. 24, S. 55 die gleiche Periode wie ξ_0; anderseits nach Satz 3. 8 auch die inverse Periode. Es wäre aber falsch, hieraus zu schließen, daß die Periode notwendig symmetrisch ist. Das kann sie zwar sein; im allgemeinen wird sie aber erst dann in die inverse übergehen, wenn man sie an geeigneter anderer Stelle beginnen läßt. Ist also wieder

$$b_h, b_{h+1}, \ldots, b_{h+k-1}$$

die Periode, so wird es einen Index i geben, derart, daß die Periode

$$b_{h+i}, b_{h+i+1}, \ldots, b_{h+k-1}, b_h, b_{h+1}, \ldots, b_{h+i-1}$$

zur vorigen invers ist. Teilt man daher erstere in die zwei Abschnitte

$$b_h, b_{h+1}, \ldots, b_{h+i-1} \;\|\; b_{h+i}, b_{h+i+1}, \ldots, b_{h+k-1},$$

und analog auch die zweite

$$b_{h+i}, b_{h+i+1}, \ldots, b_{h+k-1} \;\|\; b_h, b_{h+1}, \ldots, b_{h+i-1},$$

so sieht man, weil beide zueinander invers sein müssen, daß jeder Abschnitt für sich symmetrisch ist. Die ganze Periode setzt sich also aus zwei Teilen zusammen, von denen jeder symmetrisch ist. Ausnahmsweise kann aber auch der eine Teil wegfallen, die Periode also selbst symmetrisch sein; das ist nämlich der Fall, wenn $i = 0$ ist.

Die Zahl $\frac{\sqrt{7}+3}{2}$ zum Beispiel gibt mit ihrer Konjugierten die Summe 3, ist also mit ihr äquivalent. Ihre Periode muß daher die angegebene Eigenschaft haben. In der Tat findet man

$$\frac{\sqrt{7}+3}{2} = [2, \overline{1, 4, 1, 1}],$$

so daß sich die Periode aus den beiden symmetrischen Teilen (1, 4, 1) und (1) zusammensetzt.

§ 24. Quadratwurzeln aus rationalen Zahlen.

I. Sei d eine rationale, nicht notwendig ganze Zahl, größer als 1, aber nicht das Quadrat einer rationalen Zahl. Dann ist $\sqrt{d}$ eine quadratische Irrationalzahl, und wenn man diese in einen regelmäßigen Kettenbruch entwickelt, so wird nach Satz 3. 5 ein Glied der Periode vorangehen; es ist also

$$\sqrt{d} = [b_0, \overline{b_1, b_2, \ldots, b_k}]. \tag{1}$$

Hieraus folgt

$$\frac{1}{\sqrt{d}-b_0} = [\overline{b_1, b_2, \ldots, b_k}],$$

und wenn man auf diesen reinperiodischen Kettenbruch den Galoisschen Satz 3. 6 anwendet, erhält man

$$(2) \qquad \sqrt{d} + b_0 = [\overline{b_k, b_{k-1}, \ldots, b_2, b_1}] = [b_k, \overline{b_{k-1}, \ldots, b_2, b_1, b_k}].$$

Anderseits liefert aber der Kettenbruch (1) direkt:

$$\sqrt{d} + b_0 = [2\,b_0, \overline{b_1, b_2, \ldots, b_k}].$$

Durch Vergleich mit dem Vorigen ergibt sich wegen der Eindeutigkeit der Kettenbruchentwicklung:

$$b_k = 2b_0, \; b_{k-1} = b_1, \; b_{k-2} = b_2, \; \ldots, \; b_1 = b_{k-1}.$$

Daher sieht der Kettenbruch (1) schließlich so aus:

$$\sqrt{d} = [b_0, \overline{b_1, b_2, \ldots, b_2, b_1, 2b_0}].$$

Die Periode beginnt gleich nach dem Anfangsglied und besteht aus einem symmetrischen Teil, dem das doppelte Anfangsglied folgt. Übrigens kann auch $k = 1$ sein, dann hat der symmetrische Teil null Glieder, d. h. er fällt weg. Dies Gesetz fand *Legendre* 1.

Umgekehrt wollen wir nun zeigen, daß ein regelmäßiger Kettenbruch dieser Form stets die Quadratwurzel aus einer rationalen Zahl darstellt. Da er nämlich periodisch ist, muß er jedenfalls eine quadratische Irrationalzahl ξ_0 sein, deren Konjugierte wir mit η_0 bezeichnen wollen. Es ist also

$$[b_0, \overline{b_1, b_2, \ldots, b_2, b_1, 2b_0}] = \xi_0;$$

folglich

$$[\overline{b_1, b_2, \ldots, b_2, b_1, 2b_0}] = \frac{1}{\xi_0 - b_0},$$

und daher durch Anwendung von Satz 3. 6

$$[\overline{2b_0, b_1, b_2, \ldots, b_2, b_1}] = b_0 - \eta_0.$$

Subtrahiert man beiderseits b_0, so kommt

$$[b_0, \overline{b_1, b_2, \ldots, b_2, b_1, 2b_0}] = -\eta_0.$$

Anderseits war aber dieser Kettenbruch gleich ξ_0. Es ist also $\xi_0 + \eta_0 = 0$, und folglich hat die quadratische Gleichung für ξ_0 die Form $a\xi_0^2 - c = 0$, so daß $\xi_0 = \sqrt{\frac{c}{a}}$ ist; w. z. b. w. Natürlich muß auch $\xi_0 > 1$ sein; denn $b_0 = 0$ ist ausgeschlossen, weil sonst $b_k = 2b_0 = 0$, also der Kettenbruch gar nicht regelmäßig wäre. Wir sprechen diese Resultate aus in

Satz 3. 9. *Der regelmäßige Kettenbruch für die irrationale Quadratwurzel aus einer rationalen Zahl größer als* 1 *ist von der Form*

$$[b_0, \overline{b_1, b_2, \ldots, b_2, b_1, 2b_0}],$$

und umgekehrt stellt jeder regelmäßige Kettenbruch von dieser Form die Quadratwurzel aus einer rationalen Zahl größer als 1 *dar.*

II. Wir wollen jetzt beweisen, daß auch die vollständigen Quotienten eine gewisse Symmetrie befolgen. Zu dem Zweck setzen wir $\sqrt{d} = \frac{\sqrt{D}}{Q_0}$, wo D, Q_0 ganze Zahlen sind, und zwar D durch Q_0 teilbar. Dadurch haben wir wieder unsere frühere Bezeichnung; nur ist dem speziellen Fall entsprechend $P_0 = 0$. Bezeichnet wieder k die Gliederzahl der Periode des Kettenbruches

$$\frac{\sqrt{D}}{Q_0} = [b_0, \overline{b_1, b_2, \ldots, b_2, b_1, 2b_0}],$$

so sind seine vollständigen Quotienten der Reihe nach

$$\xi_0 = \frac{\sqrt{D}}{Q_0}, \quad \overline{\xi_1 = \frac{\sqrt{D}+P_1}{Q_1}, \quad \xi_2 = \frac{\sqrt{D}+P_2}{Q_2}, \quad \ldots, \quad \xi_k = \frac{\sqrt{D}+P_k}{Q_k}},$$

wo durch den Strich die Periode angedeutet ist. Da aber auch

$$\xi_k = [\overline{2b_0, b_1, b_2, \ldots, b_2, b_1, 2b_0}] = \xi_0 + b_0 = \frac{\sqrt{D} + b_0 Q_0}{Q_0}, \tag{3}$$

so folgt zunächst

$$Q_k = Q_0, \qquad P_k = b_0 Q_0.$$

Sodann sind die vollständigen Quotienten des reinperiodischen Kettenbruches $[\overline{b_1, b_2, \ldots, b_2, b_1, 2b_0}]$ der Reihe nach $\overline{\xi_1, \xi_2, \ldots, \xi_k}$, also

$$\overline{\frac{\sqrt{D}+P_1}{Q_1}, \frac{\sqrt{D}+P_2}{Q_2}, \ldots, \frac{\sqrt{D}+P_k}{Q_k}}.$$

Diejenigen des Kettenbruches

$$[\overline{2b_0, b_1, b_2, \ldots, b_2, b_1}] \tag{4}$$

sind dann, weil seine Periode die inverse der vorigen ist, nach Satz 3. 7:

$$\overline{\frac{\sqrt{D}+P_1}{Q_k}, \frac{\sqrt{D}+P_k}{Q_{k-1}}, \frac{\sqrt{D}+P_{k-1}}{Q_{k-2}}, \ldots, \frac{\sqrt{D}+P_2}{Q_1}},$$

oder, indem man die Periode eine Stelle weiter rechts beginnen läßt und berücksichtigt, daß $Q_k = Q_0$ ist:

$$\frac{\sqrt{D}+P_1}{Q_0}, \overline{\frac{\sqrt{D}+P_k}{Q_{k-1}}, \frac{\sqrt{D}+P_{k-1}}{Q_{k-2}}, \ldots, \frac{\sqrt{D}+P_2}{Q_1}, \frac{\sqrt{D}+P_1}{Q_0}}.$$

Anderseits sind diese vollständigen Quotienten, da der Kettenbruch (4) augenscheinlich den Wert $\xi_0 + b_0$ hat, gleich $\xi_0 + b_0, \overline{\xi_1, \xi_2, \ldots, \xi_k}$. Es ist also insbesondere

$$\frac{\sqrt{D}+P_k}{Q_{k-1}} = \xi_1, \quad \frac{\sqrt{D}+P_{k-1}}{Q_{k-2}} = \xi_2, \quad \ldots, \quad \frac{\sqrt{D}+P_2}{Q_1} = \xi_{k-1}, \quad \frac{\sqrt{D}+P_1}{Q_0} = \xi_k.$$

Das besagt aber, da doch allgemein $\xi_\nu = \frac{\sqrt{D}+P_\nu}{Q_\nu}$ war:

$$P_k = P_1, \quad P_{k-1} = P_2, \quad \ldots, \quad P_1 = P_k,$$
$$Q_{k-1} = Q_1, \quad Q_{k-2} = Q_2, \quad \ldots, \quad Q_0 = Q_k;$$

die beiden Zahlenserien

$$P_1,\ P_2,\ \ldots,\ P_k,$$
$$Q_0,\ Q_1,\ \ldots,\ Q_k$$

sind also symmetrisch. Dieses Ergebnis fassen wir mit einem Teil der Aussage von Satz 3. 9 zusammen in das folgende Theorem von *Muir* **1**:

Satz 3.10. *Entwickelt man die irrationale Zahl* $\frac{\sqrt{D}}{Q_0}$, *wo* Q_0 *ein Teiler von* D *und kleiner als* $\sqrt{D}$ *ist, in einen regelmäßigen Kettenbruch*

$$\frac{\sqrt{D}}{Q_0} = [b_0, \overline{b_1, b_2, \ldots, b_{k-1}, 2b_0}],$$

und bezeichnet man seine vollständigen Quotienten mit

$$\frac{\sqrt{D}}{Q_0},\ \overline{\frac{\sqrt{D}+P_1}{Q_1},\ \frac{\sqrt{D}+P_2}{Q_2},\ \ldots,\ \frac{\sqrt{D}+P_k}{Q_k}},$$

so sind die drei Zahlenserien

$$b_1,\ b_2,\ \ldots,\ b_{k-2},\ b_{k-1},$$
$$P_1,\ P_2,\ \ldots,\ P_{k-1},\ P_k,$$
$$Q_0,\ Q_1,\ \ldots,\ Q_{k-1},\ Q_k$$

symmetrisch. Es ist also

$$b_\nu = b_{k-\nu} \qquad (\nu = 1, 2, \ldots, k-1),$$
$$P_{\nu+1} = P_{k-\nu} \qquad (\nu = 0, 1, \ldots, k-1),$$
$$Q_\nu = Q_{k-\nu} \qquad (\nu = 0, 1, \ldots, k).$$

III. Die hiermit bewiesene Symmetrie der P_ν, Q_ν bringt es mit sich, daß es bei geradem k zwei P_ν mit aufeinanderfolgenden Indizes gibt, die einander gleich sind, nämlich $P_{\frac{k}{2}} = P_{\frac{k}{2}+1}$. Ebenso gibt es bei ungeradem k zwei aufeinanderfolgende Q_ν, die einander gleich sind, nämlich $Q_{\frac{k-1}{2}} = Q_{\frac{k+1}{2}}$. Für die Praxis ist nun von größter Wichtigkeit, daß, wenn die k-gliedrige Periode die primitive ist, zwei aufeinanderfolgende P_ν oder Q_ν auch nur in den soeben bezeichneten Fällen einander gleich sein können.

Wegen der Primitivität und weil die Periode nicht schon mit b_0 beginnt, sind nämlich die vollständigen Quotienten

$$\xi_0, \xi_1, \ldots, \xi_k \tag{5}$$

alle voneinander verschieden. Ferner ist unter Berücksichtigung von Satz 3. 10

$$\xi_{k-\nu} = \frac{\sqrt{D}+P_{k-\nu}}{Q_{k-\nu}} = \frac{\sqrt{D}+P_{\nu+1}}{Q_\nu} \qquad (\nu = 0, 1, \ldots, k-1). \tag{6}$$

Wenn nun einmal $P_{\nu+1} = P_\nu$ ist, so ergibt sich hieraus

$$\xi_{k-\nu} = \frac{\sqrt{D}+P_\nu}{Q_\nu} = \xi_\nu;$$

folglich, weil die Zahlen (5) alle voneinander verschieden sind: $k - \nu = \nu$. Daher ist k gerade, und $\nu = \frac{k}{2}$. Es ist also in diesem Fall die Gliederzahl $k - 1$ des symmetrischen Periodenteils ungerade, und $b_\nu = b_{\frac{k}{2}}$ steht in der Mitte. Umgekehrt liest man aus (6) ab, daß für $\nu = \frac{k}{2}$ auch wirklich $P_{\nu+1} = P_\nu$ ist.

Ist dagegen einmal $Q_{\nu+1} = Q_\nu$, so folgt aus (6)

$$\xi_{k-\nu} = \frac{\sqrt{D} + P_{\nu+1}}{Q_{\nu+1}} = \xi_{\nu+1}.$$

Daher ist $k - \nu = \nu + 1$; folglich k ungerade, und $\nu = \frac{k-1}{2}$. In diesem Fall ist also die Gliederzahl des symmetrischen Periodenteils gerade, und $b_\nu = b_{\frac{k-1}{2}}$ ist der letzte Teilnenner der ersten Hälfte. Umgekehrt liest man aus (6) ab, daß für $\nu = \frac{k-1}{2}$ auch wirklich $Q_{\nu+1} = Q_\nu$ ist. Man erhält also

Satz 3.11. *Hat der regelmäßige Kettenbruch für die Zahl* $\xi_0 = \frac{\sqrt{D}}{Q_0}$, *wo* Q_0 *ein Teiler von* D *und kleiner als* $\sqrt{D}$ *ist, eine primitive Periode von* k *Gliedern, und sind*

$$\xi_1 = \frac{\sqrt{D}+P_1}{Q_1}, \quad \xi_2 = \frac{\sqrt{D}+P_2}{Q_2}, \quad \ldots, \quad \xi_k = \frac{\sqrt{D}+P_k}{Q_k}$$

die zugehörigen vollständigen Quotienten, so ist für diese stets $P_\nu \neq P_{\nu+1}$; *nur, wenn* k *gerade und* $\nu = \frac{k}{2}$, *ist* $P_\nu = P_{\nu+1}$. *Ebenso ist stets* $Q_\nu \neq Q_{\nu+1}$; *nur, wenn* k *ungerade und* $\nu = \frac{k-1}{2}$, *ist* $Q_\nu = Q_{\nu+1}$. *(Muir 1.)*

Die praktische Bedeutung dieses Satzes besteht darin, *daß er, sobald man bei der Entwicklung einer Quadratwurzel in ihren Kettenbruch nach der Methode des* § 20, II *am Ende der ersten Periodenhälfte angelangt ist, dies zu erkennen gestattet.* Die zweite Hälfte ist dann wegen der Symmetrie von selbst bekannt, ohne daß man die Rechnung weiter fortzusetzen braucht, die sich dadurch um die Hälfte verringert.

Wir illustrieren das an je einem Beispiel für ungerades und gerades k.

Beispiel I: $\sqrt{73} = \frac{\sqrt{73}}{1}$.

Das Schema (15) des § 20 hat das Aussehen:

0, 8, 1, 7, 8
1, 9, 8, 3, 3
8, 1, 1, 5

Weiter braucht man die Rechnung nicht mehr fortzusetzen. Da $Q_3 = Q_4$ $(= 3)$ ist, hat man $\frac{k-1}{2} = 3$. Somit

Beispiel II: $\frac{\sqrt{13}}{2} = \frac{\sqrt{52}}{4}\left(\frac{52}{4} = \text{ganz}\right)$.

Das Schema (15) des § 20 hat das Aussehen:

0, 4, 5, 7, 7
4, 9, 3, 1
1, 1, 4, 14

Weiter braucht man die Rechnung nicht mehr fortzusetzen. Da $P_3 = P_4$ $(= 7)$ ist, hat man $\frac{k}{2} = 3$. Somit hat

hat der symmetrische Teil der Periode eine gerade Gliederzahl und die Teilnenner der ersten Hälfte sind 1, 1, 5. Da der letzte Teilnenner der Periode gleich dem doppelten Anfangsglied sein muß, ergibt sich also

$$\sqrt{73} = [8, \overline{1, 1, 5, 5, 1, 1, 16}].$$

der symmetrische Teil der Periode eine ungerade Gliederzahl und 14 steht in der Mitte. Da der letzte Teilnenner der Periode gleich dem doppelten Anfangsglied sein muß, ergibt sich also

$$\frac{\sqrt{13}}{2} = [1, \overline{1, 4, 14, 4, 1, 2}].$$

IV. Aus Satz 3. 10 folgt noch ein bemerkenswertes Resultat für den Fall, daß k ungerade ist; sei etwa $k = 2r + 1$. Dann ist nach Satz 3. 10:

$$Q_\nu = Q_{2r+1-\nu} \qquad (\nu = 0, 1, \ldots, 2r+1),$$

also speziell für $\nu = r$:

$$Q_r = Q_{r+1}.$$

Nun haben wir aber in § 20 die ganz allgemein gültige Formel (11) bewiesen:

$$D - P_{\nu+1}^2 = Q_\nu Q_{\nu+1}.$$

Aus dieser folgt für $\nu = r$:

$$D - P_{r+1}^2 = Q_r Q_{r+1} = Q_{r+1}^2.$$

Wir erhalten also

Satz 3. 12. *Besitzt die Zahl D einen Teiler Q_0 kleiner als $\sqrt{D}$ und von der Beschaffenheit, daß der regelmäßige Kettenbruch für die Zahl $\frac{\sqrt{D}}{Q_0}$ eine Periode von ungerader Gliederzahl $2r + 1$ hat, so ist D die Summe von zwei Quadraten; und zwar besteht, wenn $\xi_{r+1} = \frac{\sqrt{D} + P_{r+1}}{Q_{r+1}}$ der $(r+1)^{te}$ vollständige Quotient ist $\left(\xi_0 = \frac{\sqrt{D}}{Q_0}\right.$ als nullter gerechnet$\left.\right)$, die Zerlegung:*

$$D = P_{r+1}^2 + Q_{r+1}^2.$$

Die Zahl D wird demnach insbesondere dann die Summe von zwei Quadraten sein, wenn der Kettenbruch für $\sqrt{D}$ eine Periode von ungerader Gliederzahl hat; dann ist einfach $Q_0 = 1$. Wie wir später zeigen werden (S. 95), sind in diesem Fall die Quadrate sicher relativ prim, was für $Q_0 > 1$ nicht immer zutrifft.

§ 25. Quadratwurzeln aus ganzen Zahlen. Notwendige Bedingungen.

I. Ein regelmäßiger Kettenbruch der Form

$$\xi_0 = [b_0, \overline{b_1, b_2, \ldots, b_2, b_1, 2b_0}] \tag{1}$$

stellt nach Satz 3. 9 die Quadratwurzel aus einer rationalen Zahl dar; wir untersuchen jetzt die Beschränkungen, denen die b_ν unterliegen müssen, damit das eine g a n z e Zahl ist. Bezeichnet k die Gliederzahl der p r i m i t i v e n Periode, so sind die vollständigen Quotienten

$$\xi_0, \xi_1, \xi_2, \ldots, \xi_k \tag{2}$$

wieder alle voneinander verschieden. Ist $\xi_0 = \sqrt{D}$, wo D eine ganze Zahl, so muß zunächst b_0 gleich der größten in $\sqrt{D}$ enthaltenen ganzen Zahl E sein. Ferner sind in den vollständigen Quotienten $\xi_\nu = \frac{\sqrt{D}+P_\nu}{Q_\nu}$ die P_ν, Q_ν ganze Zahlen, und speziell $P_0 = 0$, $Q_0 = 1$. Für $\nu \geqq 1$ aber sind die ξ_ν als reinperiodische Kettenbrüche reduzierte Zahlen, und daher folgt genau wie auf Seite 68:

(3) $$0 < P_\nu \leqq E = b_0 \qquad (\nu \geqq 1),$$

(4) $$0 < Q_\nu \leqq 2E = 2b_0 \qquad (\nu \geqq 1).$$

Während außerdem $Q_k = Q_0 = 1$ ist, wollen wir jetzt noch beweisen, daß

(5) $$Q_\nu \geqq 2 \text{ für } \nu = 1, 2, \ldots, k-1$$

sein muß. In der Tat, wenn für einen dieser ν-Werte $Q_\nu = 1$ wäre, so hätte man

$$\xi_\nu = \frac{\sqrt{D}+P_\nu}{1} = \xi_0 + P_\nu,$$

und folglich $\xi_{\nu+1} = \xi_1$, im Widerspruch mit der Tatsache, daß die Zahlen (2) alle voneinander verschieden sind.

Von der Gleichheit $Q_\nu = 2$ läßt sich weiter zeigen, daß sie nur für den Index $\nu = \frac{k}{2}$ eintreten kann. In der Tat ist unter Berücksichtigung von Satz 3. 10

$$\xi_\nu - b_\nu = \frac{\sqrt{D}+P_\nu}{Q_\nu} - b_\nu,$$

$$\xi_{k-\nu} - b_{k-\nu} = \frac{\sqrt{D}+P_{k-\nu}}{Q_{k-\nu}} - b_{k-\nu} = \frac{\sqrt{D}+P_{\nu+1}}{Q_\nu} - b_\nu;$$

daher durch Subtraktion

$$(\xi_\nu - b_\nu) - (\xi_{k-\nu} - b_{k-\nu}) = \frac{P_\nu - P_{\nu+1}}{Q_\nu}.$$

Die beiden Klammergrößen der linken Seite liegen aber zwischen 0 und 1; also folgt

(6) $$|P_\nu - P_{\nu+1}| < Q_\nu.$$

Anderseits ist nach der allgemein gültigen Formel (10) des § 20

(7) $$P_\nu + P_{\nu+1} = b_\nu Q_\nu.$$

Wenn nun einmal $Q_\nu = 2$, so folgt aus (6) und (7):

$$|P_\nu - P_{\nu+1}| < 2, \quad P_\nu + P_{\nu+1} = 2b_\nu.$$

Daher ist $P_\nu + P_{\nu+1}$, also auch $P_\nu - P_{\nu+1}$ eine gerade Zahl, und zwar letztere absolut kleiner als 2; sie muß also 0 sein, d. h. $P_\nu = P_{\nu+1}$. Nach Satz 3. 11 ist dann aber $\nu = \frac{k}{2}$; das gibt

Satz 3. 13. *Entwickelt man $\xi_0 = \sqrt{D}$, wo D eine ganze nicht quadratische Zahl ist, in einen regelmäßigen Kettenbruch $[b_0, \overline{b_1, b_2, \ldots, b_2, b_1, 2b_0}]$, und ist k die Gliederzahl der primitiven Periode, so sind die Nenner Q_ν der vollständigen Quotienten*

$$\xi_\nu = \frac{\sqrt{D}+P_\nu}{Q_\nu} \qquad (\nu = 1, 2, \ldots, k-1)$$

mindestens gleich 3; allenfalls bei geradem $k = 2r$ kann für $\nu = r$ auch $Q_\nu = 2$ sein.

Nun beweisen wir weiter

Satz 3. 14. *Unter der Voraussetzung von Satz 3. 13 sind die b_ν des symmetrischen Periodenteils kleiner als $\frac{2}{3}b_0$, abgesehen allenfalls bei geradem $k = 2r$ von dem in der Mitte stehenden b_r. Ist dieses größer als $\frac{2}{3}b_0$, so kann es nur einen der Werte b_0 oder $b_0 - 1$ haben, und gleichzeitig ist $Q_r = 2$.*

Beweis. Für $b_\nu \geqq \frac{2}{3}b_0$ ist nach Formel (7)

$$P_\nu + P_{\nu+1} = b_\nu Q_\nu \geqq \tfrac{2}{3}b_0 Q_\nu,$$

also mit Rücksicht auf (3)

$$Q_\nu \leqq \frac{P_\nu + P_{\nu+1}}{\frac{2}{3}b_0} \leqq \frac{2b_0}{\frac{2}{3}b_0} = 3.$$

Dabei kann die Gleichheit $Q_\nu = 3$ nur eintreten, wenn $b_\nu = \frac{2}{3}b_0$ und gleichzeitig $P_\nu = P_{\nu+1} = b_0$ ist; aber dann muß nach Satz 3. 11 gewiß $k = 2r$ und $\nu = r$ sein, also $b_\nu = b_r$ der mittlere Teilnenner des symmetrischen Periodenteils, womit dieser Fall erledigt ist. In allen andern Fällen, also insbesondere, wenn $b_\nu > \frac{2}{3}b_0$ ist, ergibt sich $Q_\nu < 3$, also $Q_\nu = 2$, so daß nach Satz 3. 13 wiederum $k = 2r$ und $\nu = r$ sein muß.

Für $\nu = r$ ist aber, wenn wir zunächst noch Q_r beliebig lassen, nach Satz 3. 11 $P_r = P_{r+1}$, also wegen (7) auch

$$P_r = \frac{P_r + P_{r+1}}{2} = \frac{b_r Q_r}{2};$$

daher einerseits mit Rücksicht auf (3)

$$b_r = \frac{2P_r}{Q_r} \leqq \frac{2b_0}{Q_r}, \tag{8}$$

anderseits aber auch

$$b_r + 1 > \xi_r = \frac{\sqrt{D}+P_r}{Q_r} = \frac{\sqrt{D}+\frac{1}{2}b_r Q_r}{Q_r} > \frac{b_0 + \frac{1}{2}b_r Q_r}{Q_r} = \frac{b_0}{Q_r} + \tfrac{1}{2}b_r.$$

Daher

$$b_r > \frac{2b_0}{Q_r} - 2. \tag{9}$$

Wegen (8) und (9) und, weil $\frac{b_r Q_r}{2} = P_r$ eine ganze Zahl ist, kommen für die Zahl b_r überhaupt nur die Q_r Möglichkeiten in Betracht:

$$b_r = \frac{2b_0}{Q_r}, \quad \frac{2(b_0-1)}{Q_r}, \quad \frac{2(b_0-2)}{Q_r}, \quad \ldots, \quad \frac{2(b_0-Q_r+1)}{Q_r}$$

(*Stern* 2). Speziell für $Q_r = 2$ kann also b_r nur gleich b_0 oder $b_0 - 1$ sein, womit Satz 3. 14 vollständig bewiesen ist. Zugleich ergibt sich aus (8), daß für $Q_r = 2$ stets $P_r = b_r$ sein muß.

Eine Ergänzung zu Satz 3. 14 ist

Satz 3. 15. *Wenn unter den Voraussetzungen von Satz 3. 13 $k = 2r$ und $Q_r = 2$ ist, so muß stets $P_r = b_r$ und zwar gleich b_0 oder $b_0 - 1$ sein. Umgekehrt ist für*

$b_r = b_0$ oder $b_0 - 1$ stets $Q_r = 2$, ausgenommen die Fälle $D = 8$ und $D = 12$, in welchen $b_r = b_0 - 1$ und trotzdem $Q_r = 4$ bzw. 3 ist.

Beweis. Da wir den ersten Teil des Satzes soeben schon bewiesen haben, handelt es sich nur um den zweiten. Wenn dann $b_r > \frac{2}{3} b_0$, so ist schon in Satz 3. 14 ausgesprochen, daß $Q_r = 2$ ist, so daß nur noch der Fall $b_r \leqq \frac{2}{3} b_0$ übrig bleibt. Da aber $b_r = b_0$ oder $b_0 - 1$ sein soll, und da nicht $b_0 \leqq \frac{2}{3} b_0$ ist, so führt dies zu

$$0 < b_r = b_0 - 1 \leqq \tfrac{2}{3} b_0,$$

also $b_0 = 2$ oder 3, so daß für D bloß die zehn Möglichkeiten

$$D = 5,\ 6,\ 7,\ 8,\ 10,\ 11,\ 12,\ 13,\ 14,\ 15$$

übrig bleiben. Prüft man diese einzeln durch, so zeigt sich, daß in der Tat nur $D = 8$ und $D = 12$ als Ausnahmen bestehen bleiben. Bei $D = 8$ ist nämlich $\sqrt{8} = [2, \overline{1, 4}]$; der symmetrische Periodenanteil besteht also aus dem einen Glied $1 = b_0 - 1$, und man findet: $\xi_1 = \frac{\sqrt{8} + 2}{4}$, daher $Q_1 = 4$. Bei $D = 12$ ist $\sqrt{12} = [3, \overline{2, 6}]$; der symmetrische Periodenteil besteht also wieder nur aus dem einen Glied $2 = b_0 - 1$ und man findet: $\xi_1 = \frac{\sqrt{12} + 3}{3}$, also $Q_1 = 3$.

II. Nach Th. Muir heißt die primitive Periode von $\sqrt{D}$ (D ganzzahlig) mit gerader Gliederzahl $k = 2r$ kulminierend, wenn $b_r = b_0$ ist; sie heißt fastkulminierend, wenn $b_r = b_0 - 1$ ist. Wir werden in § 29 sehen, daß es zu jedem b_0 wirklich kulminierende und fastkulminierende Perioden gibt. Hier wollen wir nur noch den folgenden von *Göpel* **1** herrührenden Satz beweisen:

Satz 3. 16. *Abgesehen von den Fällen $D = 8$ und 12 muß bei einer fastkulminierenden Periode von $k = 2r$ Gliedern stets $r \geqq 2$ und $b_{r-1} = 1$ sein, also*

$$\sqrt{D} = [b_0, \overline{b_1, \ldots, 1, b_0 - 1, 1, \ldots, b_1, 2b_0}].$$

Beweis. Die Formeln $\sqrt{8} = [2, \overline{1, 4}]$ und $\sqrt{12} = [3, \overline{2, 6}]$ zeigen, daß jedenfalls $D = 8$ und $D = 12$ Ausnahmen bilden. Sieht man von diesen ab, so ist nach Voraussetzung $b_r = b_0 - 1$, also nach Satz 3. 15

$$Q_r = 2, \quad P_r = b_r = b_0 - 1.$$

Ferner ist nach Formel (11) des § 20: $D - P_r^2 = Q_{r-1} Q_r$, also

$$Q_{r-1} = \frac{D - P_r^2}{Q_r} = \frac{D - (b_0 - 1)^2}{2} \geqq \frac{b_0^2 + 1 - (b_0 - 1)^2}{2} = b_0.$$

Daher mit Rücksicht auf die Formel (10) des § 20

$$P_{r-1} + P_r = b_{r-1} Q_{r-1} \geqq b_{r-1} b_0.$$

Da aber $P_r = b_0 - 1$ und da P_{r-1} nach (3) auch nicht größer als b_0 sein kann, so folgt hieraus $b_{r-1} < 2$, also in der Tat $b_{r-1} = 1$. Dabei muß gewiß $r \geqq 2$ sein, weil für $r = 1$ sich $b_0 = 1$, also $b_r = b_0 - 1 = 0$ ergäbe. Damit ist Satz 3. 16 bewiesen. Einige weitere Sätze von der Art des Satzes 3. 16 findet man bei *Muir* **3** und *Steuerwald* **1**.

§ 26. Hinreichende Bedingungen. — Tafeln.

I. Die Sätze 3. 14 und 3. 16 enthalten zwar notwendige, aber keineswegs hinreichende Bedingungen dafür, daß der Kettenbruch die Quadratwurzel aus einer ganzen Zahl darstellt. Die Eruierung der notwendigen und hinreichenden Bedingungen knüpfen wir an folgende Fragestellung an:

Wenn in dem regelmäßigen periodischen Kettenbruch

$$\xi_0 = [b_0, \overline{b_1, b_2, \ldots, b_2, b_1, 2b_0}]$$

der symmetrische Periodenteil $b_1, b_2, \ldots, b_2, b_1$ *gegeben ist, wie muß alsdann* b_0 *beschaffen sein, damit* $\xi_0^2 = D$ *ganzzahlig wird?*

Zunächst wissen wir aus Satz 3. 9, daß ξ_0 gewiß die Quadratwurzel aus einer rationalen Zahl ist, daß also bei der quadratischen Gleichung, welcher ξ_0 genügt, das lineare Glied herausfallen muß. Diese quadratische Gleichung ergibt sich, wenn k die Gliederzahl der (nicht notwendig primitiven) Periode bedeutet, aus der Beziehung

$$\xi_0 = \frac{A_{k-1}\xi_k + A_{k-2}}{B_{k-1}\xi_k + B_{k-2}},$$

indem man darin $\xi_k = b_0 + \xi_0$ einsetzt. Es kommt dann

$$B_{k-1}\xi_0^2 + (b_0 B_{k-1} + B_{k-2})\,\xi_0 = A_{k-1}\xi_0 + b_0 A_{k-1} + A_{k-2}.$$

Weil aber das lineare Glied von selbst herausfallen muß, so ist zunächst

(1) $$b_0 B_{k-1} + B_{k-2} = A_{k-1}\ ^{1)},$$

und die quadratische Gleichung lautet dann einfach

$$B_{k-1}\xi_0^2 = b_0 A_{k-1} + A_{k-2}.$$

Setzen wir $\xi_0^2 = D$, so handelt es sich also darum, b_0 so zu bestimmen, daß die durch die Gleichung

(2) $$D B_{k-1} = b_0 A_{k-1} + A_{k-2}$$

definierte Zahl D ganz wird. Wir haben daher eine diophantische Gleichung mit den Unbekannten b_0 und D zu lösen. Diese ist aber nicht linear, wie es auf den ersten Blick scheinen könnte; denn die Kooffizienten A_{k-1}, A_{k-2} sind selbst noch lineare Funktionen von b_0, und zwar ist nach den Formeln (6) des § 5

(3) $$A_{k-1} = b_0 A_{k-2,1} + B_{k-2,1}, \quad B_{k-1} = A_{k-2,1},$$

(4) $$A_{k-2} = b_0 A_{k-3,1} + B_{k-3,1}, \quad B_{k-2} = A_{k-3,1}\ ^{2)}.$$

---

1) Das ergibt sich auch aus § 11, I, da der $(k+1)$-gliedrige Kettenbruch

$$[b_0, b_1, b_2, \ldots, b_2, b_1, b_0] = \frac{b_0 A_{k-1} + A_{k-2}}{b_0 B_{k-1} + B_{k-2}}$$

symmetrisch, und sein vorletzter Näherungszähler A_{k-1} ist.

2) Für $k = 1$ fließen diese Formeln nicht aus § 5, weil dort A_{-2} und B_{-2} noch nicht definiert waren. Sie sind aber auf Grund der auf S. 24 gegebenen Definition unmittelbar klar.

Setzt man das in (2) ein, so kommt

(5) $$DA_{k-2,1} = b_0(b_0 A_{k-2,1} + B_{k-2,1}) + b_0 A_{k-3,1} + B_{k-3,1}.$$

Diese Gleichung läßt sich noch etwas vereinfachen. Substituiert man nämlich in Formel (1) für B_{k-1}, B_{k-2} die Werte aus (3) und (4), so erhält man

$$b_0 A_{k-2,1} + A_{k-3,1} = A_{k-1},$$

und wenn man das mit der ersten Gleichung (3) vergleicht,

(6) $$A_{k-3,1} = B_{k-2,1}\,[1]).$$

Setzt man das in die diophantische Gleichung (5) ein, so nimmt sie die Gestalt an:

(7) $$A_{k-2,1}(D - b_0^2) - B_{k-2,1} \cdot 2\,b_0 = B_{k-3,1}.$$

Diese Gleichung ist nun in den beiden Unbekannten $2b_0$, $D - b_0^2$ linear und läßt sich sofort auflösen. Da nämlich

(8) $$A_{k-2,1} B_{k-3,1} - B_{k-2,1} A_{k-3,1} = (-1)^{k-3}$$

ist, so lautet die allgemeine Lösung:

$$\begin{aligned} 2\,b_0 &= (-1)^{k-3} A_{k-3,1} B_{k-3,1} + m A_{k-2,1}, \\ D - b_0^2 &= (-1)^{k-3} B_{k-3,1} B_{k-3,1} + m B_{k-2,1}, \\ &= (-1)^{k-3} B_{k-3,1}^2 + m A_{k-3,1} \qquad \bigl(\text{nach } (6)\bigr), \end{aligned}$$

wo m eine beliebige ganze Zahl bedeutet. Da aber nicht nur $2b_0$, sondern b_0 selbst ganzzahlig und zwar positiv sein soll, so muß man m auf solche Werte beschränken, für welche der Ausdruck

$$(-1)^{k-3} A_{k-3,1} B_{k-3,1} + m A_{k-2,1}$$

eine positive gerade Zahl wird. Wir erhalten somit

Satz 3. 17. *Wenn von dem regelmäßigen Kettenbruch*

$$\xi_0 = [b_0, \overline{b_1, b_2, \ldots, b_2, b_1, 2b_0}]$$

mit k-gliedriger Periode der symmetrische Teil der Periode vorgegeben ist, so besteht die notwendige und hinreichende Bedingung dafür, daß ξ_0 die Quadratwurzel aus einer ganzen Zahl ist, darin, daß b_0 die Form hat (Bezeichnung siehe § 5,I):

$$b_0 = \frac{m A_{k-2,1} - (-1)^k A_{k-3,1} B_{k-3,1}}{2},$$

wo m eine ganze Zahl bedeutet. Und zwar ist dann

$$\xi_0 = \sqrt{D} = \sqrt{b_0^2 + m A_{k-3,1} - (-1)^k B_{k-3,1}^2}.$$

Dieses schöne Theorem, für das wir sogleich eine Reihe von Einzelbeispielen aufstellen werden, findet sich bereits im Jahre 1765 bei *Euler* **6**, der die betreffenden

[1]) Diese Gleichung kann übrigens auch direkt aus § 11, I entnommen werden, weil ja der Kettenbruch

$$[b_1, b_2, \ldots, b_2, b_1] = \frac{A_{k-2,1}}{B_{k-2,1}}$$

symmetrisch ist.

Formeln für $k = 1, 2, \ldots, 8$ einzeln angibt, woraus wohl zu schließen ist, daß er die Allgemeingültigkeit völlig durchschaut hat. Freilich war das Gesetz der Periodizität damals noch nicht bekannt; das hat Euler der Erfahrung entnommen und darauf seine weiteren Schlüsse richtig aufgebaut. Über ein Jahrhundert später ist das Theorem von mehreren unabhängigen Autoren neu entdeckt worden, zuerst von *Muir* 1, 2; bald darauf von *K. E. Hoffmann* 1. Muir hat bemerkt, daß der Ausdruck für b_0 dann und nur dann ganzzahliger Werte fähig ist, wenn von den Zahlen $A_{k-3,1}$, $B_{k-3,1}$ die eine gerade ist[1]). Dann wird nämlich b_0 zum mindesten für gerade Werte von m ganzzahlig. Sind dagegen beide ungerade, so können wegen (8) die Zahlen $A_{k-2,1}$ und $B_{k-2,1}$ nicht ebenfalls beide ungerade sein; aber nach (6) ist $B_{k-2,1} = A_{k-3,1}$, also nach unserer Annahme ungerade, daher muß $A_{k-2,1}$ gerade sein. Unter diesen Umständen wird aber der für b_0 gefundene Ausdruck nie eine ganze Zahl.

II. Wir wenden uns nun den einfachsten Beispielen zu, indem wir alle ganzen Zahlen aufsuchen, deren Quadratwurzeln Perioden mit 1, 2, 3, 4 Gliedern besitzen.

Erstes Beispiel: $k = 1$.

In diesem Fall ist

$$A_{k-3,1} = A_{-2,1} = 0, \quad B_{k-3,1} = B_{-2,1} = 1, \quad A_{k-2,1} = A_{-1,1} = 1;$$

daher

$$b_0 = \frac{m}{2}, \quad D = b_0^2 + 1.$$

Es ist also b_0 beliebig, und man erhält

$$\sqrt{b_0^2 + 1} = [b_0, \overline{2b_0}].$$

Zweites Beispiel: $k = 2$.

In diesem Fall ist

$$A_{k-3,1} = A_{-1,1} = 1, \quad B_{k-3,1} = B_{-1,1} = 0, \quad A_{k-2,1} = A_{0,1} = b_1;$$

daher

$$b_0 = \frac{mb_1}{2}, \quad D = b_0^2 + m.$$

Es muß also b_1 ein Teiler von $2b_0$ sein, und man erhält

$$\sqrt{b_0^2 + m} = \left[b_0, \overline{\frac{2b_0}{m}, 2b_0}\right],$$

wo m ein beliebiger Teiler von $2b_0$ ist.

Drittes Beispiel: $k = 3$.

In diesem Fall ist

$$A_{k-3,1} = A_{0,1} = b_1, \quad B_{k-3,1} = B_{0,1} = 1,$$
$$A_{k-2,1} = A_{1,1} = b_1 b_2 + 1 = b_1^2 + 1,$$

---

[1]) Daß **beide** gerade sind, ist wegen (8) nicht möglich.

letzteres, weil ja (b_1, b_2) der symmetrische Teil, also $b_1 = b_2$ ist. Daher

$$b_0 = \frac{m(b_1^2+1)+b_1}{2}, \quad D = b_0^2 + mb_1 + 1.$$

Damit b_0 ganzzahlig ist, muß b_1 gerade $(= 2b)$, und ebenso m gerade $(= 2n)$ sein, und es ergibt sich

$$\sqrt{[n(4b^2+1)+b]^2+4nb+1} = [n(4b^2+1)+b, \overline{2b, 2b, 2n(4b^2+1)+2b}].$$

Viertes Beispiel: $k = 4$.

In diesem Fall ist

$$A_{k-3,1} = A_{1,1} = b_1 b_2 + 1; \quad B_{k-3,1} = B_{1,1} = b_2;$$
$$A_{k-2,1} = A_{2,1} = b_1 b_2 b_3 + b_3 + b_1 = b_1^2 b_2 + 2b_1,$$

weil ja (b_1, b_2, b_3) der symmetrische Teil, also $b_3 = b_1$ ist. Daher

$$b_0 = \frac{m(b_1^2 b_2 + 2b_1) - (b_1 b_2 + 1) b_2}{2},$$

$$\sqrt{D} = \sqrt{b_0^2 + m(b_1 b_2 + 1) - b_2^2} = [b_0, \overline{b_1, b_2, b_1, 2b_0}].$$

Wenn hier b_2 gerade ist, so wird b_0 stets ganzzahlig; wenn aber b_2 ungerade, so muß auch b_1 ungerade und außerdem m gerade sein.

Diese Beispiele mögen genügen. Setzt man in ihnen für die b_ν, m, n eine Reihe kleiner Zahlen ein, so erhält man eine ziemliche Anzahl von Quadratwurzeln, deren Kettenbruchentwicklung somit bekannt ist. Zum Beispiel findet man unter den Quadratwurzeln aus den Zahlen zwischen 1 und 100 bereits 56 dieser Art; die betreffenden Kettenbrüche können daher ohne alle Rechnung im Lauf weniger Minuten hingeschrieben werden. Will man eine größere Tabelle berechnen, so tut man gut, auch für $k > 4$ noch ein paar einfache Spezialformeln aufzustellen. Solche sind auf anderm Weg von *de Jonquières* **1**, **2**, und in großer Anzahl von *Boutin* **1** angegeben worden. Doch können wir auf deren vollständige Mitteilung verzichten, weil sie nichts enthalten, was nicht aus Satz 3.17 ohne Schwierigkeit entnommen werden kann.

Tabellen sind mehrfach berechnet worden, und zwar von *Degen* **1** (bis $D = 1000$), von *Seeling* **1** (bis $D = 602$), von *Cayley* **1** (von $D = 1001$ bis $D = 1500$), von *Whitford* **1** (von $D = 1501$ bis $D = 2012$), von *Patz* **1**, **2** (von $D = 2$ bis $D = 10002$). In der umfangreichen Patzschen Tafel, die von verschiedenen Rechnern kontrolliert worden ist, kommen schon mehrere Halbperioden mit über 100 Gliedern vor; die längste findet sich bei $D = 9949$ mit 108 Gliedern $(k = 217)$. In der Tafel *Patz* **2** sind außerdem auch die P_ν und Q_ν angegeben.

Wir schließen hier ebenfalls eine kleine Tabelle an. Die Konstruktion ist derart, daß in der ersten Spalte die Zahlen D, in der zweiten die Reihe der Teilnenner des zu $\sqrt{D}$ gehörigen Kettenbruches aufgeführt sind. Dabei ist, um Raum zu sparen, außer dem Anfangsglied nur die erste Hälfte des symmetrischen Periodenteiles angegeben, weil damit ja die ganze Periode bekannt ist. Hat der symmetrische Teil eine ungerade Gliederzahl, also ein Mittelglied, so ist das durch

Einklammerung dieses Gliedes angedeutet. Besitzt die Periode einen nullgliedrigen, d. h. keinen symmetrischen Teil, so steht natürlich nur das Anfangsglied in der Tabelle. Es ist also zum Beispiel:

$$\sqrt{50} = [7, \overline{14}];\quad \sqrt{51} = [7, \overline{7, 14}];\quad \sqrt{53} = [7, \overline{3, 1, 1, 3, 14}];$$
$$\sqrt{54} = [7, \overline{2, 1, 6, 1, 2, 14}].$$

Die Erklärung der mit x und y überschriebenen Spalten erfolgt in § 27.

D	Teilnenner von $\sqrt{D}$	x	y	D	Teilnenner von $\sqrt{D}$	x	y
2	1	1	1	53	7, 3, 1	182	25
3	1, (1)	2	1	54	7, 2, 1, (6)	485	66
5	2	2	1	55	7, 2, (2)	89	12
6	2, (2)	5	2	56	7, (2)	15	2
7	2, 1, (1)	8	3	57	7, 1, 1, (4)	151	20
8	2, (1)	3	1	58	7, 1, 1, 1	99	13
10	3	3	1	59	7, 1, 2, (7)	530	69
11	3, (3)	10	3	60	7, 1, (2)	31	4
12	3, (2)	7	2	61	7, 1, 4, 3, 1, 2	29718	3805
13	3, 1, 1	18	5	62	7, 1, (6)	63	8
14	3, 1, (2)	15	4	63	7, (1)	8	1
15	3, (1)	4	1	65	8	8	1
17	4	4	1	66	8, (8)	65	8
18	4, (4)	17	4	67	8, 5, 2, 1, 1, (7)	48842	5967
19	4, 2, 1, (3)	170	39	68	8, (4)	33	4
20	4, (2)	9	2	69	8, 3, 3, 1, (4)	7775	936
21	4, 1, 1, (2)	55	12	70	8, 2, 1, (2)	251	30
22	4, 1, 2, (4)	197	42	71	8, 2, 2, 1, (7)	3480	413
23	4, 1, (3)	24	5	72	8, (2)	17	2
24	4, (1)	5	1	73	8, 1, 1, 5	1068	125
26	5	5	1	74	8, 1, 1	43	5
27	5, (5)	26	5	75	8, 1, (1)	26	3
28	5, 3, (2)	127	24	76	8, 1, 2, 1, 1, 5, (4)	57799	6630
29	5, 2, 1	70	13	77	8, 1, 3, (2)	351	40
30	5, (2)	11	2	78	8, 1, (4)	53	6
31	5, 1, 1, 3, (5)	1520	273	79	8, 1, (7)	80	9
32	5, 1, (1)	17	3	80	8, (1)	9	1
33	5, 1, (2)	23	4	82	9	9	1
34	5, 1, (4)	35	6	83	9, (9)	82	9
35	5, (1)	6	1	84	9, (6)	55	6
37	6	6	1	85	9, 4, 1	378	41
38	6, (6)	37	6	86	9, 3, 1, 1, 1, (8)	10405	1122
39	6, (4)	25	4	87	9, (3)	28	3
40	6, (3)	19	3	88	9, 2, 1, (1)	197	21
41	6, 2	32	5	89	9, 2, 3	500	53
42	6, (2)	13	2	90	9, (2)	19	2
43	6, 1, 1, 3, 1, (5)	3482	531	91	9, 1, 1, 5, (1)	1574	165
44	6, 1, 1, 1, (2)	199	30	92	9, 1, 1, 2, (4)	1151	120
45	6, 1, 2, (2)	161	24	93	9, 1, 1, 1, 4, (6)	12151	1260
46	6, 1, 3, 1, 1, 2, (6)	24335	3588	94	9, 1, 2, 3, 1, 1, 5, 1, (8)	2143295	221064
47	6, 1, (5)	48	7	95	9, 1, (2)	39	4
48	6, (1)	7	1	96	9, 1, (3)	49	5
50	7	7	1	97	9, 1, 5, 1, 1, 1	5604	569
51	7, (7)	50	7	98	9, 1, (8)	99	10
52	7, 4, 1, (2)	649	90	99	9, (1)	10	1

§ 27. Die Pellsche Gleichung.

I. Als Pellsche Gleichung bezeichnet man die diophantische Gleichung

$$x^2 - Dy^2 = 1,$$

wo D positiv ganz, aber kein Quadrat ist. Dieses von Fermat gestellte Problem wurde zuerst von *Wallis* 2b, später von *Euler* 6 mit ziemlichem Erfolg in Angriff genommen[1]). Die vollständige Lösung, insbesondere der Nachweis, daß überhaupt immer Lösungen außer der trivialen $x = \pm 1$, $y = 0$ existieren, gelang aber erst Lagrange auf zwei verschiedenen Wegen (*Lagrange* 1, 2). Wir können unserer Untersuchung gleich eine etwas allgemeinere Gleichung zugrunde legen als die Pellsche, nämlich

$$(1) \qquad x^2 - Dy^2 = \pm L, \quad 0 < L < \sqrt{D},$$

und uns dabei auf relativ prime Lösungen beschränken. Darauf läßt sich offenbar der allgemeine Fall zurückführen; denn wenn x und y einen Teiler d gemein haben sollen, so muß L den Teiler d^2 haben, und man kann die ganze Gleichung durch d^2 dividieren. Auch darf man x, y positiv annehmen.

Ist $x = p$, $y = q$ eine Lösung unserer Gleichung, so muß nach Satz 2.12, S. 39 wegen der Voraussetzung $L < \sqrt{D}$ jedenfalls $\frac{p}{q}$ ein Näherungsbruch von $\sqrt{D}$ sein (*Lagrange* 6). Es ist daher nur nötig, für x, y die verschiedenen Näherungszähler A_ν und -nenner B_ν von $\sqrt{D}$ einzusetzen und zuzusehen, ob einmal $\pm L$ herauskommt. Nun lehrt die Schefflersche Formel (18) des § 20, da jetzt $P_0 = 0$, $Q_0 = 1$ ist, sofort:

$$(2) \qquad A_{\nu-1}^2 - DB_{\nu-1}^2 = (-1)^\nu Q_\nu.$$

Unsere diophantische Gleichung (1) wird daher dann und nur dann auflösbar sein, wenn L unter den Zahlen Q_ν vorkommt und wenn dabei das gegebene Vorzeichen $\pm$ den Wert $(-1)^\nu$ hat. Es gibt dann immer gleich unendlich viele Lösungen; denn ist k die Gliederzahl der primitiven Periode, so ist auch

$$A_{nk+\nu-1}^2 - DB_{nk+\nu-1}^2 = (-1)^{nk+\nu} Q_{nk+\nu} = (-1)^{nk}(-1)^\nu Q_\nu,$$

und das wird mindestens für gerade n ebenfalls gleich $(-1)^\nu Q_\nu$. Wenn k ungerade ist, so kommt für gerade n das entgegengesetzte Zeichen wie für ungerade n; in diesem Fall ist also die Gleichung $x^2 - Dy^2 = \pm L$, wenn L unter den Zahlen Q_ν vorkommt, für beide Vorzeichen auflösbar. In der Kettenbruchentwicklung von $\sqrt{D}$ haben wir somit ein unfehlbares Mittel, um jederzeit zu entscheiden, ob die diophantische Gleichung lösbar ist, und gegebenenfalls die unendlich vielen Lösungen auch anzugeben. Diese Lösungsmethode stammt von *Euler* 6, der bereits die Formel (2) fand.

---

1) Der in der Literatur festgewurzelte Name „Pellsche Gleichung" rührt von Euler her, der irrtümlich angenommen hatte, die Methode von Wallis stamme von dessen Zeitgenossen John Pell.

Wir wenden uns jetzt speziell der Gleichung

$$x^2 - Dy^2 = \pm 1$$

zu. Bei dieser ist also ν derart zu wählen, daß $Q_\nu = 1$ ist, und das findet nach § 25, I dann und nur dann statt, wenn ν ein Vielfaches von k ist. Setzen wir also $\nu = nk$ in (2) ein, so kommt

$$A_{nk-1}^2 - DB_{nk-1}^2 = (-1)^{nk},$$

und es gibt keine anderen Lösungen. Damit haben wir den in vollem Umfang von *Legendre* 1, zum Teil auch schon von *Lagrange* 1, 2 herrührenden

Satz 3. 18. *Die Pellsche Gleichung $x^2 - Dy^2 = +1$ ist immer lösbar, und zwar auf unendlich viele Arten. Ist $\frac{A_\nu}{B_\nu}$ der Näherungsbruch ν^{ter} Ordnung von $\sqrt{D}$, und ist k die Gliederzahl der primitiven Periode, so ist die Gesamtheit aller Lösungen:*

$$x = A_{nk-1}, \quad y = B_{nk-1} \quad \begin{pmatrix} n = 1, 2, 3, \ldots \text{ bei geradem } k \\ n = 2, 4, 6, \ldots \text{ bei ungeradem } k \end{pmatrix}.$$

Dagegen ist die Gleichung $x^2 - Dy^2 = -1$ dann und nur dann lösbar, wenn k ungerade ist, und zwar lauten dann die Lösungen:

$$x = A_{nk-1}, \quad y = B_{nk-1} \qquad (n = 1, 3, 5, 7, \ldots).$$

Übrigens kommt auch für $n = 0$ eine Lösung der Pellschen Gleichung heraus, nämlich die triviale $x = 1$, $y = 0$.

II. Die unendlich vielen Lösungen der Gleichung $x^2 - Dy^2 = \pm 1$ stehen untereinander in einem bemerkenswerten schon von *Lagrange* 1 erkannten Zusammenhang. Nach den Fundamentalformeln ist nämlich

$$\text{(3)} \qquad \begin{cases} A_{\nu+k-1} = A_{k-1}A_{\nu-1,k} + A_{k-2}B_{\nu-1,k}, \\ B_{\nu+k-1} = B_{k-1}A_{\nu-1,k} + B_{k-2}B_{\nu-1,k}. \end{cases}$$

Nun ist aber

$$\begin{aligned} \frac{A_{\nu-1,k}}{B_{\nu-1,k}} &= [b_k, b_{k+1}, \ldots, b_{k+\nu-1}] = [2b_0, b_1, b_2, \ldots, b_{\nu-1}] \\ &= b_0 + [b_0, b_1, b_2, \ldots, b_{\nu-1}] = b_0 + \frac{A_{\nu-1}}{B_{\nu-1}} = \frac{b_0 B_{\nu-1} + A_{\nu-1}}{B_{\nu-1}}; \end{aligned}$$

also, da beide Brüche irreduzibel sind:

$$A_{\nu-1,k} = b_0 B_{\nu-1} + A_{\nu-1}, \quad B_{\nu-1,k} = B_{\nu-1}.$$

Setzt man das in (3) ein, so kommt

$$\begin{aligned} A_{\nu+k-1} &= A_{k-1}(b_0 B_{\nu-1} + A_{\nu-1}) + A_{k-2}B_{\nu-1} \\ &= B_{\nu-1}(b_0 A_{k-1} + A_{k-2}) + A_{\nu-1}A_{k-1}, \\ B_{\nu+k-1} &= B_{k-1}(b_0 B_{\nu-1} + A_{\nu-1}) + B_{k-2}B_{\nu-1} \\ &= B_{\nu-1}(b_0 B_{k-1} + B_{k-2}) + A_{\nu-1}B_{k-1}. \end{aligned}$$

Das läßt sich noch etwas anders schreiben; denn die Formeln (16), (17) des § 20 mit $P_0 = 0$, $Q_0 = 1$ besagen für $\nu = k$:

$$A_{k-1} = B_{k-1} P_k + B_{k-2} Q_k = b_0 B_{k-1} + B_{k-2}\,^{1)},$$
$$D B_{k-1} = A_{k-1} P_k + A_{k-2} Q_k = b_0 A_{k-1} + A_{k-2}\,^{1)},$$

so daß die letzten beiden Gleichungen noch übergehen in

$$A_{\nu+k-1} = B_{\nu-1} D B_{k-1} + A_{\nu-1} A_{k-1},$$
$$B_{\nu+k-1} = B_{\nu-1} A_{k-1} + A_{\nu-1} B_{k-1}.$$

Diese beiden Formeln lassen sich in die eine zusammenfassen:

(4) $$A_{\nu+k-1} + B_{\nu+k-1}\sqrt{D} = (A_{\nu-1} + B_{\nu-1}\sqrt{D})(A_{k-1} + B_{k-1}\sqrt{D}).$$

Wählt man hier speziell $\nu = (n-1)k$, so ergibt sich

$$A_{nk-1} + B_{nk-1}\sqrt{D} = (A_{(n-1)k-1} + B_{(n-1)k-1}\sqrt{D})(A_{k-1} + B_{k-1}\sqrt{D}),$$

und hieraus sogleich

(5) $$A_{nk-1} + B_{nk-1}\sqrt{D} = (A_{k-1} + B_{k-1}\sqrt{D})^n.$$

Diese Formel drückt den erwähnten Zusammenhang aus. Sie gestattet, sobald die eine Lösung A_{k-1}, B_{k-1} der Gleichung $x^2 - Dy^2 = \pm 1$ bekannt ist, alle andern der Reihe nach sehr viel rascher zu berechnen, als dies durch die gewöhnlichen Rekursionsformeln für die Näherungszähler und -nenner möglich wäre. Gleichung (5) zerfällt nämlich, wenn man auf die rechte Seite den binomischen Satz anwendet, sofort in die folgenden zwei:

(6) $$\begin{cases} A_{nk-1} = A_{k-1}^n + \binom{n}{2} A_{k-1}^{n-2} B_{k-1}^2 D + \binom{n}{4} A_{k-1}^{n-4} B_{k-1}^4 D^2 + \cdots \\ B_{nk-1} = \binom{n}{1} A_{k-1}^{n-1} B_{k-1} + \binom{n}{3} A_{k-1}^{n-3} B_{k-1}^3 D + \binom{n}{5} A_{k-1}^{n-5} B_{k-1}^5 D^2 + \cdots \end{cases}$$

In der Tabelle S. 91 sind in den mit x, y überschriebenen Spalten die Werte von A_{k-1}, B_{k-1} angegeben. Diese sind nun Lösungen der Gleichung

$$x^2 - Dy^2 = +1$$

oder der Gleichung

$$x^2 - Dy^2 = -1,$$

je nachdem k gerade oder ungerade ist. Das ist aber aus der Tabelle sofort zu ersehen; denn wenn k gerade, so ist die Gliederzahl des symmetrischen Periodenteils ungerade; es gibt also einen mittleren Teilnenner, und dieser ist in der zweiten Spalte eingeklammert. Die Werte x, y der Tabelle geben daher eine Lösung der ersten oder zweiten Gleichung, je nachdem in der zweiten Spalte die letzte Zahl eingeklammert ist oder nicht. Im ersten Fall, wenn also k gerade, hat die zweite Gleichung, wie wir sahen, überhaupt keine Lösung. Im zweiten Fall lautet die kleinste Lösung der ersten Gleichung: $x = A_{2k-1}$, $y = B_{2k-1}$, und ergibt sich daher nach (5) aus der Formel

$$x + y\sqrt{D} = (A_{k-1} + B_{k-1}\sqrt{D})^2,$$

[1]) In der Tat ist ja $P_k = b_0$, wie sich aus $\xi_k = \xi_0 + b_0$, d. h. aus

$$\frac{\sqrt{D} + P_k}{Q_k} = \sqrt{D} + b_0$$

sofort ergibt.

also
$$x = A_{k-1}^2 + D B_{k-1}^2, \quad y = 2 A_{k-1} B_{k-1}.$$
Für $D = 13$ zum Beispiel liefert die Tabelle $A_{k-1} = 18$, $B_{k-1} = 5$, und da die letzte Zahl der zweiten Spalte nicht eingeklammert ist, so ist das eine Lösung der Gleichung $x^2 - 13y^2 = -1$, wie auch die Ausrechnung bestätigt. Es ist nun
$$(18 + 5\sqrt{13})^2 = 649 + 180\sqrt{13};$$
also ist $x = 649$, $y = 180$ die kleinste Lösung der Gleichung $x^2 - 13y^2 = 1$.

Umfangreichere Tafeln für die kleinste Lösung der Pellschen Gleichung findet man bei *Degen* **1** (bis $D = 1000$), *Legendre* **1** (bis $D = 1003$), *Cayley* **1** (von $D = 1001$ bis 1500), *Whitford* **1** (von $D = 1501$ bis 1700).

§ 28. Zahlentheoretische Anwendungen.

I. Ein Blick auf die zweite Spalte der Tabelle S. 91 zeigt, daß die letzte Zahl viel häufiger eingeklammert als nicht eingeklammert ist. Das besagt aber, daß die Zahlen D, für welche die Gleichung $x^2 - Dy^2 = -1$ lösbar ist, verhältnismäßig selten sind. Eine Tabelle dieser Zahlen D unter 7000 hat *Seeling* **2** aufgestellt. Eine einfache Methode, um alle derartigen D zu konstruieren, hat *Epstein* **1** angegeben. Da es aber schwer sein dürfte, einer vorgelegten Zahl D anzusehen, ob sie auf solche Weise konstruierbar ist oder nicht, wollen wir darauf nicht weiter eingehen. Noch weniger können wir uns hier mit der Methode von *Rédei* **1, 2** befassen, der die Theorie der quadratischen Zahlkörper heranzieht und gar nicht mit Kettenbrüchen arbeitet. Stattdessen wollen wir jetzt einige bemerkenswerte speziellere Kriterien entwickeln.

Wenn die Gleichung $x^2 - Dy^2 = -1$ besteht, so ist zunächst D ein Teiler von $x^2 + 1$; nach Satz 2. 5, S. 30 muß daher D als Summe von zwei relativ primen Quadraten darstellbar sein. In der Tat ist uns eine solche Darstellung auch schon bekannt. Denn da in unserem Fall k ungerade, also etwa $k = 2r + 1$ ist, so folgt aus Satz 3. 12, S. 83 mit $Q_0 = 1$:
$$D = P_{r+1}^2 + Q_{r+1}^2,$$
und wir müssen nur noch zeigen, daß P_{r+1} und Q_{r+1} relativ prim sind. Haben aber P_{r+1} und Q_{r+1} einen Teiler d gemein, so muß D durch d^2 teilbar sein, und aus den nach § 27 Formel (2) bestehenden Gleichungen
$$A_r^2 - D B_r^2 = (-1)^{r+1} Q_{r+1},$$
$$A_{r-1}^2 - D B_{r-1}^2 = (-1)^r Q_r = (-1)^r Q_{r+1}\ [1]$$
folgt dann, daß auch A_r^2 und A_{r-1}^2 den Teiler d haben. Da aber A_r und A_{r-1} relativ prim sind, muß $d = 1$ sein. Wir erhalten also

Satz 3. 19. *Die Gleichung $x^2 - Dy^2 = -1$ ist sicher nur dann auflösbar, wenn D die Summe von zwei relativ primen Quadraten ist.*

[1]) Es ist $Q_r = Q_{r+1}$, weil die Zahlenserie $Q_0, Q_1, \ldots, Q_{2r+1}$ nach Satz 3. 10 symmetrisch ist.

Diese Bedingung ist aber nur notwendig, nicht hinreichend. Zum Beispiel ist $34 = 25 + 9$ die Summe von zwei relativ primen Quadraten; trotzdem ist die Gleichung $x^2 - 34y^2 = -1$, wie die Klammer in der zweiten Spalte der Tabelle S. 91 anzeigt, nicht lösbar.

Weiter beweisen wir

Satz 3. 20. *Von den drei Gleichungen*

$$x^2 - Dy^2 = -1; \quad x^2 - Dy^2 = 2; \quad x^2 - Dy^2 = -2$$

ist, abgesehen vom Fall $D = 2$, höchstens eine lösbar.

Beweis: Sei zunächst $D \geqq 5$. Dann ist $2 < \sqrt{D}$, also kann die Gleichung $x^2 - Dy^2 = \pm 2$ nach den Erörterungen zu Beginn des § 27 nur bestehen, wenn 2 unter den Zahlen Q_ν vorkommt. Nach Satz 3. 13 ist aber $Q_\nu = 2$ nur für $\nu \equiv \frac{k}{2}$ (mod k) möglich; es ist also k gerade und daher die Gleichung $x^2 - Dy^2 = -1$ nicht lösbar. Aber auch die Gleichung $x^2 - Dy^2 = \pm 2$ ist nicht für beide Vorzeichen möglich; es ist nämlich, wenn $k = 2r$ gesetzt wird und $Q_r = 2$ ist, nach § 27, Formel (2)

$$A^2_{nk+r-1} - DB^2_{nk+r-1} = (-1)^{nk+r} Q_{nk+r} = (-1)^r \cdot 2,$$

und wir wissen, daß keine anderen Lösungen existieren. Nun bleiben noch die bisher ausgeschlossenen Zahlen $D = 2, 3$ zu untersuchen. Für $D = 3$ ist die Gleichung $x^2 - Dy^2 = -1$, wie die Klammer in der Tabelle zeigt, nicht möglich; ebensowenig ist die Gleichung $x^2 - Dy^2 = 2$ möglich, weil offenbar $x^2 - 2$ nie durch 3 teilbar sein kann. Endlich für $D = 2$ sind alle drei Gleichungen lösbar; es ist nämlich

$$1^2 - 2 \cdot 1^2 = -1; \quad 2^2 - 2 \cdot 1^2 = 2; \quad 4^2 - 2 \cdot 3^2 = -2,$$

so daß $D = 2$ als Ausnahme bestehen bleibt.

Der hiermit bewiesene Satz 3. 20 läßt sich in gewissen Fällen umkehren. Sei nämlich die Gleichung $x^2 - Dy^2 = -1$ nicht lösbar, also $k = 2r$. Wegen der Symmetrie der Zahlenserie $P_1, P_2, \ldots, P_{2r}$ (Satz 3. 10, S. 81) folgt dann aus der schon oft benutzten Formel (10) des § 20 mit $\nu = r$:

$$2P_r = b_r Q_r. \tag{1}$$

Setzt man daher in den Formeln (16), (17) des § 20 mit $P_0 = 0$, $Q_0 = 1$ speziell $\nu = r$ und multipliziert mit 2, so kommt

$$2A_{r-1} = B_{r-1} \cdot 2P_r + 2B_{r-2}Q_r = (B_{r-1}b_r + 2B_{r-2})Q_r, \tag{2}$$

$$2DB_{r-1} = A_{r-1} \cdot 2P_r + 2A_{r-2}Q_r = (A_{r-1}b_r + 2A_{r-2})Q_r. \tag{3}$$

Folglich ist Q_r ein (von 1 verschiedener) gemeinsamer Teiler von $2A_{r-1}$ und $2DB_{r-1}$, also, weil A_{r-1} und B_{r-1} relativ prim sind, ein gemeinsamer Teiler von $2A_{r-1}$ und $2D$. Aus § 27, Formel (2) für $\nu = r$ ergibt sich dann, wenn man mit 4 multipliziert und durch Q_r dividiert:

$$Q_r \left(\frac{2A_{r-1}}{Q_r}\right)^2 - \frac{2D}{Q_r} \cdot 2B^2_{r-1} = (-1)^r \cdot 4.$$

Infolgedessen haben die ganzen Zahlen Q_r und $\frac{2D}{Q_r}$ keinen ungeraden Faktor gemein. *Daher enthält Q_r jeden ungeraden Primfaktor von D, wenn überhaupt, so in der gleichen Potenz wie D.*

Nunmehr können wir den folgenden Satz beweisen:

Satz 3. 21. *Ist die nichtquadratische Zahl D eine (erste oder höhere) Potenz einer ungeraden Primzahl oder das Doppelte einer solchen Potenz, so ist von den drei Gleichungen*

$$x^2 - Dy^2 = -1; \quad x^2 - Dy^2 = 2; \quad x^2 - Dy^2 = -2$$

immer eine, aber auch nur eine lösbar.

Beweis. Daß höchstens eine dieser drei Gleichungen lösbar ist, wurde bereits in Satz 3. 20 bewiesen; es bleibt noch zu zeigen, daß wirklich eine lösbar ist. Sei etwa die Gleichung $x^2 - Dy^2 = -1$ nicht lösbar, also $k = 2r$. Dann muß nach dem soeben Bewiesenen Q_r ein Teiler von $2D$ sein, der jeden ungeraden Primfaktor von D, wenn überhaupt, so in der gleichen Potenz wie D enthält. Dies gibt aber, weil D nach unseren Voraussetzungen bloß einen ungeraden Primfaktor hat und auch nicht durch 4 teilbar ist, nur die fünf Möglichkeiten

$$Q_r = 2D, \quad D, \quad \frac{D}{2}, \quad 4, \quad 2,$$

und zwar die Fälle $Q_r = \frac{D}{2}$, 4 nur, wenn D gerade ist. Nun sind aber die Möglichkeiten $Q_r = 2D$, D, $\frac{D}{2}$ ohne weiteres auszuschließen. Denn wegen (1) müßte dann P_r durch D oder $\frac{D}{2}$ teilbar sein; allein nach § 25, Formel (3) ist $P_r \leqq b_0$, also a fortiori, da in Satz 3. 21 D mindestens gleich 3 ist, $P_r \leqq \sqrt{D-1} < \frac{D}{2}$. Aber auch $Q_r = 4$ ist nicht möglich. Dann wäre nämlich nach (2) A_{r-1} gerade, also B_{r-1} ungerade; daher in (3) die rechte Seite durch 8, die linke nur durch 4 teilbar. Es bleibt also einzig $Q_r = 2$ übrig. Dann ist aber nach § 27, Formel (2) für $\nu = r$:

$$A_{r-1}^2 - D B_{r-1}^2 = (-1)^r \cdot 2,$$

womit Satz 3. 21 vollständig bewiesen ist

II. Der Satz 3. 21 läßt sich für spezielle Formen von Primzahlen noch präzisieren:

Satz 3. 22. *Ist die nichtquadratische Zahl D eine Potenz einer Primzahl der Form $4n+1$, oder das Doppelte einer Potenz einer Primzahl der Form $8n+5$, so ist die Gleichung $x^2 - Dy^2 = -1$ lösbar.*

Beweis. Nach Satz 3. 21 ist nur zu zeigen, daß die Gleichungen $x^2 - Dy^2 = \pm 2$ unmöglich sind. Wenn aber erstens D eine Potenz von $4n+1$ ist, so hat D selbst die Form $4n+1$, und dann ist die Gleichung $x^2 - Dy^2 = \pm 2$ unmöglich, weil die rechte Seite $\equiv 2 \pmod 4$ ist, während die linke nur $\equiv 0, \pm 1$ sein kann.

Wenn zweitens D einen Primfaktor der Form $8n+5$ hat, so muß dieser, wenn die Gleichung $x^2 - Dy^2 = \pm 2$ lösbar ist, auch ein Teiler von $x^2 \mp 2$ sein, also nach Satz 2. 25, S. 56 die Form $\alpha^2 \mp 2\beta^2$ haben. Nun sieht man aber leicht, daß eine Zahl der Form $\alpha^2 \mp 2\beta^2$ nicht $\equiv 5 \pmod 8$ sein kann, so daß die Gleichung $8n + 5 = \alpha^2 \mp 2\beta^2$ unmöglich ist. Also hat die Gleichung $x^2 - Dy^2 = \pm 2$ keine Lösung.

Man bemerke, daß für das Doppelte einer Potenz einer Primzahl der Form $8n + 1$ ein ähnlicher Satz nicht gilt. Vielmehr gibt es unter diesen Zahlen sowohl solche, für welche $x^2 - Dy^2 = -1$ lösbar ist (Beispiel: $15^2 - 226 \cdot 1^2 = -1$), als auch solche, für die $x^2 - Dy^2 = 2$ lösbar ist (Beispiel: $6^2 - 34 \cdot 1^2 = 2$), und endlich auch solche, für die $x^2 - Dy^2 = -2$ lösbar ist (Beispiel: $12^2 - 146 \cdot 1^2 = -2$).

Satz 3. 23. *Ist die nichtquadratische Zahl D eine Potenz einer Primzahl der Form $8n + 7$ oder das Doppelte einer solchen Potenz, so ist die Gleichung $x^2 - Dy^2 = 2$ lösbar.*

Beweis. Nach Satz 2. 21 ist nur zu zeigen, daß die Gleichungen

$$x^2 - Dy^2 = -1; \quad x^2 - Dy^2 = -2$$

unmöglich sind. Da aber D einen Primfaktor der Form $8n + 7$ hat, so müßte dieser, wenn eine der beiden Gleichungen möglich wäre, auch ein Teiler von $x^2 + 1$ bzw. $x^2 + 2$ sein. Er müßte daher nach den Sätzen 2. 5, S. 30 und 2. 25, S. 56 selbst von der Form $\alpha^2 + \beta^2$ bzw. $\alpha^2 + 2\beta^2$ sein. Man sieht aber leicht, daß diese Ausdrücke nicht $\equiv 7 \pmod 8$ sein können, daß also die Gleichungen

$$8n + 7 = \alpha^2 + \beta^2; \quad 8n + 7 = \alpha^2 + 2\beta^2$$

nicht möglich sind.

Satz 3. 24. *Ist die nichtquadratische Zahl D eine Potenz einer Primzahl der Form $8n + 3$ oder das Doppelte einer solchen Potenz, so ist die Gleichung $x^2 - Dy^2 = -2$ lösbar.*

Beweis. Es braucht wieder bloß gezeigt zu werden, daß die Gleichungen

$$x^2 - Dy^2 = -1; \quad x^2 - Dy^2 = 2$$

unmöglich sind. Da nun D einen Primfaktor der Form $8n + 3$ hat, so müßte dieser, wenn eine der beiden Gleichungen möglich wäre, ein Teiler von $x^2 + 1$, bzw. $x^2 - 2$ sein. Nach den Sätzen 2. 5 und 2. 25 müßte er also die Form $\alpha^2 + \beta^2$ bzw. $\alpha^2 - 2\beta^2$ haben. Aber die Gleichungen

$$8n + 3 = \alpha^2 + \beta^2, \quad 8n + 3 = \alpha^2 - 2\beta^2$$

sind offenbar wieder unmöglich.

Die Sätze 3. 21 bis 3. 24 stammen in der Hauptsache von *Legendre* 1, *Göpel* 1, *Roberts* 1. Durch Kombination der Sätze 3. 19 und 3. 22 erhält man noch einen der schönsten Sätze der elementaren Zahlentheorie:

Satz 3. 25. *Eine Primzahl der Form $4n + 1$ läßt sich als Summe von zwei Quadraten darstellen.*

Dieses Fermatsche Theorem wurde zuerst von *Euler* 4 bewiesen; ein Beweis, der sich im Prinzip mit unserm deckt, findet sich zuerst bei *Gauß* 1, § 265. Ähnliche Sätze gelten auch für die Primzahlen der Form $8n + 7$ und $8n + 3$. Nach

Satz 3. 23 ist nämlich eine Primzahl der Form $8n+7$ Teiler von x^2-2, so daß sie nach Satz 2. 25, S. 56 die Gestalt $\alpha^2-2\beta^2$ hat. Ebenso ist eine Primzahl der Form $8n+3$ nach Satz 3. 24 Teiler von x^2+2, so daß sie nach Satz 2. 25 die Gestalt $\alpha^2+2\beta^2$ hat. Daher:

Satz 3. 26. *Eine Primzahl der Form $8n+7$ läßt sich in der Gestalt $\alpha^2-2\beta^2$ darstellen. (Lagrange 5, Göpel 1.)*

Satz 3. 27. *Eine Primzahl der Form $8n+3$ läßt sich in der Gestalt $\alpha^2+2\beta^2$ darstellen. (Lagrange 5, Göpel 1.)*

Hierzu sei bemerkt, daß es ganz ohne Belang ist, die Sätze 3. 25 bis 3. 27 so, wie die vorausgehenden, ebenfalls für höhere Potenzen der betreffenden Primzahlen oder deren Doppeltes auszusprechen. Denn die Zahl 2 und das Produkt von zwei beliebigen Zahlen der betreffenden Form lassen sich stets wieder in die gleiche Form setzen:

$$2=1^2+1^2;\quad 2=0^2+2\cdot1^2;\quad 2=2^2-2\cdot1^2;$$
$$(\alpha^2+\lambda\beta^2)(\gamma^2+\lambda\delta^2)=(\alpha\gamma+\lambda\beta\delta)^2+\lambda(\alpha\delta-\beta\gamma)^2\quad(\lambda=1,\pm2).$$

§ 29. Kulminierende und fastkulminierende Perioden.

I. Daß es zu jedem Anfangsglied b_0 kulminierende Perioden gibt, zeigt das zweite Beispiel auf S. 89. Nach diesem ist nämlich speziell für $m=2$:

$$\sqrt{b_0^2+2}=[b_0,\overline{b_0,2b_0}];$$

hier ist die Periode kulminierend. Eine fastkulminierende entsteht aus dem vierten Beispiel auf S. 90, wenn man $b_1=1$, $m=b_0$ setzt; dann wird nämlich $b_2=b_0-1$, und man erhält den Kettenbruch mit fastkulminierender Periode:

$$\sqrt{(b_0+1)^2-2}=[b_0,\overline{1,b_0-1,1,2b_0}].$$

Beide Formeln finden sich bereits bei *Euler* 6. Außer diesen Beispielen ist dem vorigen Paragraphen zu entnehmen, daß, wenn D eine Potenz einer Primzahl der Form $4n+3$ oder das Doppelte ist, die Periode von $\sqrt{D}$ entweder kulminierend oder fastkulminierend wird. In der Tat ist dann nach den Sätzen 3. 23 und 3. 24 eine der Gleichungen $x^2-Dy^2=\pm2$ lösbar, folglich kommt unter den Zahlen Q_ν die 2 vor. Dann ist aber nach Satz 3. 15 der mittlere Teilnenner des symmetrischen Periodenteils gleich b_0 oder b_0-1, also in der Tat die Periode kulminierend oder fastkulminierend.

Wir wollen jetzt neben diesen Einzelfällen auch die allgemeine Form derjenigen ganzen Zahlen untersuchen, deren Quadratwurzeln kulminierende oder fastkulminierende Perioden besitzen. Zunächst sind die beiden Perioden von

$$\sqrt{8}=[2,\overline{1,4}]\quad\text{und}\quad\sqrt{12}=[3,\overline{2,6}]$$

fastkulminierend; von ihnen sehen wir in der Folge ab, da sie der allgemeinen Untersuchung sich nicht unterordnen. Bezeichnen wir dann die Gliederzahl der primitiven Periode mit $k=2r$, so ergibt sich der Wert des Kettenbruches

$$\sqrt{D}=[b_0,\overline{b_1,\ldots,b_r,\ldots,b_1,2b_0}]$$

nach Formel (2), S. 87 aus der Gleichung

(1) $$D B_{2r-1} = b_0 A_{2r-1} + A_{2r-2}.$$

Da aber außerdem $b_r = b_0$ oder $b_0 - 1$ sein soll, so muß nach Satz 3.15 $Q_r = 2$ und folglich nach dem gleichen Satz auch $P_r = b_r$ sein. Die Formeln (16), (17) des § 20 mit $P_0 = 0$, $Q_0 = 1$ lauten daher für $\nu = r$:

(2) $$A_{r-1} = b_r B_{r-1} + 2 B_{r-2},$$

(3) $$D B_{r-1} = b_r A_{r-1} + 2 A_{r-2}.$$

Wir werden am Schluß dieses Paragraphen (Ziffer IV) den Beweis nachtragen, daß die Gleichungen (2), (3) eo ipso (1) nach sich ziehen. Unter Vorwegnahme dieses Resultates haben wir demnach nur die Aufgabe, die Zahlen b_ν und D in allgemeinster Weise so zu wählen, daß die Gleichungen (2), (3) erfüllt sind und zugleich $b_r = b_0$ oder $b_r = b_0 - 1$ ist. Da dann Gleichung (1) von selbst erfüllt ist, haben wir damit im ersten Fall die allgemeinste kulminierende, im zweiten die allgemeinste fastkulminierende Periode. Nun läßt sich Gleichung (2) etwas anders schreiben; nach den Formeln (6) des § 5 ist nämlich identisch

(4) $$A_{r-1} = b_0 A_{r-2,1} + B_{r-2,1}, \quad B_{r-1} = A_{r-2,1}, \quad B_{r-2} = A_{r-3,1},$$

wodurch (2) übergeht in

(5) $$2 A_{r-3,1} = B_{r-2,1} + (b_0 - b_r) A_{r-2,1}.$$

Indem wir zuerst den Fall der kulminierenden Perioden behandeln, haben wir $b_r = b_0$; also kommt

$$2 A_{r-3,1} = B_{r-2,1}.$$

Das ist zunächst eine Bedingung, welcher die Teilnenner $b_1, b_2, \ldots, b_{r-1}$ genügen müssen; wir denken sie erfüllt. Dann handelt es sich noch darum, die Zahlen $b_0 = b_r$ und D so zu wählen, daß auch die Gleichung (3) besteht. Nun ist wieder nach den Formeln (6) des § 5

$$A_{r-1} = b_0 A_{r-2,1} + B_{r-2,1}, \quad B_{r-1} = A_{r-2,1},$$
$$A_{r-2} = b_0 A_{r-3,1} + B_{r-3,1} = b_0 \frac{B_{r-2,1}}{2} + B_{r-3,1}.$$

Setzt man das in Gleichung (3) ein und berücksichtigt $b_r = b_0$, so geht sie über in

$$D A_{r-2,1} = b_0 (b_0 A_{r-2,1} + B_{r-2,1}) + 2 \left(b_0 \frac{B_{r-2,1}}{2} + B_{r-3,1} \right),$$

oder also

$$A_{r-2,1}(D - b_0^2) - B_{r-2,1} \cdot 2 b_0 = 2 B_{r-3,1}.$$

Das ist nun eine in den Unbekannten $2b_0$, $D - b_0^2$ lineare diophantische Gleichung, die sich sofort auflösen läßt. Da nämlich identisch

$$A_{r-2,1} B_{r-3,1} - B_{r-2,1} A_{r-3,1} = (-1)^{r-3}$$

ist, so lautet die allgemeine Lösung:

$$2 b_0 = (-1)^{r-3} A_{r-3,1} \cdot 2 B_{r-3,1} + m A_{r-2,1},$$
$$D - b_0^2 = (-1)^{r-3} B_{r-3,1} \cdot 2 B_{r-3,1} + m B_{r-2,1}$$
$$= (-1)^{r-3} 2 B_{r-3,1}^2 + 2 m A_{r-3,1},$$

wo m eine ganze Zahl. Nun ist aber $B_{r-2,1} = 2A_{r-3,1}$ gerade, folglich $A_{r-2,1}$ gewiß ungerade. Es muß also, damit b_0 ganzzahlig wird, m eine gerade Zahl sein; setzt man daher $m = 2n$, so ergibt sich der folgende von *Muir* 3 herrührende

Satz 3. 28. *Wenn der regelmäßige Kettenbruch*

$$[b_0, \overline{b_1, \ldots, b_{r-1}, b_0, b_{r-1}, \ldots, b_1, 2b_0}]$$

mit kulminierender Periode die Quadratwurzel aus einer ganzen Zahl D sein soll, so müssen bei der Bezeichnung des § 5, I die Teilnenner $b_1, b_2, \ldots, b_{r-1}$ die Gleichung $2A_{r-3,1} = B_{r-2,1}$ befriedigen. Ist das der Fall, so besteht die notwendige und hinreichende Bedingung darin, daß b_0 die Form hat

$$b_0 = nA_{r-2,1} - (-1)^r A_{r-3,1} B_{r-3,1},$$

wo n eine ganze Zahl. Und zwar ist dann

$$D = b_0^2 + 4nA_{r-3,1} - (-1)^r 2B_{r-3,1}^2.$$

Als Beispiel wollen wir alle ganzen Zahlen bestimmen, deren Quadratwurzeln kulminierende Perioden von 6 Gliedern haben. Hier ist $r = 3$; die Bedingung $2A_{r-3,1} = B_{r-2,1}$ lautet also einfach: $2A_{0,1} = B_{1,1}$, das heißt

$$2b_1 = b_2.$$

Für b_0 und D ergeben sich die Ausdrücke

$$b_0 = nA_{1,1} + A_{0,1}B_{0,1} = n(b_1b_2 + 1) + b_1 = n(2b_1^2 + 1) + b_1,$$
$$D = b_0^2 + 4nA_{0,1} + 2B_{0,1}^2 = b_0^2 + 4nb_1 + 2.$$

Man erhält also für die allgemeinste 6-gliedrige kulminierende Periode die Formel

$$\sqrt{b_0^2 + 4nb_1 + 2} = [b_0, \overline{b_1, 2b_1, b_0, 2b_1, b_1, 2b_0}],$$

wobei

$$b_0 = n(2b_1^2 + 1) + b_1,$$

und wo n, b_1 beliebige positive ganze Zahlen sind. Auch $n = 0$ ist zulässig; doch ist dann die 6-gliedrige Periode imprimitiv, während die primitive nur zwei Glieder umfaßt.

II. Wir untersuchen nunmehr ebenso die fastkulminierenden Perioden. Bei diesen ist $b_r = b_0 - 1$, also lautet diesmal die Bedingung (5)

$$2A_{r-3,1} = B_{r-2,1} + A_{r-2,1}.$$

Ist sie erfüllt, so geht (3) über in

$$\begin{aligned} DA_{r-2,1} &= (b_0 - 1)(b_0A_{r-2,1} + B_{r-2,1}) + 2(b_0A_{r-3,1} + B_{r-3,1}) \\ &= b_0^2A_{r-2,1} + 2b_0B_{r-2,1} - B_{r-2,1} + 2B_{r-3,1}, \end{aligned}$$

oder also

$$A_{r-2,1}(D - b_0^2) - B_{r-2,1}(2b_0 - 1) = 2B_{r-3,1}.$$

Das ist jetzt eine lineare diophantische Gleichung für die Unbekannten $2b_0 - 1$ und $D - b_0^2$; ihre allgemeine Lösung lautet analog wie vorhin

$$2b_0 - 1 = (-1)^{r-3} A_{r-3,1} \cdot 2B_{r-3,1} + mA_{r-2,1},$$
$$D - b_0^2 = (-1)^{r-3} B_{r-3,1} \cdot 2B_{r-3,1} + mB_{r-2,1}.$$

Nun sind die Zahlen $A_{r-2,1}$, $B_{r-2,1}$ relativ prim, können also nicht beide gerade sein. Wegen der Bedingung $2A_{r-3,1} = B_{r-2,1} + A_{r-2,1}$ sind sie daher beide ungerade. Dann wird aber der Ausdruck für b_0 dann und nur dann ganzzahlig, wenn m ungerade ist. Setzt man demgemaß $m = 2n + 1$, so erhält man den ebenfalls von *Muir* 3 herrührenden

Satz 3. 29. *Wenn der Kettenbruch*

$$[b_0, \overline{b_1, \ldots, b_{r-1}, b_0 - 1, b_{r-1}, \ldots, b_1, 2b_0}]$$

mit fastkulminierender Periode die Quadratwurzel aus einer ganzen Zahl ($D \neq 8, 12$) *sein soll, so müssen die Teilnenner* $b_1, b_2, \ldots, b_{r-1}$ *bei der Bezeichnung des § 5,I die Gleichung* $2A_{r-3,1} = B_{r-2,1} + A_{r-2,1}$ *befriedigen. Ist das der Fall, so besteht die notwendige und hinreichende Bedingung darin, daß* b_0 *die Form hat*

$$b_0 = \frac{1 + (2n+1)A_{r-2,1}}{2} - (-1)^r A_{r-3,1} B_{r-3,1},$$

wo n *eine ganze Zahl. Und zwar ist dann*

$$D = b_0^2 + (2n+1)B_{r-2,1} - (-1)^r 2B_{r-3,1}^2.$$

Bereits in Satz 3. 16, S. 86 fanden wir, daß bei einer fastkulminierenden Periode von $2r$ Gliedern $b_{r-1} = 1$ sein muß; das muß sich natürlich auch aus unsern jetzigen Formeln ergeben. In der Tat besagt die Bedingung

$$2A_{r-3,1} = B_{r-2,1} + A_{r-2,1}$$

soviel wie

$$\begin{aligned} 2B_{r-2} &= B_{r-2,1} + B_{r-1} \\ &= B_{r-2,1} + b_{r-1}B_{r-2} + B_{r-3}. \end{aligned}$$

Nun können $B_{r-2,1}$ und B_{r-3} nicht beide gleich 0 sein; denn das erstere würde $r = 1$, das letztere $r = 2$ erfordern. Es ist somit

$$2B_{r-2} > b_{r-1}B_{r-2},$$

daher $b_{r-1} < 2$, also in der Tat $b_{r-1} = 1$.

Als Beispiel suchen wir die allgemeine Form der 6-gliedrigen fastkulminierenden Perioden. Bei diesen ist $r = 3$; die Bedingung

$$2A_{r-3,1} = B_{r-2,1} + A_{r-2,1}$$

lautet also einfach $2A_{0,1} = B_{1,1} + A_{1,1}$, oder

$$2b_1 = b_2 + b_1 b_2 + 1,$$

oder, da $b_2 = b_{r-1} = 1$ sein muß,

$$2b_1 = b_1 + 2; \quad \text{also } b_1 = 2.$$

Sodann ist

$$\begin{aligned} A_{r-3,1} &= A_{0,1} = b_1 = 2, & A_{r-2,1} &= A_{1,1} = b_1 b_2 + 1 = 3, \\ B_{r-3,1} &= B_{0,1} = 1, & B_{r-2,1} &= B_{1,1} = b_2 = 1. \end{aligned}$$

Also wird

$$b_0 = \frac{1 + (2n+1)\cdot 3}{2} + 2 = 3n + 4,$$

$$D = b_0^2 + 2n + 1 + 2 = (3n+4)^2 + 2n + 3.$$

Setzt man noch $n-1$ an Stelle von n, so ergibt sich

$$\sqrt{(3n+1)^2+2n+1} = [3n+1, \overline{2, 1, 3n, 1, 2, 6n+2}]$$

als die allgemeine Form einer fastkulminierenden Periode von sechs Gliedern.

Die Durchführung der Beispiele zu den Sätzen 3. 28 und 3. 29 läßt erkennen, daß es vor allem darauf ankommt, die von den Teilnennern $b_1, \ldots, b_{r-1}$ geforderte Bedingungsgleichung allgemein zu lösen. Mit diesem Problem, das für $r = 3$ noch sehr einfach war, das aber für größere Werte von r erhebliche Schwierigkeiten bereitet, hat sich *Steuerwald* 1 auseinandergesetzt, der es dabei außerdem noch erweitert hat. Wir müssen uns mit diesem Hinweis begnügen.

III. Die Zahlen D, deren Quadratwurzeln kulminierende oder fastkulminierende Perioden besitzen, haben noch eine bemerkenswerte Eigenschaft, welche sich aus den Sätzen 3. 28 und 3. 29 nicht erkennen läßt. Wir sehen dabei wieder von den Zahlen $D = 8$ und 12 ab. Ist $k = 2r$ die Gliederzahl der primitiven Periode, so ist nach Satz 3. 15, S. 85f.: $Q_r = 2$, also

$$A_{r-1}^2 - DB_{r-1}^2 = (-1)^r \cdot 2 \qquad (\S\ 27,\ \text{Formel (2)}).$$

Daher ist D ein Teiler von $A_{r-1}^2 - (-1)^r \cdot 2$, und muß daher nach Satz 2.25, S. 56 sich selbst in der Gestalt $\alpha^2 - (-1)^r 2\beta^2$ darstellen lassen. Beispielsweise müssen die Zahlen

$$[n(2b_1^2+1)+b_1]^2 + 4nb_1 + 2 \quad \text{und} \quad (3n+1)^2+2n+1$$

sich in der Form $\alpha^2 + 2\beta^2$ darstellen lassen; denn ihre Quadratwurzeln haben, wie wir S. 101 und oben sahen, kulminierende bzw. fastkulminierende Perioden von 6 Gliedern. In der Tat ist auch identisch:

$$[n(2b_1^2+1)+b_1]^2 + 4nb_1 + 2 = (2nb_1^2 + b_1 - n)^2 + 2(2nb_1+1)^2,$$
$$(3n+1)^2 + 2n + 1 = n^2 + 2(2n+1)^2.$$

Eine allgemeine Formel für die Darstellung unserer Zahlen D in der Gestalt $\alpha^2 \pm 2\beta^2$, die annähernd so einfach wäre wie bei Satz 3. 12 die Darstellung in der Gestalt $\alpha^2 + \beta^2$, scheint nicht zu existieren. Wohl aber sind von *Weber* 1 und *Elte* 2 Verfahren entwickelt worden, um von dem Kettenbruch aus zu solchen Darstellungen zu gelangen. Wir müssen uns mit diesem Hinweis begnügen. Im übrigen darf man nicht glauben, daß es nur e i n e solche Darstellung gebe. Bei der Gestalt $\alpha^2 - 2\beta^2$ gibt es auf Grund der Identität

$$(\alpha^2 - 2\beta^2)(x^2 - 2y^2) = (\alpha x + 2\beta y)^2 - 2(\beta x + \alpha y)^2$$

sogar stets unendlich viele, entsprechend den unendlich vielen Lösungen der Gleichung $x^2 - 2y^2 = 1$.

IV. Es ist noch der Beweis nachzutragen, daß die Gleichung (1) eine Folge von (2), (3) ist. Nun hat der symmetrische Kettenbruch

$$[b_0, b_1, \ldots, b_r, \ldots, b_1, b_0] = \frac{b_0 A_{2r-1} + A_{2r-2}}{b_0 B_{2r-1} + B_{2r-2}}$$

eine ungerade Gliederzahl $2r + 1$. Durch Anwendung der für diesen Fall aufgestellten Formeln (11), (13) des § 11 erhält man daher:

$$b_0 A_{2r-1} + A_{2r-2} = A_{r-1}(A_r + A_{r-2}) = A_{r-1}(b_r A_{r-1} + 2A_{r-2}),$$
$$B_{2r-1} = B_{r-1}(B_r + B_{r-2}) = B_{r-1}(b_r B_{r-1} + 2B_{r-2}).$$

Also mit Rücksicht auf (2) und (3):

$$b_0 A_{2r-1} + A_{2r-2} = A_{r-1} D B_{r-1},$$
$$B_{2r-1} = B_{r-1} A_{r-1},$$

woraus in der Tat sofort die Gleichung (1) hervorgeht. W. z. b. w.

§ 30. Die Kettenbruchentwicklung für $\frac{\sqrt{1+4G}+1}{2}$.

I. In der Theorie der quadratischen Zahlkörper sind neben den irrationalen Zahlen $\sqrt{D}$ auch die von der Form $\frac{\sqrt{D}+1}{2}$, wo $D \equiv 1 \pmod 4$ ist, als **ganze** algebraische Zahlen von besonderem Interesse, weshalb in neuerer Zeit auch ihre Kettenbruchentwicklung studiert worden ist, für die ganz ähnliche Gesetze gelten wie für $\sqrt{D}$. Wir betrachten zunächst etwas allgemeiner eine irrationale Zahl $\xi_0 = \sqrt{d} + \frac{1}{2}$, wo d rational und größer als $\frac{1}{4}$ ist, also $\xi_0 > 1$. Nach Satz 3.5, S. 75 hat der Kettenbruch für ξ_0 **ein** oder **kein** Glied vor der Periode. Indem wir in letzterem Fall die Periode erst ein Glied später beginnen lassen, können wir einheitlich schreiben:

(1) $$\sqrt{d} + \tfrac{1}{2} = [b_0, \overline{b_1, b_2, \ldots, b_k}].$$

Daraus folgt

$$\frac{1}{\sqrt{d} + \frac{1}{2} - b_0} = [\overline{b_1, b_2, \ldots, b_k}]$$

und aus Satz 3.6, S. 76 ergibt sich:

(2) $$\sqrt{d} + b_0 - \tfrac{1}{2} = [\overline{b_k, b_{k-1}, \ldots, b_2, b_1}] = [b_k, \overline{b_{k-1}, \ldots, b_2, b_1, b_k}].$$

Nach (1) ist aber auch direkt

(3) $$\sqrt{d} + b_0 - \tfrac{1}{2} = [2b_0 - 1, \overline{b_1, b_2, \ldots, b_k}]$$

und ein Vergleich von (2) mit (3) lehrt, daß

$$b_k = 2b_0 - 1, \quad b_{k-1} = b_1, \quad b_{k-2} = b_2, \quad \ldots, \quad b_1 = b_{k-1}$$

ist. Der Kettenbruch sieht daher so aus:

$$\sqrt{d} + \tfrac{1}{2} = [b_0, \overline{b_1, b_2, \ldots, b_2, b_1, 2b_0 - 1}].$$

Die Periode beginnt gleich nach dem Anfangsglied und besteht aus einem symmetrischen Teil, dem das um 1 verminderte doppelte Anfangsglied folgt. Dabei kann auch $k = 1$ sein; dann hat der symmetrische Teil null Glieder, d. h. er fällt weg.

Ist umgekehrt ξ_0 ein Kettenbruch von dieser Gestalt

$$\xi_0 = [b_0, \overline{b_1, b_2, \ldots, b_2, b_1, 2b_0 - 1}]$$

und folglich

$$[\overline{b_1, b_2, \dots, b_2, b_1, 2b_0 - 1}] = \frac{1}{\xi_0 - b_0},$$

so ist zunächst ξ_0 eine quadratische Irrationalzahl, also von der Form $c + \sqrt{d}$, und wenn wir ihre Konjugierte $c - \sqrt{d}$ mit η_0 bezeichnen, so folgt aus Satz 3.6, S. 76

$$b_0 - \eta_0 = [\overline{2b_0 - 1, b_1, b_2, \dots, b_2, b_1}] = [2b_0 - 1, \overline{b_1, b_2, \dots, b_2, b_1, 2b_0 - 1}]$$

und hieraus, indem man beiderseits $b_0 - 1$ subtrahiert,

$$[b_0, \overline{b_1, b_2, \dots, b_2, b_1, 2b_0 - 1}] = 1 - \eta_0.$$

Daher ist $\xi_0 = 1 - \eta_0$, also $2c = \xi_0 + \eta_0 = 1$ und folglich $\xi_0 = \frac{1}{2} + \sqrt{d}$. Somit haben wir den

Satz 3.30. *Der regelmäßige Kettenbruch für eine quadratische Irrationalzahl* $\sqrt{d} + \frac{1}{2} > 1$ *hat die Form*

$$[b_0, \overline{b_1, b_2, \dots, b_2, b_1, 2b_0 - 1}],$$

und umgekehrt stellt jeder regelmäßige Kettenbruch von dieser Form eine quadratische Irrationalzahl der Gestalt $\sqrt{d} + \frac{1}{2} > 1$ *dar. (Kraitchik* 1.*)*

Da die Kettenbrüche für zwei Zahlen mit ganzzahliger Differenz offenbar nur in ihren Anfangsgliedern voneinander abweichen (um eben diese Differenz), können wir einen Teil der Sätze 3.9 und 3.30 zusammenfassen in

Satz 3.31. *Ein periodischer regelmäßiger Kettenbruch der Gestalt*

$$[b_0, \overline{b_1, b_2, \dots, b_2, b_1, b_k}],$$

wo der symmetrische Teil der Periode auch fehlen kann, stellt bei geradem b_k *eine Zahl der Form* $\sqrt{d} + G$ $(d > 1)$ *und bei ungeradem* b_k *eine Zahl der Form* $\sqrt{d} + \frac{1}{2} + G$ $\left(d > \frac{1}{4}\right)$ *dar, wo d rational und G ganz ist. — Umgekehrt hat der regelmäßige Kettenbruch für eine irrationale Zahl dieser Art auch stets das angegebene Aussehen.*

II. Schreibt man die Zahl $\sqrt{d} + \frac{1}{2}$ (> 1) in der Gestalt $\frac{\sqrt{D} + P_0}{Q_0}$ mit ganzzahligen D, P_0, Q_0 $(= 2P_0)$ und so, daß $D - P_0^2$ durch Q_0 teilbar ist, so haben nach § 20, I die vollständigen Quotienten ξ_ν das Aussehen $\frac{\sqrt{D} + P_\nu}{Q_\nu}$ mit ganzzahligen P_ν, Q_ν. Die Analoga zu den Sätzen 3.10 und 3.11 sind dann

Satz 3.32. *Entwickelt man die irrationale Zahl* $\frac{\sqrt{D} + P_0}{2P_0}$, *wo* $P_0 < \sqrt{D}$ *und* $2P_0$ *ein Teiler von* $D - P_0^2$ *ist, in einen regelmäßigen Kettenbruch*

$$[b_0, \overline{b_1, b_2, \dots, b_{k-1}, 2b_0 - 1}]$$

und bezeichnet man seine vollständigen Quotienten mit

$$\frac{\sqrt{D} + P_0}{Q_0}, \overline{\frac{\sqrt{D} + P_1}{Q_1}, \frac{\sqrt{D} + P_2}{Q_2}, \dots, \frac{\sqrt{D} + P_k}{Q_k}},$$

wo natürlich $Q_0 = 2P_0$ *ist, so haben die* b_ν, P_ν, Q_ν *genau die gleichen Symmetrieeigenschaften wie in Satz 3.10.*

Satz 3. 33. *Bei der Bezeichnung von Satz 3. 32 gilt, wenn k die Gliederzahl der primitiven Periode ist, die Gleichung* $P_\nu = P_{\nu+1}$ *dann und nur dann, wenn k gerade und* $\nu = \frac{k}{2}$ *oder wenn* $\nu = 0$, $b_0 = 1$ *ist. Und es gilt die Gleichung* $Q_\nu = Q_{\nu+1}$ *dann und nur dann, wenn k ungerade und* $\nu = \frac{k-1}{2}$ *ist.*

Die Symmetrie der b_ν ist bereits in Satz 3. 30 enthalten. Im übrigen sind die Beweise beider Sätze fast wörtlich dieselben wie bei Satz 3.10 und 3.11 und dürfen dem Leser überlassen werden. Die praktische Bedeutung von Satz 3. 33 ist genau wie bei Satz 3.11 wieder die, daß er, sobald man bei der Entwicklung in den Kettenbruch am Ende der ersten Periodenhälfte angelangt ist, dies zu erkennen gestattet, wodurch sich die Rechnung um die Hälfte verkürzt.

III. Wir fragen jetzt, wann der Kettenbruch in Satz 3. 30 eine ganze algebraische Zahl, also eine Zahl der Form

(4) $$\frac{\sqrt{D}+1}{2} \text{ mit } D = 1 + 4G, \quad G = \text{natürliche Zahl}$$

darstellt. Dabei denken wir uns analog wie in § 26 den symmetrischen Periodenteil gegeben und suchen die zugehörigen Werte von b_0.

Da jetzt augenscheinlich $\xi_k = b_0 - 1 + \xi_0$ ist, so hat man:

$$\xi_0 = \frac{A_{k-1}(b_0 - 1 + \xi_0) + A_{k-2}}{B_{k-1}(b_0 - 1 + \xi_0) + B_{k-2}}$$

oder also:

$$B_{k-1}\xi_0^2 + [B_{k-1}(b_0 - 1) + B_{k-2} - A_{k-1}]\xi_0 - [A_{k-1}(b_0 - 1) + A_{k-2}] = 0.$$

Da $\xi_0 + \eta_0 = 1$ ist (Satz 3. 30), muß der Koeffizient von ξ_0 gleich $-B_{k-1}$ sein[1]). Die quadratische Gleichung für ξ_0 lautet also, nachdem man sie durch B_{k-1} dividiert hat:

$$\xi_0^2 - \xi_0 - \frac{A_{k-1}(b_0 - 1) + A_{k-2}}{B_{k-1}} = 0,$$

woraus folgt:

(5) $$\xi_0 = \frac{1}{2}\left(1 + \sqrt{1 + 4\frac{A_{k-1}(b_0 - 1) + A_{k-2}}{B_{k-1}}}\right).$$

Unsere Aufgabe besteht demnach darin, b_0 so zu bestimmen, daß der Bruch

$$\frac{A_{k-1}(b_0 - 1) + A_{k-2}}{B_{k-1}}$$

eine ganze Zahl G wird. Das ergibt für b_0 und G die diophantische Gleichung

(6) $$B_{k-1}G = A_{k-1}(b_0 - 1) + A_{k-2}.$$

---

[1]) Das ist keine Forderung, sondern wegen der Symmetrie von selbst erfüllt. Man vergleiche dazu in § 26 die Formel (1) und die dortige Fußnote.

Nun gelten aber wieder die Formeln (3), (4), (6) des § 26, so daß (6) übergeht in:

$$A_{k-2,1}G = (b_0 - 1)(b_0 A_{k-2,1} + B_{k-2,1}) + b_0 B_{k-2,1} + B_{k-3,1},$$

oder also

$$A_{k-2,1}(G - b_0^2 + b_0) - B_{k-2,1}(2b_0 - 1) = B_{k-3,1}.$$

Diese Gleichung ist linear in $G - b_0^2 + b_0$ und $2b_0 - 1$ und hat die Auflösung

$$\begin{aligned} 2b_0 - 1 &= (-1)^{k-3} A_{k-3,1} B_{k-3,1} + m A_{k-2,1}, \\ G - b_0^2 + b_0 &= (-1)^{k-3} B_{k-3,1} B_{k-3,1} + m B_{k-2,1} \\ &= (-1)^{k-3} B_{k-3,1}^2 + m A_{k-3,1} \qquad \text{(nach (6) in § 26)}. \end{aligned}$$

Somit ergibt sich als Analogon zu Satz 3.17 der von *Schmidt* 1 gefundene

Satz 3. 34. *Wenn von dem regelmäßigen Kettenbruch*

$$\xi_0 = [b_0, \overline{b_1, b_2, \ldots, b_2, b_1, 2b_0 - 1}]$$

mit k-gliedriger Periode der symmetrische Teil der Periode vorgegeben ist, so besteht die notwendige und hinreichende Bedingung dafür, daß ξ_0 *eine Zahl der Form (4) ist, darin, daß* b_0 *die Form (Bezeichnung siehe § 5, I)*

$$b_0 = \frac{1 + m A_{k-2,1} - (-1)^k A_{k-3,1} B_{k-3,1}}{2}$$

hat, wo m eine ganze Zahl bedeutet. Und zwar ist dann

$$G = b_0^2 - b_0 + m A_{k-3,1} - (-1)^k B_{k-3,1}^2.$$

Wir betrachten dazu die einfachsten Beispiele. Für $k = 1$ kommt

$$b_0 = \frac{1+m}{2}, \quad G = b_0^2 - b_0 + 1.$$

Daher bleibt b_0 beliebig und man erhält:

$$\frac{\sqrt{1 + 4(b_0^2 - b_0 + 1)} + 1}{2} = [b_0, \overline{2b_0 - 1}]. \tag{7}$$

Für $k = 2$ kommt

$$b_0 = \frac{1 + m b_1}{2}, \quad G = b_0^2 - b_0 + m.$$

Daher bleibt b_0 wieder beliebig und b_1 muß ein Teiler von $2b_0 - 1$ sein. Man erhält damit

$$\frac{\sqrt{1 + 4(b_0^2 - b_0 + m)} + 1}{2} = [b_0, \overline{\frac{2b_0 - 1}{m}, 2b_0 - 1}], \tag{8}$$

wo m ein beliebiger Teiler von $2b_0 - 1$ ist.

Es sei noch bemerkt, daß jetzt alle P_ν ungerade und alle Q_ν gerade sind. Zunächst ist nämlich

$$P_0 = 1, \quad Q_0 = 2, \quad P_1 = b_0 Q_0 - P_0 = 2b_0 - 1,$$

$$Q_1 = \frac{D - P_1^2}{Q_0} = \frac{1 + 4G - (2b_0 - 1)^2}{2} = 2G - 2b_0^2 + 2b_0.$$

Wenn aber einmal P_ν ungerade ist und $Q_{\nu-1}$, Q_ν gerade sind, so lehren die Formeln (13), (14) des § 20, daß auch $P_{\nu+1}$ ungerade und $Q_{\nu+1}$ gerade ist, womit die Behauptung bewiesen ist.

Ist k die Gliederzahl der primitiven Periode, so ist $Q_0 = Q_k = 2$. Dagegen kann für $0 < \nu < k$ niemals $Q_\nu = 2$ sein; sonst wäre nämlich

$$\xi_\nu = \frac{\sqrt{D} + P_\nu}{2} = \xi_0 + \frac{P_\nu - 1}{2},$$

so daß bereits $\xi_{\nu+1} = \xi_1$, die primitive Periode also kürzer wäre.

Wir fügen hier eine kleine Tabelle bei, in der die Halbperioden in derselben Weise charakterisiert sind wie in der Tabelle S. 91. Es ist also z.B.

$$\frac{\sqrt{13}+1}{2} = [2, \bar{3}], \quad \frac{\sqrt{17}+1}{2} = [2, \overline{1, 1, 3}], \quad \frac{\sqrt{21}+1}{2} = [2, \overline{1, 3}].$$

G	D	Teilnenner von $\frac{1}{2}(\sqrt{D}+1)$	x	y	G	D	Teilnenner von $\frac{1}{2}(\sqrt{D}+1)$	x	y
1	5	1	1	1	18	73	4, 1, 3, 2, 1	1193	250
3	13	2	2	1	19	77	4, (1)	5	1
4	17	2, 1	5	2	21	85	5	5	1
5	21	2, (1)	3	1	22	89	5, 4, 1, 1	553	106
7	29	3	3	1	23	93	5, (3)	16	3
8	33	3, 2, (1)	27	8	24	97	5, 2, 2, 1, 4	6173	1138
9	37	3, 1	7	2	25	101	5, 1	11	2
10	41	3, 1, 2	37	10	26	105	5, 1, 1, (1)	45	8
11	45	3, (1)	4	1	27	109	5, 1, 2, 1	143	25
13	53	4	4	1	28	113	5, 1, 4, 2	849	146
14	57	4, 3, 1, (1)	171	40	29	117	5, (1)	6	1
15	61	4, 2	22	5	31	125	6	6	1
16	65	4, 1	9	2	32	129	6, 5, 1, 1, 2, (3)	18339	2968
17	69	4, 1, (1)	14	3	33	133	6, 3, (1)	94	15

IV. Mittels unserer Kettenbrüche läßt sich die diophantische Gleichung

$$x^2 - xy - Gy^2 = \pm 1 \tag{9}$$

lösen. Das kann zwar, wenn man ihr die Gestalt

$$(2x - y)^2 - (1 + 4G)y^2 = \pm 4 \tag{9a}$$

gibt, auch nach § 27 geschehen, geht aber jetzt etwas einfacher. Nach (9a) ist klar, daß wir uns auf Lösungen beschränken dürfen, für die $y \geqq 0$, $2x - y \geqq 0$ ist. Wir behaupten, daß für jede solche Lösung, von der trivialen Lösung $y = 0$, $x = 1$ abgesehen, der Bruch $\frac{x}{y}$ ein Näherungsbruch von $\frac{\sqrt{1+4G}+1}{2}$ ist. Zum Beweis schreiben wir (9) in der Gestalt

$$\left(x - y\frac{\sqrt{1+4G}+1}{2}\right)\left(x + y\frac{\sqrt{1+4G}-1}{2}\right) = \pm 1. \tag{10}$$

Daraus folgt dann

$$x - y\frac{\sqrt{1+4G}+1}{2} \geqq \frac{-1}{x + y\frac{\sqrt{1+4G}-1}{2}} \geqq \frac{-1}{y\frac{\sqrt{1+4G}}{2}} = \frac{-2}{y\sqrt{1+4G}}.$$

Durch Addition von $y\sqrt{1+4G}$ ergibt sich

$$x + y\frac{\sqrt{1+4G}-1}{2} \geqq y\sqrt{1+4G} - \frac{2}{y\sqrt{1+4G}}.$$

Für $G \geqq 2$ und auch für $G = 1$, $y \geqq 2$ ist die rechte Seite gewiß $> 2y$, und aus (10) folgt dann

$$\left| x - y\frac{\sqrt{1+4G}+1}{2} \right| < \frac{1}{2y},$$

so daß $\frac{x}{y}$ nach Satz 2. 11, S. 39 ein Näherungsbruch von $\frac{\sqrt{1+4G}+1}{2}$ ist. In dem Ausnahmefall $G = 1$, $y = 1$ hat Gleichung (9) die beiden Lösungen $x = 1$ und $x = 2$ und keine anderen. Aber auch $\frac{1}{1}$ und $\frac{2}{1}$ sind Näherungsbrüche von $\frac{\sqrt{5}+1}{2}$ $= [1, 1, 1, \ldots]$, so daß keine Ausnahme bestehen bleibt.

Nach dem Bewiesenen ist, um alle Lösungen von (9) zu finden, nur nötig, für x, y die verschiedenen Näherungszähler A_ν und -nenner B_ν in die linke Seite einzusetzen und zuzusehen, ob einmal ± 1 herauskommt. Nun folgt aus der Schefflerschen Formel (18) des § 20 für $P_0 = 1$, $Q_0 = 2$:

$$(2A_{\nu-1} - B_{\nu-1})^2 - (1 + 4G)B_{\nu-1}^2 = (-1)^\nu \cdot 2Q_\nu,$$

oder einfacher:

$$A_{\nu-1}^2 - A_{\nu-1}B_{\nu-1} - GB_{\nu-1}^2 = (-1)^\nu \cdot \frac{Q_\nu}{2}.$$

Wie wir sahen, sind alle Q_ν gerade, aber die Gleichung $Q_\nu = 2$ findet nur für $\nu = k, 2k, 3k, \ldots$ statt, wenn k die Gliederzahl der primitiven Periode ist. Damit gewinnen wir den

Satz 3. 35. *Die diophantische Gleichung $x^2 - xy - Gy^2 = +1$ ist immer lösbar, und zwar auf unendlich viele Arten. Ist $\frac{A_\nu}{B_\nu}$ der Näherungsbruch ν-ter Ordnung von $\frac{\sqrt{1+4G}+1}{2}$ und ist k die Gliederzahl der primitiven Periode, so ist die Gesamtheit aller Lösungen*

$$x = A_{nk-1}, \quad y = B_{nk-1} \qquad \begin{pmatrix} n = 1, 2, 3, \ldots \text{ bei geradem } k \\ n = 2, 4, 6, \ldots \text{ bei ungeradem } k \end{pmatrix}.$$

Dagegen ist die Gleichung $x^2 - xy - Gx^2 = -1$ dann und nur dann lösbar, wenn k ungerade ist, und zwar lauten dann die Lösungen

$$x = A_{nk-1}, \quad y = B_{nk-1} \qquad (n = 1, 3, 5, 7, \ldots).$$

Die verschiedenen Lösungen stehen untereinander in einem ähnlichen Zusammenhang wie bei der Pellschen Gleichung. Es ist nämlich

$$A_{nk-1} - B_{nk-1}\frac{\sqrt{1+4G}+1}{2} = \left(A_{k-1} - B_{k-1}\frac{\sqrt{1+4G}+1}{2}\right)^n,$$

wofür der Beweis dem Leser überlassen sei.

In der Tabelle S. 108 sind in den mit x, y überschriebenen Spalten die Werte von A_{k-1}, B_{k-1} angegeben.

IV. Hurwitzsche Kettenbrüche. — Transzendente Zahlen.

§ 31. Vorbereitende Sätze.

I. Wenn zwischen zwei irrationalen Zahlen ξ_0, η_0 die Beziehung

$$\eta_0 = \frac{p\xi_0 + r}{q\xi_0 + s} \quad \text{mit ganzen Zahlen } p, q, r, s$$

besteht, dann kann man fragen, wie der regelmäßige Kettenbruch für η_0 mit dem für ξ_0 zusammenhängt. Wenn $|ps - qr| = 1$, also η_0 mit ξ_0 äquivalent ist, gibt Satz 2. 24, S. 55 darüber Auskunft. Jetzt sei aber $|ps - qr| > 1$. Ohne Beschränkung der Allgemeinheit sei $ps - qr$ als positiv vorausgesetzt, weil man andernfalls statt η_0 nur die äquivalente Zahl $-\eta_0$ zu betrachten braucht (vgl. das Beispiel zu Satz 2. 24). Sei also jetzt $ps - qr = n > 1$. Man darf sich dann auf den Fall $q = 0$ beschränken, weil sich das durch Übergang zu einer mit η_0 äquivalenten Zahl ζ_0 erreichen läßt. In der Tat kann man vier ganze Zahlen a, b, c, d mit $ad - bc = 1$ so bestimmen, daß bei dem Matrixprodukt

$$\begin{pmatrix} a & c \\ b & d \end{pmatrix} \begin{pmatrix} p & r \\ q & s \end{pmatrix} = \begin{pmatrix} p' & r' \\ q' & s' \end{pmatrix}$$

$q' = 0$ wird. Es ist nämlich $q' = bp + dq$; also wird man, wenn k der größte gemeinsame Teiler von p und q ist, $b = \frac{q}{k}$, $d = -\frac{p}{k}$ wählen, worauf sich a und c so bestimmen lassen, daß $ad - bc = 1$ ist. Setzt man dann

$$\zeta_0 = \frac{a\eta_0 + c}{b\eta_0 + d},$$

so daß ζ_0 mit η_0 äquivalent ist, so folgt (vgl. die Regel S. 12):

$$\zeta_0 = \frac{p'\xi_0 + r'}{q'\xi_0 + s'} = \frac{p'\xi_0 + r'}{s'}.$$

Dabei ergibt sich aus dem obigen Matrixprodukt, indem man zu den Determinanten übergeht:

$$p's' - q'r' = (ad - bc)(ps - qr) = 1 \cdot n,$$

wegen $q' = 0$ also $p's' = n$. Indem man p', r', s' nötigenfalls durch $-p'$, $-r'$, $-s'$ ersetzt, kann man erreichen, daß p' und s' positiv sind. Daher soll jetzt unter Änderung der Bezeichnung von vornherein η_0 in der Form $\frac{p_0\xi_0 + r_0}{s_0}$ mit positiven p_0, s_0 angenommen werden.

Nun gilt der im wesentlichen von *A. Hurwitz* 5 und *Châtelet* 1 herrührende[1])

---

[1]) Inhaltlich, aber ohne Matrizes, von Hurwitz. In der bei Anwendung des Satzes sehr vorteilhaften Matrixsprache hat Châtelet die Sache entwickelt.

Satz 4.1. *Sei* $[b_0, b_1, b_2, \ldots]$ *der regelmäßige Kettenbruch für eine irrationale Zahl* ξ_0 *und seien* A_λ, B_λ *seine Näherungszähler und -nenner,* ξ_λ *seine vollständigen Quotienten. Ferner sei*

$$\eta_0 = \frac{p_0\xi_0 + r_0}{s_0} \quad (p_0, r_0, s_0 \text{ ganze Zahlen, } p_0 > 0,\ s_0 > 0,\ p_0 s_0 = n > 1).$$

Für einen beliebigen Index ν $(\geqq 1)$ *entwickle man die Zahl*

$$\frac{p_0[b_0, b_1, \ldots, b_{\nu-1}] + r_0}{s_0} = \frac{p_0 A_{\nu-1} + r_0 B_{\nu-1}}{s_0 B_{\nu-1}}$$

in einen regelmäßigen Kettenbruch $[d_0, d_1, \ldots, d_{\mu-1}]$ *und richte dabei die Gliederzahl so ein, daß* $\mu \equiv \nu \pmod 2$ *ist; seine Näherungszähler und -nenner seien* C_λ, D_λ, *so daß insbesondere*

$$\frac{p_0 A_{\nu-1} + r_0 B_{\nu-1}}{s_0 B_{\nu-1}} = \frac{C_{\mu-1}}{D_{\mu-1}}$$

ist. Alsdann gibt es drei eindeutig bestimmte ganze Zahlen p_1, r_1, s_1 *derart, daß die Matrixformel*

$$\text{(A)} \qquad \begin{pmatrix} p_0 & r_0 \\ 0 & s_0 \end{pmatrix} \begin{pmatrix} A_{\nu-1} & A_{\nu-2} \\ B_{\nu-1} & B_{\nu-2} \end{pmatrix} = \begin{pmatrix} C_{\mu-1} & C_{\mu-2} \\ D_{\mu-1} & D_{\mu-2} \end{pmatrix} \begin{pmatrix} p_1 & r_1 \\ 0 & s_1 \end{pmatrix}$$

gilt, und es ist

$$\text{(B)} \qquad p_1 > 0, \quad s_1 > 0, \quad p_1 s_1 = n, \quad -s_1 \leqq r_1 \leqq p_1,$$

$$\text{(C)} \qquad \eta_0 = [d_0, d_1, \ldots, d_{\mu-1}, \eta_\mu], \qquad \textit{wobei } \eta_\mu = \frac{p_1\xi_\nu + r_1}{s_1}.$$

Beweis. Die Matrixformel (A) besagt soviel wie

$$\text{(1)} \qquad \begin{cases} p_0 A_{\nu-1} + r_0 B_{\nu-1} = C_{\mu-1} p_1, \\ s_0 B_{\nu-1} = D_{\mu-1} p_1, \\ p_0 A_{\nu-2} + r_0 B_{\nu-2} = C_{\mu-1} r_1 + C_{\mu-2} s_1, \\ s_0 B_{\nu-2} = D_{\mu-1} r_1 + D_{\mu-2} s_1. \end{cases}$$

Aus den ersten beiden dieser Gleichungen ergibt sich p_1 wegen der in Satz 4.1 festgestellten Identität

$$\frac{p_0 A_{\nu-1} + r_0 B_{\nu-1}}{s_0 B_{\nu-1}} = \frac{C_{\mu-1}}{D_{\mu-1}}$$

widerspruchslos, und zwar, weil s_0, $B_{\nu-1}$, $D_{\mu-1}$ positiv und weil $C_{\mu-1}$, $D_{\mu-1}$ relativ prim sind, eindeutig als der (positive) größte gemeinsame Teiler von $s_0 B_{\nu-1}$ und $p_0 A_{\nu-1} + r_0 B_{\nu-1}$. Sodann liefern die letzten beiden Gleichungen eindeutig r_1 und s_1, und zwar wegen $C_{\mu-1}D_{\mu-2} - C_{\mu-2}D_{\mu-1} = \pm 1$ als ganze Zahlen. Damit ist zunächst die eindeutige Existenz der ganzen Zahlen p_1, r_1, s_1 nachgewiesen. Aus der Matrixformel (A) folgt dann durch Übergang zu den Determinanten:

$$p_0 s_0 (-1)^{\nu-2} = (-1)^{\mu-2} p_1 s_1,$$

wegen $\mu \equiv \nu \pmod 2$ also $p_1 s_1 = p_0 s_0 = n$. Weiter ergibt sich aus der vierten und zweiten der Formeln (1)

$$r_1 \begin{cases} \geqq -\dfrac{D_{\mu-2}}{D_{\mu-1}} s_1 \geqq -s_1, \\[2ex] \leqq \dfrac{s_0}{D_{\mu-1}} B_{\nu-2} = \dfrac{p_1}{B_{\nu-1}} B_{\nu-2} \leqq p_1, \end{cases}$$

womit auch die Behauptung (B) bewiesen ist. Weiter ist $\xi_0 = \frac{A_{\nu-1}\xi_\nu + A_{\nu-2}}{B_{\nu-1}\xi_\nu + B_{\nu-2}}$, also

$$\eta_0 = \frac{p_0\xi_0 + r_0}{s_0} = \frac{(p_0 A_{\nu-1} + r_0 B_{\nu-1})\,\xi_\nu + (p_0 A_{\nu-2} + r_0 B_{\nu-2})}{s_0 (B_{\nu-1}\xi_\nu + B_{\nu-2})},$$

und mit Rücksicht auf die Formeln (1)

$$\eta_0 = \frac{C_{\mu-1} p_1 \xi_\nu + C_{\mu-1} r_1 + C_{\mu-2} s_1}{D_{\mu-1} p_1 \xi_\nu + D_{\mu-1} r_1 + D_{\mu-2} s_1},$$

oder schließlich

$$\eta_0 = \frac{C_{\mu-1}\eta_\mu + C_{\mu-2}}{D_{\mu-1}\eta_\mu + D_{\mu-2}} \quad \text{mit} \quad \eta_\mu = \frac{p_1\xi_\nu + r_1}{s_1},$$

eine Formel, die nach § 2, Fl. (17) mit der Behauptung (C) gleichbedeutend ist.

Satz 4. 2. *Wenn in Satz 4. 2 die Zahl b_0 durch eine modulo n kongruente Zahl $b_0 + ng$ ersetzt wird, während $b_1, b_2, \ldots, b_{\nu-1}$ unverändert bleiben, dann geht d_0 über in $d_0 + p_0^2 g$, während μ und $d_1, d_2, \ldots, d_{\mu-1}$ unverändert bleiben. Außerdem bleiben auch die Zahlen p_1, r_1, s_1 dieselben.*

Beweis. Bei Ersetzung von b_0 durch $b_0 + ng$ wird die Zahl

$$\frac{p_0\cdot[b_0, b_1, \ldots, b_{\nu-1}] + r_0}{s_0} = [d_0, d_1, \ldots, d_{\mu-1}]$$

um $\frac{p_0 ng}{s_0} = p_0^2 g$ vermehrt. Da das eine ganze Zahl ist, wird also d_0 um $p_0^2 g$ vermehrt, während $d_1, d_2, \ldots, d_{\mu-1}$ unverändert bleiben. Durch diese Änderungen gehen $B_{\nu-2}, B_{\nu-1}, D_{\mu-2}, D_{\mu-1}$ in sich über, weil ja die Näherungsnenner vom Anfangsglied nicht abhängen. Aber der Kettenbruch $[b_0, b_1, \ldots, b_{\nu-1}]$ wird um ng vermehrt, so daß der Zähler $A_{\nu-1}$ in $A_{\nu-1} + ngB_{\nu-1}$ übergeht. Daher bleibt p_1 als der größte gemeinsame Teiler von $p_0A_{\nu-1} + r_0B_{\nu-1}$ und $s_0B_{\nu-1}$, weil er, wie wir wissen, zugleich ein Teiler von n ist, unverändert, und wegen $p_1 s_1 = n$ bleibt dann auch s_1 unverändert. Schließlich ergibt sich r_1 aus der vierten der Gleichungen (1), in der aber jeder Term bereits als unverändert erkannt ist.

II. Unter den Voraussetzungen von Satz 4. 1 ist nach den dortigen Formeln (C) und (B)

$$\text{stets:} \quad \eta_\mu > \frac{r_1}{s_1} \geqq -1,$$

$$\text{für } b_\nu \geqq n \text{ sogar:} \quad \eta_\mu > \frac{p_1 n + r_1}{s_1} \geqq p_1^2 - 1 \geqq 0,$$

$$\text{für } b_\nu \geqq 2n \text{ sogar:} \quad \eta_\mu > \frac{2p_1 n + r_1}{s_1} \geqq 2p_1^2 - 1 \geqq 1.$$

Wenn $\eta_\mu > 1$ ist, also mindestens für $b_\nu \geqq 2n$, ist η_μ nach (C) der μ-te vollständige Quotient von η_0, so daß mit dem Kettenbruch für η_μ unmittelbar auch der für η_0 bekannt ist. Aber auch für $0 < \eta_\mu < 1$, also mindestens für $b_\nu \geqq n$, kann man dasselbe erreichen. Denn auf Grund der trivialen Identität $[b, 0, c, \zeta] = [b + c, \zeta]$ darf in jedem Kettenbruch $[d_0, d_1, d_2, \ldots]$ ein Zahlenkomplex $d_{\mu-1}, 0, d_{\mu+1}$ durch die eine Zahl $d_{\mu-1} + d_{\mu+1}$ ersetzt werden. Für $\eta_\mu = [0, e_1, e_2, \ldots]$ ist also

$$\eta_0 = [d_0, \ldots, d_{\mu-1}, 0, e_1, e_2, e_3, \ldots] = [d_0, \ldots, d_{\mu-2}, d_{\mu-1} + e_1, e_2, e_3, \ldots].$$

Schließlich kann auch, wenn $\eta_\mu < 0$, aber nach obigem natürlich $\eta_\mu > -1$ ist, dasselbe auf Grund der leicht zu verifizierenden Identität $[b, -1, c, \zeta] = [b-2, 1, c-2, \zeta]$ erreicht werden, wobei freilich, wenn nicht $b > 2$, $c > 2$ ist, nochmals eine ähnliche Transformation erforderlich wird. Auf die Aufzählung der verschiedenen dabei möglichen Fälle soll hier verzichtet werden, man vergleiche unten die Fußnote zum dritten Beispiel (S. 118).

Wir nehmen jetzt der Einfachheit halber an, daß in dem Kettenbruch für ξ_0 unendlich oft $b_\nu \geqq n$ ist, und teilen ihn in Abschnitte:

$$\xi_0 = [b_0, \ldots, b_{\nu_1-1} | b_{\nu_1}, \ldots, b_{\nu_2-1} | b_{\nu_2}, \ldots, b_{\nu_3-1} | b_{\nu_3}, \ldots], \tag{2}$$

wobei $b_{\nu_1} \geqq n$, $b_{\nu_2} \geqq n$, $b_{\nu_3} \geqq n$, ... sei. Dann läßt sich Satz 4. 1 auf jeden Abschnitt separat anwenden, wodurch sich folgende Formelkette ergibt:

$$(3_0)\quad \begin{cases} \eta_0 = \dfrac{p_0 \xi_0 + r_0}{s_0}, \quad \dfrac{p_0 [b_0, \ldots, b_{\nu_1-1}] + r_0}{s_0} = [d_0, \ldots, d_{\mu_1-1}], \\ \eta_0 = [d_0, \ldots, d_{\mu_1-1}, \eta_{\mu_1}], \quad \mu_1 \equiv \nu_1 \pmod 2; \end{cases}$$

$$(3_1)\quad \begin{cases} \eta_{\mu_1} = \dfrac{p_1 \xi_{\nu_1} + r_1}{s_1}, \quad \dfrac{p_1 [b_{\nu_1}, \ldots, b_{\nu_2-1}] + r_1}{s_1} = [d_{\mu_1}, \ldots, d_{\mu_2-1}], \\ \eta_{\mu_1} = [d_{\mu_1}, \ldots, d_{\mu_2-1}, \eta_{\mu_2}], \quad \mu_2 - \mu_1 \equiv \nu_2 - \nu_1 \pmod 2; \end{cases}$$

$$(3_2)\quad \begin{cases} \eta_{\mu_2} = \dfrac{p_2 \xi_{\nu_2} + r_2}{s_2}, \quad \dfrac{p_2 [b_{\nu_2}, \ldots, b_{\nu_3-1}] + r_2}{s_2} = [d_{\mu_2}, \ldots, d_{\mu_3-1}], \\ \eta_{\mu_2} = [d_{\mu_2}, \ldots, d_{\mu_3-1}, \eta_{\mu_3}], \quad \mu_3 - \mu_2 \equiv \nu_3 - \nu_2 \pmod 2; \end{cases}$$

— — — — — — — — — — — — — — — — — — .

Man erhält auf diese Art für η_0 einen Kettenbruch, der in entsprechende Abschnitte zerfällt:

$$\eta_0 = [d_0, \ldots, d_{\mu_1-1} | d_{\mu_1}, \ldots, d_{\mu_2-1} | d_{\mu_2}, \ldots, d_{\mu_3-1} | d_{\mu_3}, \ldots]. \tag{4}$$

Sind hier alle η_{μ_i} größer als 1, also alle d_{μ_i} größer als 0, so ist das bereits der regelmäßige Kettenbruch für η_0. Wenn aber einmal $d_{\mu_i} = 0$ ist, so ist gewiß $d_{\mu_i+1} \neq 0$ und man muß den Zahlenkomplex $d_{\mu_i-1}, 0, d_{\mu_i+1}$ durch die eine Zahl $d_{\mu_i-1} + d_{\mu_i+1}$ ersetzen.

Da nach Satz 4. 1, Formel (B) die Zahlen p_i, s_i Teiler von n sind und $-s_i \leqq r_i \leqq p_i$ (für $i \geqq 1$) ist, gibt es für die Zahlentripel p_i, r_i, s_i nur endlich viele Möglichkeiten. Es muß also ein und dasselbe Tripel unendlich oft kommen. Nun gilt der

Satz 4. 3. *Wenn für zwei verschiedene Indizes i und j einmal $p_j = p_i$, $r_j = r_i$, $s_j = s_i$ ist, wenn ferner die mit b_{ν_j} und b_{ν_i} beginnenden Abschnitte des Kettenbruches (2) gleich lang sind und sich höchstens in ihren Anfangsgliedern unterscheiden, die aber modulo n kongruent sein sollen, dann sind auch die entsprechenden Abschnitte des Kettenbruches (4) gleich lang und unterscheiden sich höchstens in den Anfangsgliedern, und zwar ist*

$$d_{\mu_j} = d_{\mu_i} + p_i^2 \frac{b_{\nu_j} - b_{\nu_i}}{n}.$$

Außerdem ist auch $p_{j+1} = p_{i+1}$, $r_{j+1} = r_{i+1}$, $s_{j+1} = s_{i+1}$.

Der Beweis ergibt sich unmittelbar aus Satz 4. 2, indem man ihn auf die beiden mit b_{ν_i} und b_{ν_j} beginnenden Abschnitte anwendet.

III. Wenn die Abschnitte des Kettenbruches für ξ_0 sich periodisch wiederholen, wobei aber die Anfangsglieder bei Wiederkehr einer Periode sich modulo n ändern dürfen, so wird, weil es für die Tripel p_i, r_i, s_i nur endlich viele Möglichkeiten gibt, sicher einmal eine Periode bei ihrer Wiederkehr mit demselben Tripel p_i, r_i, s_i zusammentreffen, worauf nach Satz 4. 3 auch die nächste Periode mit demselben Tripel $p_{i+1}, r_{i+1}, s_{i+1}$ wiederkehrt. Dadurch wird das ganze Verfahren periodisch, so daß man in endlich vielen Schritten den ganzen Kettenbruch für η_0 gewinnen kann. Wir geben hierzu drei Beispiele.

Erstes Beispiel. Gegeben der Kettenbruch

$$\xi_0 = [1 + 2g_0|1 + 2g_1|2g_2|2g_3|2g_4|\ldots]$$

oder in leicht verständlicher Abkürzung

$$\xi_0 = [1 + 2g_0,\ 1 + 2g_1,\ \overline{2g_\lambda}]_{\lambda=2}^{\infty}.$$

Gesucht der Kettenbruch für

$$\eta_0 = \frac{2\xi_0 - 1}{1}, \qquad \text{wo also } \begin{pmatrix} p_0 & r_0 \\ 0 & s_0 \end{pmatrix} = \begin{pmatrix} 2 & -1 \\ 0 & 1 \end{pmatrix}, \quad n = 2.$$

In der ersten Formel für ξ_0 sind bereits die einzelnen Abschnitte markiert, sie bestehen bloß aus einem Glied, ihrem Anfangsglied. Um sukzessive die p_i, r_i, s_i zu berechnen, darf man nach Satz 4. 2 und 4. 3 diese Anfangsglieder modulo 2 reduzieren. Es genügt also, die Rechnung für den Kettenbruch

$$\xi_0' = [1|1|0|0|0|\ldots]$$

durchzuführen[1]), worauf in dem entstehenden Kettenbruch η_0' die Anfangsglieder der einzelnen Abschnitte der Reihe nach um $p_0^2 g_0,\ p_1^2 g_1,\ p_2^2 g_2, \ldots$ zu vermehren sind.

Berechnung des ersten Abschnitts:

$$\frac{2\cdot[1] - 1}{1} = 1 = [1].$$

Der erste Abschnitt von η_0 besteht also nur aus dem Anfangsglied 1. Für den eingliedrigen Kettenbruch [1] ist

$$\begin{pmatrix} A_0 & A_{-1} \\ B_0 & B_{-1} \end{pmatrix} = \begin{pmatrix} 1 & 1 \\ 1 & 0 \end{pmatrix}, \qquad \begin{pmatrix} C_0 & C_{-1} \\ D_0 & D_{-1} \end{pmatrix} = \begin{pmatrix} 1 & 1 \\ 1 & 0 \end{pmatrix}.$$

Daher sind p_1, r_1, s_1 zu berechnen aus der Matrixgleichung

$$\begin{pmatrix} 2 & -1 \\ 0 & 1 \end{pmatrix}\begin{pmatrix} 1 & 1 \\ 1 & 0 \end{pmatrix} = \begin{pmatrix} 1 & 2 \\ 1 & 0 \end{pmatrix} = \begin{pmatrix} 1 & 1 \\ 1 & 0 \end{pmatrix}\begin{pmatrix} p_1 & r_1 \\ 0 & s_1 \end{pmatrix}.$$

---

[1]) Daß das kein regelmäßiger und überhaupt kein konvergenter Kettenbruch ist (die Näherungsbrüche sind abwechselnd gleich 1 und 2), schadet nicht. Es handelt sich nur um die formale Berechnung der einzelnen Abschnitte nach den im Vorausgehenden festgelegten Regeln.

Nachdem in der letzten Matrix die 0 bekannt ist und $p_1 s_1 = 2$ sein muß, findet man im Kopf rechnend

$$\begin{pmatrix} p_1 & r_1 \\ 0 & s_1 \end{pmatrix} = \begin{pmatrix} 1 & 0 \\ 0 & 2 \end{pmatrix}.$$

Berechnung des zweiten Abschnitts:

$$\frac{1\cdot[1]+0}{2} = \frac{1}{2} = [0, 1, 1]^{1)}.$$

Der zweite Abschnitt von η_0' ist daher: 0, 1, 1. Für den Kettenbruch [0, 1, 1] ist

$$\begin{pmatrix} C_2 & C_1 \\ D_2 & D_1 \end{pmatrix} = \begin{pmatrix} 1 & 1 \\ 2 & 1 \end{pmatrix}$$

und die Matrixgleichung für p_2, r_2, s_2 lautet

$$\begin{pmatrix} 1 & 0 \\ 0 & 2 \end{pmatrix}\begin{pmatrix} 1 & 1 \\ 1 & 0 \end{pmatrix} = \begin{pmatrix} 1 & 1 \\ 2 & 0 \end{pmatrix} = \begin{pmatrix} 1 & 1 \\ 2 & 1 \end{pmatrix}\begin{pmatrix} p_2 & r_2 \\ 0 & s_2 \end{pmatrix}, \quad \text{also} \quad \begin{pmatrix} p_2 & r_2 \\ 0 & s_2 \end{pmatrix} = \begin{pmatrix} 1 & -1 \\ 0 & 2 \end{pmatrix}.$$

Berechnung des dritten Abschnitts:

$$\frac{1\cdot[0]-1}{2} = -\frac{1}{2} = [-1, 1, 1].$$

Der dritte Abschnitt von η_0' ist daher: —1, 1, 1, und es gilt die Matrixgleichung

$$\begin{pmatrix} 1 & -1 \\ 0 & 2 \end{pmatrix}\begin{pmatrix} 0 & 1 \\ 1 & 0 \end{pmatrix} = \begin{pmatrix} -1 & 1 \\ 2 & 0 \end{pmatrix} = \begin{pmatrix} -1 & 0 \\ 2 & 1 \end{pmatrix}\begin{pmatrix} 1 & -1 \\ 0 & 2 \end{pmatrix}.$$

Somit ist

$$\begin{pmatrix} p_3 & r_3 \\ 0 & s_3 \end{pmatrix} = \begin{pmatrix} 1 & -1 \\ 0 & 2 \end{pmatrix} = \begin{pmatrix} p_2 & r_2 \\ 0 & s_2 \end{pmatrix}$$

und die Rechnung wiederholt sich von jetzt an periodisch. Man erhält:

$$\eta_0' = [1|0, 1, 1|-1, 1, 1|-1, 1, 1|\ldots],$$

also schließlich, weil $p_0 = 2$, für $i \geqq 1$ aber $p_i = 1$ war:

$$\begin{aligned} \eta_0 &= [1 + 4g_0|g_1, 1, 1|g_2 - 1, 1, 1|g_3 - 1, 1, 1|\ldots] \\ &= [1 + 4g_0, g_1, 1, 1, \overline{g_\lambda - 1, 1, 1}]_{\lambda=2}^{\infty}. \end{aligned}$$

Sind alle g_λ größer als 1, so ist das bereits der regelmäßige Kettenbruch. So oft aber $g_\lambda = 1$ ist, muß der auftretende Teilnenner 0 mit seinen beiden Nachbarn gestrichen und durch die Summe dieser Nachbarn ersetzt werden.

Zweites Beispiel. Gegeben der Kettenbruch

$$\xi_0 = [1 + 2g_0|2g_1|1 + 2g_2|1 + 2g_3|1 + 2g_4|\ldots] = [1 + 2g_0, 2g_1, \overline{1 + 2g_\lambda}]_{\lambda=2}^{\infty}.$$

Gesucht der Kettenbruch für

$$\eta_0 = \frac{2\xi_0 - 1}{1}, \qquad \text{wo also} \quad \begin{pmatrix} p_0 & r_0 \\ 0 & s_0 \end{pmatrix} = \begin{pmatrix} 2 & -1 \\ 0 & 1 \end{pmatrix}, \quad n = 2.$$

---

1) Nicht [0, 2], weil die Gliederzahl im Abschnitt von ξ_0' gleich 1, also ungerade ist und folglich im Abschnitt von η_0' ebenfalls ungerade sein muß (Satz 4.1).

Analog wie vorhin dürfen wir statt ξ_0 den Kettenbruch

$$\xi_0' = [1|0|1|1|1|\ldots]$$

betrachten und müssen dann in dem entstehenden Kettenbruch η_0' die Anfangsglieder der Abschnitte wieder um $p_0^2 g_0$, $p_1^2 g_1$, $p_2^2 g_2$, ... vermehren.

Die Berechnung beginnt wörtlich wie vorhin: Der erste Abschnitt von η_0' ist wieder: 1, und es ist auch wieder

$$\begin{pmatrix} p_1 & r_1 \\ 0 & s_1 \end{pmatrix} = \begin{pmatrix} 1 & 0 \\ 0 & 2 \end{pmatrix}.$$

Berechnung des zweiten Abschnitts:

$$\frac{1 \cdot [0] + 0}{2} = 0 = [0].$$

Der zweite Abschnitt von η_0' ist also: 0, und aus der Matrixgleichung

$$\begin{pmatrix} 1 & 0 \\ 0 & 2 \end{pmatrix}\begin{pmatrix} 0 & 1 \\ 1 & 0 \end{pmatrix} = \begin{pmatrix} 0 & 1 \\ 2 & 0 \end{pmatrix} = \begin{pmatrix} 0 & 1 \\ 1 & 0 \end{pmatrix}\begin{pmatrix} 2 & 0 \\ 0 & 1 \end{pmatrix} \quad \text{folgt:} \quad \begin{pmatrix} p_2 & r_2 \\ 0 & s_2 \end{pmatrix} = \begin{pmatrix} 2 & 0 \\ 0 & 1 \end{pmatrix}.$$

Berechnung des dritten Abschnitts:

$$\frac{2 \cdot [1] + 0}{1} = 2 = [2].$$

Der dritte Abschnitt von η_0' ist also: 2, und aus der Matrixgleichung

$$\begin{pmatrix} 2 & 0 \\ 0 & 1 \end{pmatrix}\begin{pmatrix} 1 & 1 \\ 1 & 0 \end{pmatrix} = \begin{pmatrix} 2 & 2 \\ 1 & 0 \end{pmatrix} = \begin{pmatrix} 2 & 1 \\ 1 & 0 \end{pmatrix}\begin{pmatrix} 1 & 0 \\ 0 & 2 \end{pmatrix} \quad \text{folgt:} \quad \begin{pmatrix} p_3 & r_3 \\ 0 & s_3 \end{pmatrix} = \begin{pmatrix} 1 & 0 \\ 0 & 2 \end{pmatrix}.$$

Berechnung des vierten Abschnitts:

$$\frac{1 \cdot [1] + 0}{2} = \frac{1}{2} = [0, 1, 1].$$

Der vierte Abschnitt von η_0' ist also: 0, 1, 1, und aus der Matrixgleichung

$$\begin{pmatrix} 1 & 0 \\ 0 & 2 \end{pmatrix}\begin{pmatrix} 1 & 1 \\ 1 & 0 \end{pmatrix} = \begin{pmatrix} 1 & 1 \\ 2 & 0 \end{pmatrix} = \begin{pmatrix} 1 & 1 \\ 2 & 1 \end{pmatrix}\begin{pmatrix} 1 & -1 \\ 0 & 2 \end{pmatrix} \quad \text{folgt:} \quad \begin{pmatrix} p_4 & r_4 \\ 0 & s_4 \end{pmatrix} = \begin{pmatrix} 1 & -1 \\ 0 & 2 \end{pmatrix}.$$

Berechnung des fünften Abschnitts:

$$\frac{1 \cdot [1] - 1}{2} = 0 = [0].$$

Der fünfte Abschnitt von η_0' ist also: 0, und aus der Matrixgleichung

$$\begin{pmatrix} 1 & -1 \\ 0 & 2 \end{pmatrix}\begin{pmatrix} 1 & 1 \\ 1 & 0 \end{pmatrix} = \begin{pmatrix} 0 & 1 \\ 2 & 0 \end{pmatrix} = \begin{pmatrix} 0 & 1 \\ 1 & 0 \end{pmatrix}\begin{pmatrix} 2 & 0 \\ 0 & 1 \end{pmatrix} \quad \text{folgt:} \quad \begin{pmatrix} p_5 & r_5 \\ 0 & s_5 \end{pmatrix} = \begin{pmatrix} 2 & 0 \\ 0 & 1 \end{pmatrix}.$$

Daher ist

$$\begin{pmatrix} p_5 & r_5 \\ 0 & s_5 \end{pmatrix} = \begin{pmatrix} p_2 & r_2 \\ 0 & s_2 \end{pmatrix},$$

und die Rechnung wiederholt sich von jetzt an periodisch. Man erhält:

$$\eta_0' = [1|0|2|0,\ 1,\ 1|0|2|0,\ 1,\ 1|0|2|0,\ 1,\ 1|\ldots].$$

Also schließlich, da $p_0 = 2$, $p_1 = 1$, $p_{2+3\lambda} = 2$, $p_{3+3\lambda} = 1$, $p_{4+3\lambda} = 1$ war,

$$\begin{aligned}\eta_0 &= [1 + 4g_0|g_1|2 + 4g_2|g_3, 1, 1|g_4|2 + 4g_5|g_6, 1, 1|g_7|2 + 4g_8|g_9, 1, 1|\ldots] \\ &= [1 + 4g_0, \overline{g_{1+3\lambda}, 2 + 4g_{2+3\lambda}, g_{3+3\lambda}, 1, 1}]_{\lambda=0}^{\infty}.\end{aligned}$$

Sollten einige $g_{1+3\lambda}$ oder $g_{3+3\lambda}$ gleich 0 sein, so ist der Kettenbruch auf die mehrfach erwähnte Art zu modifizieren.

Drittes Beispiel. Gegeben der Kettenbruch

$$\xi_0 = [1 + 6g_0, 2, 1|1 + 6g_1, 2, 1|\ldots] = [\overline{1 + 6g_\lambda, 2, 1}]_{\lambda=0}^{\infty}.$$

Gesucht der Kettenbruch für

$$\eta_0 = \frac{2\xi_0 - 1}{3}, \qquad \text{wo also} \quad \begin{pmatrix} p_0 & r_0 \\ 0 & s_0 \end{pmatrix} = \begin{pmatrix} 2 & -1 \\ 0 & 3 \end{pmatrix}, \quad n = 6.$$

Diesmal dürfen wir die Anfangsglieder modulo 6 reduzieren, also den Kettenbruch

$$\xi_0' = [1, 2, 1|1, 2, 1|1, 2, 1|\ldots]$$

zugrunde legen und müssen dann im entstehenden Kettenbruch η_0' die Anfangsglieder der Abschnitte wieder um $p_0^2 g_0$, $p_1^2 g_1$, $p_2^2 g_2$, ... vermehren.

Berechnung des ersten Abschnitts:

$$\frac{2 \cdot [1, 2, 1] - 1}{3} = \frac{5}{9} = [0, 1, 1, 3, 1].$$

Der erste Abschnitt von η_0' ist also: 0, 1, 1, 3, 1. Der letzte und vorletzte Näherungsbruch von [1, 2, 1] bzw. [0, 1, 1, 3, 1] sind

$$\frac{4}{3}, \frac{3}{2} \quad \text{bzw.} \quad \frac{5}{9}, \frac{4}{7},$$

und man hat die Matrixformel

$$\begin{pmatrix} 2 & -1 \\ 0 & 3 \end{pmatrix}\begin{pmatrix} 4 & 3 \\ 3 & 2 \end{pmatrix} = \begin{pmatrix} 5 & 4 \\ 9 & 6 \end{pmatrix} = \begin{pmatrix} 5 & 4 \\ 9 & 7 \end{pmatrix}\begin{pmatrix} 1 & -4 \\ 0 & 6 \end{pmatrix}, \qquad \text{also:} \quad \begin{pmatrix} p_1 & r_1 \\ 0 & s_1 \end{pmatrix} = \begin{pmatrix} 1 & -4 \\ 0 & 6 \end{pmatrix},$$

Berechnung des zweiten Abschnitts:

$$\frac{1 \cdot [1, 2, 1] - 4}{6} = -\frac{4}{9} = [-1, 1, 1, 3, 1].$$

Der zweite Abschnitt von η_0' ist also: —1, 1, 1, 3, 1, und aus der Matrixformel

$$\begin{pmatrix} 1 & -4 \\ 0 & 6 \end{pmatrix}\begin{pmatrix} 4 & 3 \\ 3 & 2 \end{pmatrix} = \begin{pmatrix} -8 & -5 \\ 18 & 12 \end{pmatrix} = \begin{pmatrix} -4 & -3 \\ 9 & 7 \end{pmatrix}\begin{pmatrix} 2 & -1 \\ 0 & 3 \end{pmatrix}$$

folgt:

$$\begin{pmatrix} p_2 & r_2 \\ 0 & s_2 \end{pmatrix} = \begin{pmatrix} 2 & -1 \\ 0 & 3 \end{pmatrix} = \begin{pmatrix} p_0 & r_0 \\ 0 & s_0 \end{pmatrix},$$

so daß sich die Rechnung jetzt bereits periodisch wiederholt. Es kommt

$$\eta_0' = [0, 1, 1, 3, 1|-1, 1, 1, 3, 1|0, 1, 1, 3, 1|-1, 1, 1, 3, 1|\ldots],$$

also schließlich, da $p_0 = 2$, $p_{1+2\lambda} = 1$, $p_{2+2\lambda} = 2$ war,

$$\eta_0 = [4g_0, 1, 1, 3, 1 | g_1 - 1, 1, 1, 3, 1 | 4g_2, 1, 1, 3, 1 | g_3 - 1, 1, 1, 3, 1 | \ldots]$$
$$= [\overline{4g_{2\lambda}, 1, 1, 3, 1, g_{1+2\lambda} - 1, 1, 1, 3, 1}]_{\lambda=0}^{\infty}.$$

Sollten einige $g_{2\lambda} = 0$ oder $g_{1+2\lambda} = 1$ sein, so ist wieder die mehrfach erwähnte Modifikation vorzunehmen, um die Nullen als Teilnenner zu beseitigen[1]).

§ 32. Definition der Hurwitzschen Kettenbrüche.

I. Unter einer arithmetischen Reihe m^{ter} Ordnung

$$\varphi(0), \varphi(1), \varphi(2), \varphi(3), \ldots$$

versteht man eine Folge, deren m^{te} Differenzenreihe

$$\Delta^m\varphi(0), \Delta^m\varphi(1), \Delta^m\varphi(2), \Delta^m\varphi(3), \ldots$$

die erste ist, welche lauter gleiche Glieder hat. Das allgemeine Glied einer derartigen Folge hat bekanntlich die Form

$$\varphi(\lambda) = \varphi(0) + \binom{\lambda}{1}\Delta\varphi(0) + \binom{\lambda}{2}\Delta^2\varphi(0) + \cdots + \binom{\lambda}{m}\Delta^m\varphi(0). \tag{1}$$

Eine Folge von lauter gleichen Gliedern ist speziell eine arithmetische Reihe nullter Ordnung. Sollen die Glieder einer arithmetischen Reihe lauter ganze Zahlen sein, so sind $\varphi(0), \Delta\varphi(0), \ldots, \Delta^m\varphi(0)$ ebenfalls ganze Zahlen, und man bekommt daher aus (1) für $\varphi(\lambda)$ den Ausdruck

$$\varphi(\lambda) = \frac{1}{m!} f(\lambda), \tag{2}$$

wo $f(\lambda)$ ein Polynom m^{ten} Grades mit ganzzahligen Koeffizienten bedeutet. Sollen die Glieder $\varphi(\lambda)$ außerdem sämtlich positiv sein, so muß der Koeffizient von λ^m in $f(\lambda)$ einen positiven Wert haben. Daraus folgt dann, daß die Glieder von einem gewissen Werte λ an beständig und daher ins Unendliche wachsen (abgesehen von dem Fall $m = 0$, wo sie konstant sind).

II. Wir beschäftigen uns jetzt mit regelmäßigen Kettenbrüchen, deren Teilnenner im einfachsten Fall von einer gewissen Stelle an eine arithmetische Reihe bilden. Ist die Reihe von der nullten Ordnung, so entsteht ein periodischer Kettenbruch, und zwar mit einer Periode von nur einem Glied. Um in ähnlicher Weise auch eine Verallgemeinerung der Kettenbrüche mit beliebiger Periode zu erhalten, brauchen wir uns nur zu denken, daß in dem Kettenbruch mehrere arithmetische Reihen ineinander geschachtelt sind.

---

1) Auch für $g_{1+2\lambda} = 0$ ist der gegebene Kettenbruch noch regelmäßig. Der konstruierte hat einen Teilnenner -1 und läßt sich mit Hilfe der leicht zu verifizierenden Formel

$$[a, 1, -1, 1, 1, b, \zeta] = [a - 1, b + 1, \zeta],$$

die für $a = b = 3$ anzuwenden ist, sofort in einen regelmäßigen verwandeln.

Es mögen etwa

$$(3)\qquad \begin{cases} \varphi_0(0), & \varphi_0(1), & \varphi_0(2), & \ldots \\ \varphi_1(0), & \varphi_1(1), & \varphi_1(2), & \ldots \\ \cdot\;\cdot\;\cdot & \cdot\;\cdot\;\cdot & \cdot\;\cdot\;\cdot & \\ \varphi_{k-1}(0), & \varphi_{k-1}(1), & \varphi_{k-1}(2), & \ldots \end{cases}$$

k arithmetische Reihen von irgend welchen Ordnungen sein. Dann ist der Kettenbruch

$$(4)\qquad [b_0, \ldots, b_{h-1}, \varphi_0(0), \varphi_1(0), \ldots, \varphi_{k-1}(0), \varphi_0(1), \varphi_1(1), \ldots, \varphi_{k-1}(1), \\ \varphi_0(2), \varphi_1(2), \ldots, \varphi_{k-1}(2), \ldots]$$

der allgemeinste von diesem Typus. Wir wollen derartige Kettenbrüche als Hurwitzsche Kettenbrüche benennen, weil *A. Hurwitz* **5** sie genauer untersucht hat. Wir bezeichnen den Kettenbruch (4) der Kürze halber durch das Symbol

$$(5)\qquad [b_0, b_1, \ldots, b_{h-1}, \overline{\varphi_0(\lambda), \varphi_1(\lambda), \ldots, \varphi_{k-1}(\lambda)}]_{\lambda=0}^{\infty}.$$

Sind die arithmetischen Reihen alle von der nullten Ordnung, so ist er periodisch.

Ebenso wie bei den periodischen kann man auch bei den allgemeinen Hurwitzschen Kettenbrüchen den Querstrich in dem Symbol (5) an einer beliebigen späteren Stelle beginnen lassen; denn der Kettenbruch (5) ist offenbar auch gleich

$$[b_0, b_1, \ldots, b_{h-1}, \varphi_0(0), \overline{\varphi_1(\lambda), \ldots, \varphi_{k-1}(\lambda), \varphi_0(\lambda+1)}]_{\lambda=0}^{\infty}.$$

Ferner kann man dem Kettenbruch (5) eine Form geben, in der an Stelle von k irgend ein Multiplum von k getreten ist, analog wie man bei einem periodischen Kettenbruch mehrere Perioden zu einer einzigen (imprimitiven) zusammenfassen kann. Zum Beispiel läßt er sich auch so darstellen:

$$[b_0, b_1, \ldots, b_{h-1}, \\ \overline{\varphi_0(3\lambda), \ldots, \varphi_{k-1}(3\lambda), \varphi_0(3\lambda+1), \ldots, \varphi_{k-1}(3\lambda+1), \varphi_0(3\lambda+2), \ldots, \varphi_{k-1}(3\lambda+2)}]_{\lambda=0}^{\infty},$$

wo sich der Querstrich nun über $3k$ Glieder erstreckt.

§ 33. Der Hurwitzsche Satz.

I. Man besitzt kein Mittel, den Wert jedes Hurwitzschen Kettenbruches in geschlossener Form anzugeben, wie dies bei den periodischen Kettenbrüchen der Fall war. Das wichtigste Theorem dieser Theorie ist vielmehr der folgende von *A. Hurwitz* **5** entdeckte

Satz 4. 4. *Wenn zwischen zwei irrationalen Zahlen ξ_0, η_0 die Relation besteht*

$$\eta_0 = \frac{p\xi_0 + r}{q\xi_0 + s},$$

wo p, q, r, s ganze rationale Zahlen sind, und wenn der regelmäßige Kettenbruch für die Zahl ξ_0 ein Hurwitzscher Kettenbruch ist, dann ist der für η_0 ebenfalls ein solcher[1]), *und zwar sind die Ordnungen der vorkommenden arithmetischen Reihen*

[1]) Moderne Sprachakrobaten würden natürlich zwitschern: Wenn der Kettenbruch für ξ_0 hurwitzsch ist, dann ist der für η_0 ebenfalls hurwitzsch.

bei η_0 die gleichen wie bei ξ_0, abgesehen allenfalls von der nullten Ordnung, welche im einen Kettenbruch vorkommen, im andern fehlen kann[1]).

Beim Beweis dieses Satzes können wir von dem Fall absehen, daß die in dem Kettenbruch für ξ_0 auftretenden arithmetischen Reihen sämtlich von der nullten Ordnung sind. Denn in diesem Fall ist der Kettenbruch periodisch, also ξ_0 eine quadratische Irrationalzahl. Folglich ist auch η_0 eine quadratische Irrationalzahl, also der zugehörige Kettenbruch wieder periodisch, womit für diesen Fall der Satz bewiesen ist.

Wir nehmen also jetzt an, daß mindestens eine arithmetische Reihe von höherer als nullter Ordnung vorkommt. Es genügt dann, den Satz für den Spezialfall $q = 0$, $p > 0$, $s > 0$ zu beweisen, weil daraus der allgemeine wie in § 31, I durch Übergang zu einer mit η_0 äquivalenten Zahl nach Satz 2.24, S. 55 hervorgeht. Sei also jetzt

(1) $$\eta_0 = \frac{p_0 \xi_0 + r_0}{s_0} \qquad (p_0 > 0,\ s_0 > 0,\ p_0 s_0 = n > 1)$$

und sei

(2) $$\xi_0 = [b_0, b_1, \ldots, b_{h-1}, \overline{\varphi_0(\lambda), \varphi_1(\lambda), \ldots, \varphi_{k-1}(\lambda)}]_{\lambda=0}^{\infty}.$$

Hier dürfen wir nun weiter annehmen, daß für alle λ die Kongruenzen

(3) $$\varphi_i(\lambda + 1) \equiv \varphi_i(\lambda) \pmod n \qquad (i = 0, 1, \ldots, k-1)$$

bestehen. Sollte das nämlich nicht von vornherein der Fall sein, so kann es dadurch erreicht werden, daß wir dem Kettenbruch (2) eine Form geben, in welcher die Zahl k durch ein geeignetes Multiplum ak ersetzt ist. Um das einzusehen, ist offenbar nur zu zeigen, daß bei geeigneter Wahl von a stets

$$\varphi_i(\lambda + a) \equiv \varphi_i(\lambda) \pmod n \qquad (i = 0, 1, \ldots, k-1)$$

wird. Nun ist aber, wenn m_i die Ordnung der Reihe $\varphi_i(\lambda)$ bedeutet, nach Formel (2) des vorigen Paragraphen:

$$\varphi_0(\lambda) = \frac{1}{m_0!} f_0(\lambda), \quad \varphi_1(\lambda) = \frac{1}{m_1!} f_1(\lambda), \quad \ldots, \quad \varphi_{k-1}(\lambda) = \frac{1}{m_{k-1}!} f_{k-1}(\lambda),$$

oder, indem man mit M den größten der Nenner $m_i!$ bezeichnet:

$$\varphi_i(\lambda) = \frac{1}{M} F_i(\lambda) \qquad (i = 0, 1, \ldots, k-1),$$

wo die $F_i(\lambda)$ Polynome mit ganzzahligen Koeffizienten sind. Wählt man daher $a = Mn$, so wird

$$F_i(\lambda + a) = F_i(\lambda + Mn) \equiv F_i(\lambda) \pmod{Mn};$$

---

[1]) Der Beweis wird zeigen, daß jeder im Kettenbruch für ξ_0 auftretenden arithmetischen Reihe nicht nullter Ordnung umkehrbar eindeutig eine von gleicher Ordnung im Kettenbruch für η_0 entspricht. Im Endresultat ist das oft verdeckt. So zeigt z.B. der Kettenbruch für e^2 (Formel (12) in § 34) drei Reihen erster Ordnung, der für $\frac{e^2+1}{e^2-1}$ (Formel (6) mit $m = 1$ in § 34) nur die eine 1, 3, 5, 7, ... Aber letztere kann als Ineinanderschachtelung der drei Reihen

1, 7, 13, 19, ..., 3, 9, 15, 21, ..., 5, 11, 17, 23, ...

angesehen werden, und jeder von diesen entspricht eine Reihe bei e^2.

also, indem man durch M dividiert,

$$\varphi_i(\lambda + a) \equiv \varphi_i(\lambda) \pmod{n}.$$

Die Zahl $a = Mn$ leistet somit das Gewünschte.

Wir denken uns daher jetzt den Kettenbruch (2) von vornherein so dargestellt, daß die Kongruenzen (3) erfüllt sind, eine Eigenschaft, die offenbar erhalten bleibt, wenn wir nachträglich eine Darstellung wählen, bei welcher nochmals k durch ein Multiplum von k ersetzt oder der Querstrich weiter nach rechts geschoben ist. Das behalten wir uns vor.

II. Bei der weiteren Behandlung unserer Aufgabe wird es nun notwendig, diejenigen arithmetischen Reihen, welche nicht nullter Ordnung sind, von den andern zu unterscheiden. Indem wir dann in dem Kettenbruch (2) den Querstrich bei einem Glied beginnen lassen, welches einer Reihe nicht nullter Ordnung angehört, können wir ihn so darstellen:

$$(4) \qquad \xi_0 = [b_0, \ldots, b_{\nu_1 - 1}, \overline{\psi_1(\lambda), b_{\nu_1+1}, \ldots, b_{\nu_2-1}, \psi_2(\lambda), b_{\nu_2+1}, \ldots, b_{\nu_3-1}, \ldots, \psi_g(\lambda), b_{\nu_g+1}, \ldots, b_{\nu_{g+1}-1}}]_{\lambda=0}^{\infty},$$

wo wir durch $\psi_1(\lambda), \psi_2(\lambda), \ldots, \psi_g(\lambda)$ diejenigen arithmetischen Reihen hervorgehoben haben, die nicht nullter Ordnung sind. Dabei ist wegen der Kongruenzen (3)

$$(5) \qquad \psi_i(\lambda + 1) \equiv \psi_i(\lambda) \pmod{n} \qquad (i = 1, 2, \ldots, g).$$

Natürlich können die arithmetischen Reihen nullter Ordnung auch alle oder zum Teil wegfallen; zum Beispiel kann etwa auf $\psi_1(\lambda)$ direkt $\psi_2(\lambda)$ folgen, in welchem Fall $\nu_2 = \nu_1 + 1$ zu setzen ist.

Die $\psi_i(\lambda)$ werden als Glieder von arithmetischen Reihen nicht nullter Ordnung mit λ ins Unendliche wachsen. Indem wir daher nötigenfalls den Querstrich nochmals bei einer passenden späteren Stelle beginnen lassen, dürfen wir den Index ν_1 so groß voraussetzen, daß

$$(6) \qquad \psi_i(\lambda) \geqq 2n \quad \begin{pmatrix} i = 1, 2, \ldots, g \\ \lambda = 0, 1, 2, \ldots \end{pmatrix}$$

ist. Wenn wir dann den Kettenbruch (4) in die Abschnitte teilen:

$$(7) \qquad \xi_0 = [b_0, \ldots, b_{\nu_1-1} | \psi_1(0), \ldots, b_{\nu_2-1} | \psi_2(0), \ldots, b_{\nu_3-1} | \ldots \\ | \psi_g(0), \ldots, b_{\nu_{g+1}-1} | \psi_1(1), \ldots, b_{\nu_2-1} | \ldots],$$

so können wir nach § 31, II den regelmäßigen Kettenbruch für die Zahl η_0 in gewisse zugeordnete Abschnitte teilen:

$$(8) \qquad \eta_0 = [d_0, \ldots, d_{\mu_1-1} | d_{\mu_1}, \ldots, d_{\mu_2-1} | d_{\mu_2}, \ldots, d_{\mu_3-1} | \ldots];$$

und zwar ist der dem Abschnitt

$$b_0, \ldots, b_{\nu_1-1} | \quad \text{bzw.} \quad | \psi_i(\lambda), b_{\nu_i+1}, \ldots, b_{\nu_{i+1}-1} |$$

von ξ_0 zugeordnete Abschnitt von η_0 der folgende:

$$d_0, \ldots, d_{\mu_1-1} | \quad \text{bzw.} \quad | d_{\mu_{i+\lambda g}}, d_{\mu_{i+\lambda g}+1}, \ldots, d_{\mu_{i+1+\lambda g}-1} |.$$

Nach den Formeln (3_0), (3_1), (3_2), ... des § 31, II besteht die Zuordnung darin, daß

$$(9) \qquad \mu_1 \equiv \nu_1, \quad \mu_{i+1+\lambda g} - \mu_{i+\lambda g} \equiv \nu_{i+1} - \nu_i \pmod{2}$$

ist, und daß die Gleichung statthat:

$$(10)\quad [d_{\mu_{i+\lambda g}}, d_{\mu_{i+\lambda g}+1}, \ldots, d_{\mu_{i+\lambda g+1}-1}] = \frac{p_{i+\lambda g}[\psi_i(\lambda), b_{\nu_i+1}, \ldots, b_{\nu_{i+1}-1}] + r_{i+\lambda g}}{s_{i+\lambda g}}$$

mit leicht ersichtlicher Modifikation für den jeweils **ersten** Abschnitt.

Betrachten wir nun die unendlich vielen Zahlentripel

$$p_{1+\lambda g}, \quad r_{1+\lambda g}, \quad s_{1+\lambda g} \qquad (\lambda = 0, 1, 2, \ldots),$$

so müssen unter diesen wieder gleiche sein (vgl. S. 113 unten). Indem wir den Querstrich bei dem Kettenbruch (4) nötigenfalls an einer späteren Stelle beginnen lassen, können wir voraussetzen, daß schon das Zahlentripel p_1, r_1, s_1 mehrmals vorkommt. Wir dürfen dann weiter annehmen, daß bereits

$$(11)\qquad p_1 = p_{1+g}, \quad r_1 = r_{1+g}, \quad s_1 = s_{1+g}$$

ist. Denn wenn etwa erst

$$p_1 = p_{1+ag}, \quad r_1 = r_{1+ag}, \quad s_1 = s_{1+ag}$$

sein sollte, so haben wir, um die Gleichungen (11) zu erzwingen, nur nötig, den Kettenbruch (4) in einer Form darzustellen, bei der die Anzahl k der überstrichenen Glieder durch das Multiplum ak ersetzt ist.

Wir zeigen jetzt, daß infolge von (11) überhaupt die Gleichungen

$$(12)\qquad p_j = p_{j+g}, \quad r_j = r_{j+g}, \quad s_j = s_{j+g} \qquad (j = 1, 2, 3, \ldots)$$

bestehen. In der Tat ist dies nach (11) gewiß für $j = 1$ richtig. Nimmt man aber an, die Gleichungen seien für einen bestimmten Wert von j erfüllt, so setze man j in die Form

$$(13)\qquad j = i + \lambda g,$$

wo i der kleinste positive Rest von j modulo g ist. Die den Zahlen links bzw. rechts in (12) entsprechenden Abschnitte des Kettenbruches (7) sind dann

$$|\psi_i(\lambda), b_{\nu_i+1}, \ldots, b_{\nu_{i+1}-1}| \quad \text{bzw.} \quad |\psi_i(\lambda+1), b_{\nu_i+1}, \ldots, b_{\nu_{i+1}-1}|;$$

sie unterscheiden sich also bloß im ersten Glied, und zwar wegen (5) um ein Multiplum von n. Nach Satz 4. 3 ist daher infolge von (12) auch

$$p_{j+1} = p_{j+g+1}, \quad r_{j+1} = r_{j+g+1}, \quad s_{j+1} = s_{j+g+1}.$$

Die Gleichungen (12) gelten also auch für den nächsthöheren Index j und sind daher allgemein richtig.

Infolgedessen ist aber auch

$$p_j = p_i, \quad r_j = r_i, \quad s_j = s_i,$$

wenn wieder $j = i + \lambda g$ ist. Die hierzu gehörigen Abschnitte von ξ_0

$$|\psi_i(\lambda), b_{\nu_i+1}, \ldots, b_{\nu_{i+1}-1}| \quad \text{und} \quad |\psi_i(0), b_{\nu_i+1}, \ldots, b_{\nu_{i+1}-1}|$$

unterscheiden sich nur im ersten Glied, und zwar offenbar wieder nur um ein Multiplum von n. Nach Satz 4. 3 sind die zugeordneten Abschnitte von η_0

$$|d_{\mu_j}, d_{\mu_j+1}, \ldots, d_{\mu_{j+1}-1}| \quad \text{und} \quad |d_{\mu_i}, d_{\mu_i+1}, \ldots, d_{\mu_{i+1}-1}|$$

gleich lang und unterscheiden sich nur im ersten Glied, und zwar ist

$$d_{\mu_j} = d_{\mu_i} + p_i^2 \frac{\psi_i(\lambda) - \psi_i(0)}{n}.$$

Setzt man daher

(14) $$d_{\mu_i} + p_i^2 \frac{\psi_i(\lambda) - \psi_i(0)}{n} = \chi_i(\lambda) \qquad (i = 1, 2, \ldots, g),$$

so ist

$$\left.\begin{array}{c} d_{\mu_j} = \chi_i(\lambda) \\ d_{\mu_j+1} = d_{\mu_i+1},\, d_{\mu_j+2} = d_{\mu_i+2},\, \ldots,\, d_{\mu_{j+1}-1} = d_{\mu_{i+1}-1} \end{array}\right\} \text{für } j = i + \lambda g.$$

Folglich bekommt der Kettenbruch (8) das Aussehen

(15) $$\eta_0 = [d_0, \ldots, d_{\mu_1-1}, \overline{\chi_1(\lambda), d_{\mu_1+1}, \ldots, d_{\mu_2-1}, \chi_2(\lambda), d_{\mu_2+1}, \ldots, d_{\mu_3-1}, \ldots, \chi_g(\lambda), d_{\mu_g+1}, \ldots, d_{\mu_{g+1}-1}}]_{\lambda=0}^{\infty}.$$

Da die Folge

$$\chi_i(0),\ \chi_i(1),\ \chi_i(2),\ \chi_i(3), \ldots$$

offenbar eine arithmetische Reihe bildet von der gleichen Ordnung wie

$$\psi_i(0),\ \psi_i(1),\ \psi_i(2),\ \psi_i(3), \ldots,$$

so ist damit der Hurwitzsche Satz vollständig bewiesen.

§ 34. Die regelmäßigen Kettenbrüche für die Zahlen e und e^2 und deren m-te Wurzeln.

I. Setzt man für $\nu = 0, 1, 2, \ldots$

(1) $$\Psi_\nu = \sum_{\mu=0}^{\infty} \frac{2\nu + 2\mu + 1}{1 \cdot 3 \cdots (2\nu + 2\mu + 1)} \cdot \frac{2\mu + 2}{2 \cdot 4 \cdots (2\mu + 2)} \cdot \frac{1}{m^{2\mu}},$$

so daß nach elementaren Formeln insbesondere

(2) $$\Psi_0 = \frac{1}{2}\left(e^{\frac{1}{m}} + e^{-\frac{1}{m}}\right), \qquad \Psi_1 = \frac{m}{2}\left(e^{\frac{1}{m}} - e^{-\frac{1}{m}}\right)$$

ist, wo e die Basis der natürlichen Logarithmen bedeutet, so verifiziert man leicht die Rekursionsformel

(3) $$m^2 \Psi_\nu = (2\nu + 1) m^2 \Psi_{\nu+1} + \Psi_{\nu+2} \qquad (\nu = 0, 1, 2, \ldots).$$

Man braucht nur links und rechts die Reihen einzusetzen und gleiche Potenzen von m zusammenzufassen. Setzt man jetzt

(4) $$\frac{m \Psi_\nu}{\Psi_{\nu+1}} = \omega_\nu \qquad (\nu = 0, 1, 2, \ldots),$$

so geht die Formel (3) nach Division durch $m \Psi_{\nu+1}$ über in:

(5) $$\omega_\nu = (2\nu + 1)\, m + \frac{1}{\omega_{\nu+1}} \qquad (\nu = 0, 1, 2, \ldots).$$

Ist m eine positive ganze Zahl, so sind auch die Ψ_ν und ω_ν positiv, und dann ist nach (5) sogar $\omega_\nu > 1$. Aus (5) folgt daher sofort, daß

$$\omega_0 = m + \frac{1|}{|3m} + \frac{1|}{|5m} + \cdots$$

ist und daß die ω_ν die vollständigen Quotienten dieses regelmäßigen Kettenbruches sind. Mit Rücksicht auf (4) für $\nu = 0$ und (2) ist also[1])

$$(6) \qquad \omega_0 = \frac{e^{\frac{1}{m}} + e^{-\frac{1}{m}}}{e^{\frac{1}{m}} - e^{-\frac{1}{m}}} = m + \frac{1|}{|3m} + \frac{1|}{|5m} + \cdots = [m, 3m, 5m, \cdots].$$

Das ist nun ein Hurwitzscher Kettenbruch, und nach Satz 4.4 muß auch jede Zahl der Form $\frac{p\omega_0 + r}{q\omega_0 + s}$, also insbesondere die Zahl $\frac{\omega_0 + 1}{\omega_0 - 1} = e^{\frac{2}{m}}$ einen Hurwitzschen Kettenbruch liefern. Um diesen zu finden, setzen wir

$$(7) \qquad \frac{1}{2}\left(e^{\frac{2}{m}} + 1\right) = \xi_0, \quad e^{\frac{2}{m}} = \eta_0 .$$

Dann ist zunächst $\xi_0 = 1 + \frac{1}{\omega_0 - 1}$, also nach (6)

$$(8) \qquad \xi_0 = 1 + \frac{1}{[m-1, 3m, 5m, 7m, \ldots]} = [1, m-1, 3m, 5m, 7m, \ldots];$$

ferner $\eta_0 = \frac{2\xi_0 - 1}{1}$. Das Resultat wird verschieden ausfallen, je nachdem m gerade oder ungerade ist.

Für gerades $m = 2q$ ergibt es sich sofort aus dem ersten Beispiel des § 31, III, wenn man dort

$$g_0 = 0, \quad g_1 = q - 1, \quad g_\lambda = (2\lambda - 1)q \quad \text{für } \lambda \geqq 2$$

setzt. Man erhält:

$$(9) \qquad \begin{aligned} \sqrt[q]{e} = e^{\frac{1}{q}} &= [1, q-1, 1, 1, \overline{(2\lambda - 1)q - 1, 1, 1}]_{\lambda=2}^{\infty} \\ &= [\overline{1, (2\lambda - 1)q - 1, 1}]_{\lambda=1}^{\infty}, \end{aligned}$$

oder in extenso geschrieben:

$$(9') \qquad \sqrt[q]{e} = [1, q-1, 1, 1, 3q-1, 1, 1, 5q-1, 1, 1, 7q-1, 1, 1, \ldots].$$

Speziell für $q = 1$ folgt daraus:

$$(10) \qquad e = [1, 0, 1, \overline{1, 2\lambda, 1}]_{\lambda=1}^{\infty} = [2, \overline{1, 2\lambda, 1}]_{\lambda=1}^{\infty},$$

oder in extenso geschrieben:

$$(10') \qquad e = [2, 1, 2, 1, 1, 4, 1, 1, 6, 1, 1, 8, 1, 1, 10, 1, 1, 12, \ldots].$$

Für ungerades $m = 2q + 1$ ergibt sich das Resultat aus dem zweiten Beispiel des § 31, III, wenn man dort

---

[1]) In einem allgemeineren Rahmen wird die Formel (6) in Band II auftreten, woselbst Literatur (Lambert).

$$g_0 = 0, \quad g_\lambda = (2\lambda - 1)q + \lambda - 1 \quad \text{für} \quad \lambda \geqq 1$$

setzt. Man erhält:

$$\text{(11)} \quad e^{\frac{2}{2q+1}} = [1, \overline{(1+6\lambda)q + 3\lambda, (12+24\lambda)q + 6 + 12\lambda, (5+6\lambda)q + 2 + 3\lambda, 1, 1}]_{\lambda=0}^{\infty}$$
$$= [\overline{1, (1+6\lambda)q + 3\lambda, (12+24\lambda)q + 6 + 12\lambda, (5+6\lambda)q + 2 + 3\lambda, 1}]_{\lambda=0}^{\infty}.$$

Speziell für $q = 0$ kommt:

$$e^2 = [\overline{1, 3\lambda, 6 + 12\lambda, 2 + 3\lambda, 1}]_{\lambda=0}^{\infty}$$
$$= [1, 0, 6, \overline{2 + 3\lambda, 1, 1, 3 + 3\lambda, 18 + 12\lambda}]_{\lambda=0}^{\infty},$$

also schließlich

$$\text{(12)} \qquad e^2 = [7, \overline{2 + 3\lambda, 1, 1, 3 + 3\lambda, 18 + 12\lambda}]_{\lambda=0}^{\infty};$$

oder in extenso geschrieben:

$$\text{(12')} \quad e^2 = [7, 2, 1, 1, 3, 18, 5, 1, 1, 6, 30, 8, 1, 1, 9, 42, 11, 1, 1, 12, 54, 14, 1, 1,$$
$$15, 66, 17, 1, 1, 18, 78, \ldots].$$

Die Formel (10) und sogar die allgemeinere (9) wurde schon von *Euler* 2 zunächst durch Induktion gefunden und dann auf Grund von (6) auch wirklich bewiesen. Die Formel (12) wurde ein Jahr vor A. Hurwitz bereits durch *Sundman* 1 gefunden; noch früher aber kannte Stieltjes bereits die Kettenbrüche (12) und (11), doch hat er sie lediglich Hermite mitgeteilt und nicht weiter publiziert (*Stieltjes* 1). Diese Autoren bedienen sich einer von der Hurwitzschen völlig verschiedenen Methode (ähnlich auch *A. Hurwitz* 4), die wir jetzt wenigstens für die Eulerschen Kettenbrüche (10) und (9) noch kennen lernen wollen.

II. Sind A_ν, B_ν die Näherungszähler und -nenner des Kettenbruches

$$[g_0, b_1, b_2, \ldots, b_{k-1}, g_1, b_1, b_2, \ldots, b_{k-1}, g_2, b_1, b_2, \ldots, b_{k-1}, \ldots]$$

oder kürzer geschrieben

$$[\overline{g_\lambda, b_1, b_2, \ldots, b_{k-1}}]_{\lambda=0}^{\infty},$$

so gilt, wenn $k - 1$ eine gerade Zahl ist, die allgemeine Formel:

$$\text{(13)} \quad [\overline{g_\lambda, b_1, b_2, \ldots, b_{k-1}}]_{\lambda=0}^{\infty} + \frac{B_{k-2}}{B_{k-1}} = \frac{1}{B_{k-1}} [\overline{g_\lambda B_{k-1} + B_{k-2} + B_{k-2,1}}]_{\lambda=0}^{\infty},$$

welche, wenn die Zahlen g_0, g_1, g_2, ..., eine arithmetische Reihe bilden, eine Beziehung zwischen zwei speziellen Hurwitzschen Kettenbrüchen darstellt. Das ist also eine fertige Formel, welche den Übergang vom einen zum andern Kettenbruch ohne Zwischenrechnung vermittelt. Wir werden die Gleichung (13) in Band II beweisen (Kontraktion); hier sei nur für den Fall $k = 3$, den wir im folgenden allein gebrauchen werden, ein kurzer Beweis mitgeteilt. Für $k = 3$ besagt die Formel (13):

$$\text{(14)} \quad \begin{cases} [g_0, b_1, b_2, g_1, b_1, b_2, g_2, b_1, b_2, g_3, b_1, b_2, \ldots] + \dfrac{b_1}{b_1 b_2 + 1} \\ = \dfrac{1}{b_1 b_2 + 1} [g_0(b_1 b_2 + 1) + b_1 + b_2, \; g_1(b_1 b_2 + 1) + b_1 + b_2, \\ \qquad g_2(b_1 b_2 + 1) + b_1 + b_2, \ldots]. \end{cases}$$

Zum Beweis dieser Formel seien C_ν, D_ν die Näherungszähler und -nenner des auf der rechten Seite stehenden Kettenbruches; dann gelten die Rekursionsformeln

$$C_{-1}=1,\ C_0=g_0(b_1b_2+1)+b_1+b_2,\ C_\nu=[g_\nu(b_1b_2+1)+b_1+b_2]\,C_{\nu-1}+C_{\nu-2},$$
$$D_{-1}=0,\ D_0=1,\qquad D_\nu=[g_\nu(b_1b_2+1)+b_1+b_2]\,D_{\nu-1}+D_{\nu-2}.$$

Für die Näherungszähler des links stehenden Kettenbruches ist dagegen

$$\begin{array}{ll|l} A_{3\nu-2} &= b_1A_{3\nu-3}+A_{3\nu-4} & 1 \\ A_{3\nu-1} &= b_2A_{3\nu-2}+A_{3\nu-3} & -b_1 \\ A_{3\nu} &= g_\nu A_{3\nu-1}+A_{3\nu-2} & b_1b_2+1 \\ A_{3\nu+1} &= b_1A_{3\nu}\ \ +A_{3\nu-1} & b_2 \\ A_{3\nu+2} &= b_2A_{3\nu+1}+A_{3\nu} & 1. \end{array}$$

Addiert man diese Gleichungen, nachdem man sie der Reihe nach mit den beigeschriebenen Faktoren multipliziert hat, so kommt

$$A_{3\nu+2}=[g_\nu(b_1b_2+1)+b_1+b_2]A_{3\nu-1}+A_{3\nu-4},$$

und ebenso erhält man auch für die Näherungsnenner

$$B_{3\nu+2}=[g_\nu(b_1b_2+1)+b_1+b_2]B_{3\nu-1}+B_{3\nu-4}.$$

Daher genügen die $A_{3\nu+2}$ und $B_{3\nu+2}$ genau der gleichen Rekursionsformel wie die C_ν und D_ν. Es ist außerdem

$$A_{-1}=1,\quad A_2=g_0(b_1b_2+1)+b_2,$$
$$B_{-1}=0,\quad B_2=b_1b_2+1,$$

so daß gewiß für $\nu=-1$ und $\nu=0$ die Gleichungen bestehen:

$$A_{3\nu+2}=C_\nu-b_1D_\nu,$$
$$B_{3\nu+2}=(b_1b_2+1)D_\nu.$$

Wegen der Rekursionsformeln gelten diese dann allgemein (Beweis sofort durch Schluß von ν auf $\nu+1$). Durch Division ergibt sich

$$\frac{A_{3\nu+2}}{B_{3\nu+2}}=\frac{1}{b_1b_2+1}\,\frac{C_\nu}{D_\nu}-\frac{b_1}{b_1b_2+1},$$

woraus für $\nu\to\infty$ die zu beweisende Gleichung (14) hervorgeht.

Wir wählen jetzt speziell

$$g_\lambda=q(1+2\lambda)-1,\quad b_1=1,\quad b_2=1.$$

Alsdann geht die Formel (14) über in

$$[q-1,1,1,3q-1,1,1,5q-1,1,1,7q-1,1,1,\ldots]+\frac{1}{2}$$
$$=\frac{1}{2}[2q,6q,10q,14q,\ldots]=\frac{1}{2}\,\frac{\sqrt[q]{e}+1}{\sqrt[q]{e}-1}\ \text{(nach (6) für } m=2q).$$

Daher ist

$$(15)\qquad [q-1,1,1,3q-1,1,1,5q-1,1,1,\ldots]=\frac{1}{2}\,\frac{\sqrt[q]{e}+1}{\sqrt[q]{e}-1}-\frac{1}{2}=\frac{1}{\sqrt[q]{e}-1},$$

woraus durch Übergang zum reziproken Wert sogleich die Formel (9′) folgt, die damit zum zweitenmal bewiesen ist.

§ 35. Liouvillesche Zahlen.

I. Die für e und e^2 gefundenen Kettenbrüche zeigen, daß diese Zahlen irrational und nicht Wurzel einer quadratischen Gleichung mit rationalen Koeffizienten sind. Denn sonst müßten die Kettenbrüche endlich, bzw. periodisch sein, was nicht der Fall ist. Nun hat bekanntlich Hermite bewiesen, daß die Zahl e transzendent ist, das heißt, daß sie überhaupt gar keiner algebraischen Gleichung mit rationalen Koeffizienten genügt. Es liegt die Frage nahe, ob man diesen Charakter der Zahl e auch aus ihrer Kettenbruchentwicklung erkennen kann. Leider ist das bis heute nicht möglich. Zwar hat *A. Hurwitz* 5 auf diesem Wege noch bewiesen, daß e auch nicht Wurzel einer kubischen Gleichung ist, worauf wir indes nicht näher eingehen; doch ist dies das äußerste, was heute erreicht ist.

Trotz dieses negativen Ergebnisses gibt es aber doch umfangreiche Klassen von regelmäßigen Kettenbrüchen, welche ohne weiteres erkennen lassen, daß die durch sie dargestellten Zahlen keiner algebraischen Gleichung von gegebenem Grad, oder auch überhaupt keiner algebraischen Gleichung genügen, also transzendent sind. Die wichtigsten in dieser Richtung vorliegenden Resultate stellen wir in diesem und dem folgenden Paragraphen zusammen.

Wir stützen uns dabei auf den folgenden Satz:

Hilfssatz 1. *Ist ξ_0 Wurzel einer im Körper der rationalen Zahlen irreduzibeln algebraischen Gleichung n^{ten} Grades ($n > 1$), so gibt es eine positive Zahl δ derart, daß für alle ganzen Zahlen P, $Q > 0$, die Ungleichung besteht:*

$$\left|\frac{P}{Q}-\xi_0\right| > \frac{\delta}{Q^n}. \qquad \text{(Liouville 1.)}$$

Beweis. Wenn $\left|\frac{P}{Q}-\xi_0\right| > 1$, so ist die behauptete Ungleichung schon mit $\delta = 1$ erfüllt. Folglich brauchen wir die Existenz eines von P, Q unabhängigen δ nur noch mit Beschränkung auf solche P, Q zu beweisen, bei welchen

$$\left|\frac{P}{Q}-\xi_0\right| \leqq 1 \tag{1}$$

ist. Sei dann

$$f(x) \equiv c_0 x^n + c_1 x^{n-1} + \cdots + c_{n-1}x + c_n = 0 \qquad (c_i \text{ ganz}) \tag{2}$$

die Gleichung, welcher ξ_0 genügt. Da sie irreduzibel sein soll, so hat sie auch keine rationale Wurzel $\frac{P}{Q}$; also ist $f\left(\frac{P}{Q}\right) \neq 0$, und folglich

$$\left|f\left(\frac{P}{Q}\right)\right| = \frac{|c_0P^n + c_1P^{n-1}Q + \cdots + c_{n-1}PQ^{n-1} + c_nQ^n|}{Q^n} \geqq \frac{1}{Q^n}, \tag{3}$$

weil ja der Zähler als positive ganze Zahl mindestens gleich 1 ist. Anderseits ist $f(\xi_0) = 0$, und daher nach dem Mittelwertsatz der Differentialrechnung:

$$f\left(\frac{P}{Q}\right) = f\left(\frac{P}{Q}\right) - f(\xi_0) = \left(\frac{P}{Q}-\xi_0\right) f'(\gamma),$$

wo γ eine passende Zahl zwischen $\frac{P}{Q}$ und ξ_0 bedeutet.

Setzt man das in (3) ein, so kommt

$$\left|\left(\frac{P}{Q}-\xi_0\right)f'(\gamma)\right| \geqq \frac{1}{Q^n}. \tag{4}$$

Nun folgt durch Differentiation von (2):

$$f'(x) = n c_0 x^{n-1} + (n-1) c_1 x^{n-2} + \cdots + c_{n-1},$$

also

$$|f'(\gamma)| \leqq n|c_0\gamma^{n-1}| + (n-1)|c_1\gamma^{n-2}| + \cdots + |c_{n-1}|. \tag{5}$$

Da aber γ zwischen ξ_0 und $\frac{P}{Q}$ liegt, so ist wegen (1) gewiß $|\gamma| < |\xi_0| + 1$, so daß nach (5) auch $|f'(\gamma)|$ unter einer von P, Q unabhängigen Schranke bleibt; etwa $|f'(\gamma)| < \frac{1}{\delta}$. Mit Rücksicht auf (4) ist dann aber

$$\left|\frac{P}{Q}-\xi_0\right| > \frac{\delta}{Q^n}. \quad \text{W. z. b. w.}$$

Aus Hilfssatz 1 folgt nun leicht

Satz 4. 5. *Der regelmäßige Kettenbruch $[b_0, b_1, b_2, \ldots]$ mit dem Näherungsnenner ν^{ter} Ordnung B_ν kann nur dann eine Wurzel einer irreduzibeln algebraischen Gleichung n^{ten} Grades mit rationalen Koeffizienten darstellen, wenn die Zahlen $\frac{b_{\nu+1}}{B_\nu^{n-2}}$ unter einer von ν unabhängigen Schranke bleiben. (Liouville 1.)*

In der Tat ist nach dem Näherungsgesetz (Satz 2. 10, S. 37)

$$\left|\frac{A_\nu}{B_\nu}-\xi_0\right| < \frac{1}{B_\nu B_{\nu+1}} \leqq \frac{1}{b_{\nu+1} B_\nu^2}.$$

Wenn sich nun zu jedem beliebig großen C ein Index ν finden ließe, für den $\frac{b_{\nu+1}}{B_\nu^{n-2}} > C$ wäre, so würde daraus folgen:

$$\left|\frac{A_\nu}{B_\nu}-\xi_0\right| < \frac{1}{C B_\nu^n},$$

und das widerspricht dem Hilfssatz 1, sobald $C > \frac{1}{\delta}$ gewählt wird.

Die Bedingung von Satz 4. 5 ist weit davon entfernt, hinreichend zu sein. Sie liefert z. B. für die quadratischen Irrationalzahlen nur den Satz, daß die Teilnenner unter einer endlichen Schranke bleiben; aber aus dem dritten Kapitel wissen wir, daß das nicht genügt, daß vielmehr noch die Periodizität erforderlich ist. Für $n > 2$ läßt sich übrigens der Satz (ebenso wie Hilfssatz 1) nach neueren mit *Thue* 1 und *Siegel* 1 beginnenden Untersuchungen noch bedeutend verschärfen. Doch würde uns ein näheres Eingehen darauf zu weit von unserem Hauptgegenstand entfernen, so daß wir uns mit diesem Hinweis begnügen.

II. Wie definieren jetzt nach Maillet:

Definition. *Eine Zahl $\xi_0 = [b_0, b_1, b_2, \ldots]$ mit den Näherungsbrüchen $\frac{A_\nu}{B_\nu}$ heißt eine Liouvillesche Zahl, wenn zu jedem noch so großen n ein Index ν gefunden werden kann, für welchen $b_{\nu+1} > B_\nu^n$ ist.*

Es gibt dann, da n beliebig groß sein darf, zu jedem n sogar unendlich viele solche Indizes ν, also insbesondere auch beliebig große.

Aus Satz 4. 5 folgt nun sogleich

Satz 4. 6. *Eine Liouvillesche Zahl ist transzendent.*

Würde sie nämlich einer Gleichung n^{ten} Grades genügen, so würde für alle ν die Ungleichung gelten: $b_{\nu+1} < C B_\nu^{n-2}$ (Satz 4. 5), was aber mit $b_{\nu+1} > B_\nu^n$ für große ν nicht verträglich ist.

Der Satz 4. 6 stammt ebenfalls von *Liouville* **1**, der dadurch zum ersten Mal die Existenz transzendenter Zahlen nachgewiesen hat. Denn die wirkliche Herstellung von Kettenbrüchen, welche nach obiger Definition Liouvillesche Zahlen sind, unterliegt ja nicht der geringsten Schwierigkeit. Man braucht nur etwa $b_{\nu+1} > B_\nu^\nu$ zu wählen.

Satz 4. 7. *Wenn zwischen zwei irrationalen Zahlen ξ_0, η_0 die Relation*

$$\eta_0 = \frac{p\xi_0 + r}{q\xi_0 + s}$$

besteht, wo p, q, r, s ganze Zahlen sind, und wenn ξ_0 eine Liouvillesche Zahl ist, dann ist η_0 ebenfalls eine solche. (Maillet **1**.*)*

Beim Beweis können wir $q\xi_0 + s$ als positiv voraussetzen, indem wir andernfalls die Vorzeichen von p, q, r, s ändern würden. Dann ist für genügend große ν auch $q\frac{A_\nu}{B_\nu} + s > 0$, also $qA_\nu + sB_\nu > 0$, und zwar wird $qA_\nu + sB_\nu$ mit ν beliebig groß. Nun sei n eine beliebig große, aber festgewählte ganze Zahl. Dann gilt, da ξ_0 eine Liouvillesche Zahl ist, für gewisse beliebig groß wählbare ν die Ungleichung $b_{\nu+1} > B_\nu^n$; also ist nach dem Näherungsgesetz

$$|\xi_0 B_\nu - A_\nu| < \frac{1}{B_{\nu+1}} < \frac{1}{b_{\nu+1} B_\nu} < \frac{1}{B_\nu^{n+1}}.$$

Daher auch
$$\left|\eta_0 - \frac{pA_\nu + rB_\nu}{qA_\nu + sB_\nu}\right| = \left|\frac{p\xi_0 + r}{q\xi_0 + s} - \frac{pA_\nu + rB_\nu}{qA_\nu + sB_\nu}\right|$$

$$= \frac{|ps - qr| \cdot |\xi_0 B_\nu - A_\nu|}{(q\xi_0 + s)(qA_\nu + sB_\nu)} < \frac{|ps - qr|}{q\xi_0 + s} \cdot \frac{1}{B_\nu^{n+1}(qA_\nu + sB_\nu)}$$

$$= \frac{|ps - qr|}{q\xi_0 + s}\left(q\frac{A_\nu}{B_\nu} + s\right)^{n+1} \frac{1}{(qA_\nu + sB_\nu)^{n+2}}.$$

Nun bleibt aber der Ausdruck

$$\frac{|ps - qr|}{q\xi_0 + s}\left(q\frac{A_\nu}{B_\nu} + s\right)^{n+1}$$

offenbar unter einer von ν unabhängigen Schranke G. Daher geht die vorige Ungleichung über in

$$\left|\eta_0 - \frac{pA_\nu + rB_\nu}{qA_\nu + sB_\nu}\right| < \frac{G}{(qA_\nu + sB_\nu)^{n+2}} < \frac{1}{2(qA_\nu + sB_\nu)^2}, \tag{6}$$

da ja n positiv ist und $qA_\nu + sB_\nu$ beliebig groß, also größer als $2G$ angenommen werden kann.

Nach Satz 2. 11, S. 39 ist daher $\frac{pA_\nu + rB_\nu}{qA_\nu + sB_\nu}$ einem Näherungsbruch von η_0 gleich, etwa dem Näherungsbruch μ^{ter} Ordnung

$$\frac{pA_\nu + rB_\nu}{qA_\nu + sB_\nu} = \frac{C_\mu}{D_\mu}. \tag{7}$$

Es ist dann D_μ ein Teiler von $qA_\nu + sB_\nu$, und daher nach (6) gewiß

(8) $$\left|\eta_0 - \frac{C_\mu}{D_\mu}\right| < \frac{G}{D_\mu^{n+2}}.$$

Dabei darf auch D_μ beliebig groß angenommen werden. Denn erstens ist $qA_\nu + sB_\nu$ beliebig groß; zweitens ist nach (7)

$$D_\mu = \frac{1}{d}(qA_\nu + sB_\nu),$$

wo d den größten gemeinsamen Teiler von $pA_\nu + rB_\nu$ und $qA_\nu + sB_\nu$ bedeutet. Dieser kann aber nicht beliebig groß, sondern muß ein Teiler von $ps - qr$ sein, wie man aus der Identität

$$(pA_\nu + rB_\nu)(qA_{\nu-1} + sB_{\nu-1}) - (qA_\nu + sB_\nu)(pA_{\nu-1} + rB_{\nu-1})$$
$$= (ps - qr)(A_\nu B_{\nu-1} - A_{\nu-1}B_\nu) = (-1)^{\nu-1}(ps - qr)$$

sofort erkennt. Infolgedessen kann D_μ in der Tat beliebig groß gedacht werden.

Nun haben wir in der Formel (12) des § 13 eine allgemeingültige untere Grenze für den Fehler $\left|\xi_0 - \frac{A_\nu}{B_\nu}\right|$ hergeleitet. Wendet man diese Formel auf η_0 an, so kommt

$$\left|\eta_0 - \frac{C_\mu}{D_\mu}\right| > \frac{1}{D_\mu(D_{\mu+1} + D_\mu)},$$

so daß in Verbindung mit (8) folgt:

$$D_\mu^{n+2} < GD_\mu(D_{\mu+1} + D_\mu) < 2GD_\mu D_{\mu+1};$$

daher

(9) $$D_{\mu+1} > \frac{1}{2G} D_\mu^{n+1}.$$

Wenn nun $d_{\mu+1}$ der $(\mu + 1)^{\text{te}}$ Teilnenner von η_0 ist, so wird

$$D_{\mu+1} = d_{\mu+1}D_\mu + D_{\mu-1} < (d_{\mu+1} + 1)D_\mu,$$

so daß aus (9) folgt: $$d_{\mu+1} + 1 > \frac{1}{2G} D_\mu^n.$$

Also gewiß, da D_μ beliebig groß vorausgesetzt werden darf:

(10) $$d_{\mu+1} > D_\mu^{n-1}.$$

In dieser ganzen Untersuchung durfte die Zahl n von vornherein beliebig groß angenommen werden; dann besagt aber die Ungleichung (10), daß η_0 eine Liouvillesche Zahl ist. W. z. b. w.

Eine Reihe weiterer Theoreme über Liouvillesche Zahlen, die wir hier beiseite lassen müssen, findet man bei *Maillet* 1 und *Perron* 2.

§ 36. Quasiperiodische Kettenbrüche.

I. Die Liouvilleschen Zahlen sind dadurch ausgezeichnet, daß die unvollständigen Quotienten b_ν eine Teilfolge $b_{\nu_1}, b_{\nu_2}, \ldots$ enthalten, für welche $b_{\nu_i} > B_{\nu_i-1}^{n_i}$ ist, wobei $n_i \to \infty$. Daher wachsen die b_{ν_i} außerordentlich stark ins Unendliche. *Maillet* 1 hat aber eine zweite Klasse von Kettenbrüchen angegeben, bei denen die vollständigen Quotienten sogar unter einer endlichen Schranke bleiben dürfen, und die doch stets transzendente Zahlen darstellen.

Wir denken uns einen regelmäßigen Kettenbruch wieder in Abschnitte geteilt:

$$[b_0, b_1, \ldots, b_{\nu_1-1} | b_{\nu_1}, \ldots, b_{\nu_2-1} | b_{\nu_2}, \ldots, b_{\nu_3-1} | b_{\nu_3}, \ldots, b_{\nu_4-1} | \ldots].$$

Dabei soll der Abschnitt $b_{\nu_i}, \ldots, b_{\nu_{i+1}-1}$ bestehen aus der λ_i-maligen Wiederholung eines k_i-gliedrigen Zahlenkomplexes; es ist also

$$\nu_{i+1} - \nu_i = k_i \lambda_i$$

und

$$|b_{\nu_i}, \ldots, b_{\nu_{i+1}-1}| = |\underbrace{b_{\nu_i}, \ldots, b_{\nu_i+k_i-1}}_{1}, \underbrace{b_{\nu_i}, \ldots, b_{\nu_i+k_i-1}}_{2}, \ldots, \underbrace{b_{\nu_i}, \ldots, b_{\nu_i+k_i-1}}_{\lambda_i}|.$$

Wir nennen einen solchen Kettenbruch, wenn er nicht periodisch ist, und wenn unter den λ_i beliebig große vorkommen, mit Maillet „quasiperiodisch", und bezeichnen ihn durch

$$[b_0, b_1, \ldots, b_{\nu_1-1}, \overline{b_{\nu_1}, \ldots, b_{\nu_1+k_1-1},}^{\lambda_1} \overline{b_{\nu_2}, \ldots, b_{\nu_2+k_2-1},}^{\lambda_2} \overline{b_{\nu_3}, \ldots, b_{\nu_3+k_3-1},}^{\lambda_3} \ldots].$$

Es wird sich zeigen, daß, wenn die Exponenten λ_i, wenigstens zum Teil, genügend rasch wachsen, der Kettenbruch sicher eine transzendente Zahl darstellt (*Maillet* 1). Dazu benötigen wir zunächst den

Hilfssatz 2. *Genügt ξ_0 einer im Körper der rationalen Zahlen irreduzibeln algebraischen Gleichung n^{ten} Grades, wo $n > 2$, so gibt es eine positive Zahl δ derart, daß für alle quadratischen Irrationalzahlen $\frac{P+\sqrt{D}}{Q}$ (wo P, Q, D ganze Zahlen) die Ungleichung besteht:*

$$\left|\frac{P+\sqrt{D}}{Q} - \xi_0\right| > \frac{\delta}{(|P| + |Q| + \sqrt{D})^{2n}}.$$

Beweis. Analog wie bei Hilfssatz 1 ist es nur nötig, die Ungleichung mit Beschränkung auf solche P, Q, D zu beweisen, bei denen

(1) $$\left|\frac{P+\sqrt{D}}{Q} - \xi_0\right| \leqq 1$$

ist. Sei dann

(2) $$f(x) \equiv c_0 x^n + c_1 x^{n-1} + \cdots + c_n = 0 \qquad (c_i \text{ ganz})$$

die Gleichung, welcher ξ_0 genügt. Da sie irreduzibel und von höherem als dem zweiten Grad sein soll, ist $f\left(\frac{P \pm \sqrt{D}}{Q}\right) \neq 0$; daher

$$f\left(\frac{P+\sqrt{D}}{Q}\right) \cdot f\left(\frac{P-\sqrt{D}}{Q}\right) = \frac{c_0(P+\sqrt{D})^n + c_1(P+\sqrt{D})^{n-1}Q + \cdots + c_n Q^n}{Q^n}$$
$$\times \frac{c_0(P-\sqrt{D})^n + c_1(P-\sqrt{D})^{n-1}Q + \cdots + c_n Q^n}{Q^n} \neq 0.$$

Das Produkt der beiden Zähler ist aber offenbar eine ganze rationale Zahl, so daß sich ergibt

(3) $$\left|f\left(\frac{P+\sqrt{D}}{Q}\right) \cdot f\left(\frac{P-\sqrt{D}}{Q}\right)\right| \geqq \frac{1}{Q^{2n}}.$$

Nun ist $f(\xi_0) = 0$, also nach dem Mittelwertsatz der Differentialrechnung

$$f\left(\frac{P+\sqrt{D}}{Q}\right) = f\left(\frac{P+\sqrt{D}}{Q}\right) - f(\xi_0) = \left(\frac{P+\sqrt{D}}{Q} - \xi_0\right) f'(\gamma),$$

wo γ zwischen ξ_0 und $\frac{P+\sqrt{D}}{Q}$ liegt. Setzt man das in (3) ein, so kommt

$$\left|\left(\frac{P+\sqrt{D}}{Q} - \xi_0\right) f'(\gamma) f\left(\frac{P-\sqrt{D}}{Q}\right)\right| \geqq \frac{1}{Q^{2n}}. \tag{4}$$

Da γ zwischen ξ_0 und $\frac{P+\sqrt{D}}{Q}$ liegt, so folgt aus (1): $|\gamma| < |\xi_0| + 1$, woraus wieder wie beim Beweis von Hilfssatz 1 zu schließen ist, daß $|f'(\gamma)|$ unter einer von P, Q, D unabhängigen Schranke $\frac{1}{\delta'}$ bleibt. Aus (4) folgt also weiter

$$\left|\left(\frac{P+\sqrt{D}}{Q} - \xi_0\right) \cdot f\left(\frac{P-\sqrt{D}}{Q}\right)\right| > \frac{\delta'}{Q^{2n}}. \tag{5}$$

Nun ist aber

$$\left|f\left(\frac{P-\sqrt{D}}{Q}\right)\right| = \left|\frac{c_0(P-\sqrt{D})^n + c_1(P-\sqrt{D})^{n-1}Q + \cdots + c_nQ^n}{Q^n}\right|$$

$$< C\,\frac{(|P|+|Q|+\sqrt{D})^n}{|Q|^n},$$

wo $C = |c_0| + |c_1| + \cdots + |c_n|$ von P, Q, D nicht abhängt. Daher wegen (5):

$$\left|\frac{P+\sqrt{D}}{Q} - \xi_0\right| > \frac{\delta'}{C}\,\frac{1}{|Q|^n(|P|+|Q|+\sqrt{D})^n} > \frac{\delta'}{C}\,\frac{1}{(|P|+|Q|+\sqrt{D})^{2n}},$$

womit der Hilfssatz 2 bewiesen ist.

II. Wir betrachten jetzt einen positiven quasiperiodischen Kettenbruch, kleiner als 1:

$$\xi_0 = [0, b_1, \ldots, b_{\nu_1-1}, \overline{b_{\nu_1}, \ldots, b_{\nu_1+k_1-1}}^{\lambda_1}, \overline{b_{\nu_2}, \ldots, b_{\nu_2+k_2-1}}^{\lambda_2}, \overline{b_{\nu_3}, \ldots, b_{\nu_3+k_3-1}}^{\lambda_3}, \ldots]. \tag{6}$$

Dabei ist $\nu_{i+1} - \nu_i = k_i\lambda_i$, also

$$\nu_i = \nu_1 + k_1\lambda_1 + k_2\lambda_2 + \cdots + k_{i-1}\lambda_{i-1}. \tag{7}$$

Daneben betrachten wir den periodischen Kettenbruch

$$\eta_0 = [0, b_1, \ldots, b_{\nu_1-1}, b_{\nu_1}, \ldots, b_{\nu_2-1}, b_{\nu_2}, \ldots, b_{\nu_i-1}, \overline{b_{\nu_i}, b_{\nu_i+1}, \ldots, b_{\nu_i+k_i-1}}], \tag{8}$$

der mit (6) in den ersten ν_{i+1} Gliedern übereinstimmt. Die beiden Zahlen

$$\xi_0 - \frac{A_{\nu_{i+1}-1}}{B_{\nu_{i+1}-1}}, \quad \eta_0 - \frac{A_{\nu_{i+1}-1}}{B_{\nu_{i+1}-1}} \text{ [1]}$$

haben gleiches Vorzeichen $(-1)^{\nu_{i+1}-1}$ und sind nach dem Näherungsgesetz absolut kleiner als $\frac{1}{B^2_{\nu_{i+1}-1}}$. Daher wird auch

$$|\xi_0 - \eta_0| < \frac{1}{B^2_{\nu_{i+1}-1}}. \tag{9}$$

[1]) Ob mit $\frac{A_\nu}{B_\nu}$ die Näherungsbrüche von (6) oder (8) gemeint sind, ist hier gleichgültig, weil nur solche vorkommen, deren Ordnung kleiner als ν_{i+1} ist, und diese stimmen bei beiden Kettenbrüchen überein.

Nun ist aber der Kettenbruch η_0 leicht zu berechnen. Nach § 19, II ist er nämlich eine quadratische Irrationalzahl, und zwar ist nach den dortigen Formeln (5) und (6) die quadratische Gleichung, welcher er genügt, die folgende:

$$L\eta_0^2 + M\eta_0 + N = 0,$$

wobei

$$\begin{aligned} L &= B_{\nu_i-2}B_{\nu_i+k_i-1} - B_{\nu_i-1}B_{\nu_i+k_i-2}, \\ M &= B_{\nu_i-1}A_{\nu_i+k_i-2} + A_{\nu_i-1}B_{\nu_i+k_i-2} - A_{\nu_i-2}B_{\nu_i+k_i-1} - B_{\nu_i-2}A_{\nu_i+k_i-1}, \\ N &= A_{\nu_i-2}A_{\nu_i+k_i-1} - A_{\nu_i-1}A_{\nu_i+k_i-2}. \end{aligned}$$

Durch ganz rohe Abschätzung folgt hieraus, weil wegen der Voraussetzung $0 < \xi_0 < 1$ auch $0 < A_\nu < B_\nu$ ist:

$$\begin{aligned} |L| &\leqq B^2_{\nu_i+k_i-1}, \\ |M| &\leqq 2B_{\nu_i+k_i-1}A_{\nu_i+k_i-1} < 2B^2_{\nu_i+k_i-1}, \\ |N| &\leqq A^2_{\nu_i+k_i-1} < B^2_{\nu_i+k_i-1}. \end{aligned}$$

Daher ist

$$\eta_0 = \frac{-M \pm \sqrt{M^2 - 4LN}}{2L} = \frac{P + \sqrt{D}}{Q},$$

wobei $P = \mp M$, $Q = \pm 2L$, also

$$|P| < 2B^2_{\nu_i+k_i-1}, \quad |Q| \leqq 2B^2_{\nu_i+k_i-1},$$

$$\sqrt{D} < \sqrt{4B^4_{\nu_i+k_i-1} + 4B^4_{\nu_i+k_i-1}} < 3B^2_{\nu_i+k_i-1};$$

somit ist

$$|P| + |Q| + \sqrt{D} < 7B^2_{\nu_i+k_i-1}.$$

Aus Hilfssatz 2 folgt daher, falls ξ_0 einer irreduzibeln Gleichung n^{ten} Grades ($n > 2$) genügt:

$$|\xi_0 - \eta_0| = \left|\xi_0 - \frac{P + \sqrt{D}}{Q}\right| > \frac{\delta}{(|P| + |Q| + \sqrt{D})^{2n}} > \frac{\delta}{7^{2n}B^{4n}_{\nu_i+k_i-1}}.$$

Hieraus ergibt sich durch Vergleich mit (9):

$$7^{2n}B^{4n}_{\nu_i+k_i-1} > \delta B^2_{\nu_{i+1}-1},$$

oder, wenn die positive Konstante δ mit K^{-2} $(K > 0)$ bezeichnet wird:

(10) $$B_{\nu_{i+1}-1} < 7^n K B^{2n}_{\nu_i+k_i-1}.$$

Nun lehren aber die Fundamentalformeln (§ 5, I):

$$B_{\nu_{i+1}-1} = B_{\nu_i-1}A_{\nu_{i+1}-\nu_i-1,\nu_i} + B_{\nu_i-2}B_{\nu_{i+1}-\nu_i-1,\nu_i} \geqq A_{\nu_{i+1}-\nu_i-1,\nu_i} = A_{k_i\lambda_i-1,\nu_i}.$$

Infolge von (10) ist daher erst recht

(11) $$A_{k_i\lambda_i-1,\nu_i} < 7^n K B^{2n}_{\nu_i+k_i-1}.$$

Wir sehen also: Wenn ξ_0 einer irreduzibeln Gleichung n^{ten} Grades genügt, dann gilt (11) mit einer gewissen nur von den Koeffizienten dieser Gleichung abhängenden Zahl K. In (11) hängt aber die rechte Seite gar nicht von λ_i ab, während die linke bei genügend großem λ_i ganz beliebig groß sein wird. Man kann sich daher die λ_i mit i so stark wachsend denken, daß die Ungleichung (11), wie groß auch die Zahlen n und K sein mögen, für gewisse Werte von i nicht gilt. Dann kann ξ_0 auch nicht Wurzel einer Gleichung n^{ten} Grades sein, ist also, da n beliebig groß sein darf, gewiß transzendent. Daran ändert sich auch nichts, wenn wir nachträglich die Annahme $b_0 = 0$ wieder fallen lassen, weil eine transzendente Zahl bei Vermehrung um eine ganze Zahl doch transzendent bleibt. Wir erhalten so den

Satz 4. 8. *Wenn in dem quasiperiodischen Kettenbruch*

$$\xi_0 = [b_0, \ldots, b_{\nu_1-1}, \overline{b_{\nu_1}, \ldots, b_{\nu_1+k_1-1}}^{\lambda_1}, \overline{b_{\nu_2}, \ldots, b_{\nu_2+k_2-1}}^{\lambda_2}, \overline{b_{\nu_3}, \ldots, b_{\nu_3+k_3-1}}^{\lambda_3}, \ldots],$$

wo $\nu_1 \geqq 1$, *die Exponenten λ_i so beschaffen sind, daß für jedes noch so große n und K ein Index i gefunden werden kann, für welchen die Ungleichung*

$$A_{k_i\lambda_i-1,\nu_i} > 7^n K B^{2n}_{\nu_i+k_i-1} \quad \textit{(Bezeichnung von § 5, II)}$$

besteht, so stellt der Kettenbruch eine transzendente Zahl dar.

Die Voraussetzung dieses Satzes ist sicher erfüllt, wenn für unendlich viele i die Ungleichung statthat:

(12) $$A_{k_i\lambda_i-1,\nu_i} > B^{i}_{\nu_i+k_i-1}.$$

Als Beispiel wählen wir den einfachen quasiperiodischen Kettenbruch

(13) $$[0, \bar{2}^{\lambda_1}, \bar{3}^{\lambda_2}, \bar{2}^{\lambda_3}, \bar{3}^{\lambda_4}, \bar{2}^{\lambda_5}, \ldots]$$

und wollen untersuchen, wann er sicher eine transzendente Zahl darstellt. Dabei mag eine ganz rohe Abschätzung genügen. Bei dem Kettenbruch (13) ist $\nu_1 = 1$; ferner sind alle $k_i = 1$, so daß aus (7) folgt

(14) $$\nu_i = 1 + \lambda_1 + \lambda_2 + \lambda_3 + \cdots + \lambda_{i-1}.$$

Die Näherungsnenner von (13) genügen für $\nu \geqq 1$ der Rekursionsformel

$$B_\nu = b_\nu B_{\nu-1} + B_{\nu-2} < (b_\nu + 1) B_{\nu-1},$$

wo $b_\nu = 2$ oder 3; also ist jedenfalls $B_\nu < 4 B_{\nu-1}$ und folglich

$$B_\nu < 4^\nu B_0 = 4^\nu \qquad (\text{für } \nu \geqq 1).$$

Ferner ist auch für $\nu \geqq 1$, $\mu \geqq 1$

$$A_{\nu,\mu} = b_{\nu+\mu} A_{\nu-1,\mu} + A_{\nu-2,\mu} > b_{\nu+\mu} A_{\nu-1,\mu};$$

also sicher $A_{\nu,\mu} > 2 A_{\nu-1,\mu}$; folglich

$$A_{\nu,\mu} > 2^{\nu-1} A_{1,\mu} \geqq 5 \cdot 2^{\nu-1} > 2^{\nu+1}.$$

Daher ist insbesondere

$$B_{\nu_i+k_i-1} < 4^{\nu_i+k_i-1} = 4^{\nu_i}; \quad A_{k_i\lambda_i-1,\nu_i} > 2^{k_i\lambda_i} = 2^{\lambda_i},$$

so daß die Ungleichung (12) gewiß erfüllt ist, wenn

$$2^{\lambda_i} \geqq 4^{i\nu_i} = 4^{i(1+\lambda_1+\lambda_2+\cdots+\lambda_{i-1})} \qquad (\text{nach } (14));$$

also wenn

(15) $$\lambda_i \geqq 2i(1 + \lambda_1 + \lambda_2 + \cdots + \lambda_{i-1}).$$

Für die Transzendenz des Kettenbruches (13) genügt es daher, wenn für unendlich viele i die Ungleichung (15) statthat. Das ist beispielsweise der Fall für $\lambda_i = (2i)!$.

V. Halbregelmäßige Kettenbrüche.

§ 37. Der Konvergenzsatz von Tietze.

Den Untersuchungen dieses Kapitels schicken wir das folgende Theorem voraus:

Satz 5. 1. *Wenn die Elemente des unendlichen Kettenbruches*

$$b_0 + \frac{a_1|}{|b_1} + \frac{a_2|}{|b_2} + \cdots$$

reelle Zahlen sind, die den Bedingungen

$$|a_\lambda| = 1, \quad b_\lambda \geqq 1, \quad b_\lambda + a_{\lambda+1} \geqq 1 \qquad (\lambda = 1, 2, 3, \ldots)$$

genügen, so bestehen für die Näherungsnenner B_λ die Beziehungen

$$B_\lambda \geqq 1 \qquad (\lambda = 0, 1, 2, \ldots),$$

$$\lim_{\lambda \to \infty} B_\lambda = \infty,$$

und der Kettenbruch ist konvergent. Sein Wert liegt zwischen den Grenzen b_0 (ausgeschlossen) und $b_0 + a_1$ (eingeschlossen). (Tietze 1.)

Zum Beweis knüpfen wir an die Formel (7) des § 5 an, die sich so schreiben läßt:

(1) $$B_{\nu+1,\lambda-1} - B_{\nu,\lambda} = (b_\lambda - 1) B_{\nu,\lambda} + a_{\lambda+1} B_{\nu-1,\lambda+1};$$

oder, indem $\lambda - \nu$ an Stelle von λ tritt:

(2) $$B_{\nu+1,\lambda-\nu-1} - B_{\nu,\lambda-\nu} = (b_{\lambda-\nu} - 1) B_{\nu,\lambda-\nu} + a_{\lambda-\nu+1} B_{\nu-1,\lambda-\nu+1}.$$

Wir zeigen nun zunächst, daß, unter λ eine positive ganze Zahl verstanden, die Ungleichungen

(3) $$B_{\mu,\lambda-\mu} \geqq B_{\mu-1,\lambda-\mu+1} \qquad \text{für } \mu = 1, 2, 3, \ldots, \lambda$$

bestehen. In der Tat ist $B_{1,\lambda-1} = b_\lambda$, $B_{0,\lambda} = 1$, so daß für $\mu = 1$ die Behauptung zutrifft. Nimmt man aber an, sie sei für $\mu = 1, 2, \ldots, \nu$ $(< \lambda)$ richtig, so ist

$$B_{\nu,\lambda-\nu} \geqq B_{\nu-1,\lambda-\nu+1} \geqq B_{\nu-2,\lambda-\nu+2} \geqq \cdots \geqq B_{0,\lambda} = 1,$$

und aus (2) ergibt sich dann mit Rücksicht auf unsere Voraussetzungen:

$$B_{\nu+1,\lambda-\nu-1} - B_{\nu,\lambda-\nu} \geqq (b_{\lambda-\nu} - 1 + a_{\lambda-\nu+1}) B_{\nu-1,\lambda-\nu+1} \geqq 0,$$

so daß die Ungleichung (3) auch für $\mu = \nu + 1$ besteht, woraus ihre Allgemeingültigkeit folgt.

Man hat daher die Kette von Ungleichungen

(4) $$B_\lambda \geqq B_{\lambda-1,1} \geqq B_{\lambda-2,2} \geqq \cdots \geqq B_{0,\lambda} = 1,$$

aus der sich auch speziell ergibt (durch einfache Änderung der Indexbezeichnung):

(5) $$B_{\lambda+\nu-1} \geqq B_{\nu-1,\lambda},$$

(6) $$B_{\nu,\lambda} \geqq B_{\nu-1,\lambda+1} \geqq 1 \qquad (\nu \geqq 1).$$

Nun wollen wir (4) noch verschärfen, indem wir zeigen: Es ist

$$(7)\quad \begin{cases} B_{\nu+k,\lambda-k} - B_{\nu+k-1,\lambda-k+1} \geqq 1 & (k = 1, 2, \ldots, \lambda) \\ \text{für } a_{\lambda+1} = +1,\ \nu \geqq 1 \text{ und für } a_{\lambda+1} = -1,\ \nu = 0. \end{cases}$$

Für $k = 1$ lautet diese Behauptung so:

$$B_{\nu+1,\lambda-1} - B_{\nu,\lambda} \geqq 1$$
$$\text{für } a_{\lambda+1} = +1,\ \nu \geqq 1 \text{ und für } a_{\lambda+1} = -1,\ \nu = 0;$$

sie trifft nach (1) und (6) und, weil für $a_{\lambda+1} = -1$ nach Voraussetzung $b_\lambda \geqq 2$, also $B_{1,\lambda-1} - B_{0,\lambda} = b_\lambda - 1 \geqq 1$ ist, gewiß zu. Wenn die Behauptung (7) aber für einen gewissen Index k ($< \lambda$) zutrifft, so ersetzen wir ν, λ in (1) durch $\nu + k$, $\lambda - k$ und erhalten:

$$B_{\nu+k+1,\lambda-k-1} - B_{\nu+k,\lambda-k} = (b_{\lambda-k} - 1)\, B_{\nu+k,\lambda-k} + a_{\lambda-k+1} B_{\nu+k-1,\lambda-k+1}.$$

Für $a_{\lambda-k+1} = +1$ folgt daraus sofort:

$$B_{\nu+k+1,\lambda-k-1} - B_{\nu+k,\lambda-k} \geqq B_{\nu+k-1,\lambda-k+1} \geqq 1 \qquad (\text{nach } (6)).$$

Aber auch für $a_{\lambda-k+1} = -1$ ergibt sich, weil dann $b_{\lambda-k} \geqq 2$ ist, auf Grund der Induktionsannahme:

$$B_{\nu+k+1,\lambda-k-1} - B_{\nu+k,\lambda-k} \geqq B_{\nu+k,\lambda-k} - B_{\nu+k-1,\lambda-k+1} \geqq 1.$$

Die Behauptung (7) gilt daher auch für $k + 1$ an Stelle von k und ist damit allgemein bewiesen.

Wenn man jetzt (7) nach k von 1 bis λ summiert, erhält man, da auch $B_{\nu,\lambda} \geqq 1$ ist, folgendes:

$$(8)\quad \text{Für } a_{\lambda+1} = +1 \text{ ist } B_{\nu+\lambda} \geqq \lambda + 1, \qquad (\nu \geqq 1),$$

$$(9)\quad \text{für } a_{\lambda+1} = -1 \text{ ist } B_\lambda \geqq \lambda + 1.$$

Gibt es nun unendlich viele Indizes λ, für die $a_{\lambda+1} = +1$, so sind darunter auch beliebig große, so daß aus (8) folgt:

$$(10)\quad \lim_{\lambda\to\infty} B_\lambda = \infty.$$

Wenn dagegen für hinreichend große λ stets $a_{\lambda+1} = -1$, so schließt man das gleiche Resultat aus (9) [1]).

Nunmehr kann auch leicht die Konvergenz gefolgert werden. Es ist dazu nur nötig, zu beweisen, daß der Ausdruck

$$\left| \frac{A_{\lambda+\nu-1}}{B_{\lambda+\nu-1}} - \frac{A_{\lambda-1}}{B_{\lambda-1}} \right|$$

unter einer von ν unabhängigen Schranke bleibt, die mit wachsendem λ beliebig klein wird. Dieser Ausdruck ist aber nach Formel (4) des § 6, weil die a_ν alle gleich

---

[1]) Es wäre ein Irrtum, zu glauben, daß die B_ν etwa stets *monoton* wachsen. Speziell wenn einmal $a_n = -1$, $b_n = 1$ ist, folgt aus $B_n = b_n B_{n-1} + a_n B_{n-2}$ sofort $B_n < B_{n-1}$. Man vgl. auch das krasse Beispiel auf Seite 142 unten, wo auf $B_{k+\lambda-1} = k + \lambda$ plötzlich $B_{k+\lambda} = 1$ folgt. Genauere Untersuchungen über das höchst unregelmäßige Wachstum der B_ν findet man bei *Blumer* 2.

± 1 sind, gleich $\frac{B_{\nu-1,\lambda}}{B_{\lambda+\nu-1}B_{\lambda-1}}$, also nach (5) höchstens gleich $\frac{1}{B_{\lambda-1}}$, was in der Tat wegen (10) beliebig klein wird.

Nachdem hiermit die Konvergenz bewiesen ist. setzen wir

(11) $$b_0 + \frac{a_1|}{|b_1} + \frac{a_2|}{|b_2} + \cdots = \xi_0$$

und analog

(12) $$b_\lambda + \frac{a_{\lambda+1}|}{|b_{\lambda+1}} + \frac{a_{\lambda+2}|}{|b_{\lambda+2}} + \cdots = \xi_\lambda \qquad (\lambda = 1, 2, 3, \ldots),$$

da ja auch diese Kettenbrüche aus dem gleichen Grunde konvergieren müssen. Nach Satz 1. 4, S. 18f. ist dann

(13) $$\xi_\lambda = b_\lambda + \frac{a_{\lambda+1}}{\xi_{\lambda+1}} \qquad (\lambda = 0, 1, 2, \ldots).$$

Ferner ist wegen $A_{\nu-1,\lambda+1} = B_{\nu,\lambda}$ (Formel (5) des § 5):

$$\xi_{\lambda+1} = \lim_{\nu\to\infty} \frac{A_{\nu-1,\lambda+1}}{B_{\nu-1,\lambda+1}} = \lim_{\nu\to\infty} \frac{B_{\nu,\lambda}}{B_{\nu-1,\lambda+1}} \qquad (\lambda = 0, 1, 2, \ldots);$$

also mit Rücksicht auf (6):

(14) $$\xi_{\lambda+1} \geqq 1 \qquad (\lambda = 0, 1, 2, \ldots).$$

Nach (13) liegt daher ξ_λ zwischen den Grenzen b_λ (ausgeschlossen) und $b_\lambda + a_{\lambda+1}$ (eingeschlossen). Da das speziell auch für $\lambda = 0$ gilt, so ist damit Satz 5. 1 vollständig bewiesen.

§ 38. Definition der halbregelmäßigen Kettenbrüche.

I. Wir denken uns jetzt eine Folge von reellen Einheiten

(1) $$a_1 = \pm 1, \quad a_2 = \pm 1, \quad a_3 = \pm 1, \quad \ldots$$

mit beliebigen Vorzeichen gegeben. Ist dann ξ_0 eine reelle Zahl und ist sie nicht ganz, so sei b_0 diejenige eindeutig bestimmte ganze Zahl, welche zwischen ξ_0 und $\xi_0 - a_1$ liegt. Dann liegt ξ_0 zwischen b_0 und $b_0 + a_1$. Setzt man also

$$\xi_0 = b_0 + \frac{a_1}{\xi_1},$$

so ist dadurch eine Zahl $\xi_1 > 1$ definiert. Ist ξ_1 wieder nicht ganzzahlig, so sei b_1 die zwischen ξ_1 und $\xi_1 - a_2$ gelegene ganze Zahl, so daß durch die Gleichung

$$\xi_1 = b_1 + \frac{a_2}{\xi_2}$$

eine Zahl $\xi_2 > 1$ definiert ist. Wenn ξ_2 abermals keine ganze Zahl, so läßt sich das Verfahren in gleicher Weise fortsetzen. Es ergibt sich so das allgemeine Schema:

(2) $$\xi_\nu = b_\nu + \frac{a_{\nu+1}}{\xi_{\nu+1}} \qquad (\nu = 0, 1, 2, \ldots),$$

(3) $$\xi_\nu > 1 \qquad (\nu = 1, 2, 3, \ldots),$$

wobei b_ν stets die zwischen ξ_ν und $\xi_\nu - a_{\nu+1}$ gelegene ganze Zahl ist. Die b_ν genügen gewissen Bedingungen; da nämlich für $\nu \geqq 1$ stets $\xi_\nu > 1$ ist, müssen auch die ganzen Zahlen b_ν und $b_\nu + a_{\nu+1}$, zwischen denen ξ_ν nach (2) und (3) eingeschlossen ist, positiv sein, also

$$(4) \qquad b_\nu \geqq 1, \quad b_\nu + a_{\nu+1} \geqq 1 \qquad (\text{für } \nu \geqq 1).$$

Sind alle a_ν gleich $+1$, so deckt sich das Verfahren mit demjenigen, welches die regelmäßige Kettenbruchentwicklung der Zahl ξ_0 liefert (§ 12, I). Andernfalls besteht immer noch eine große Analogie.

Man erkennt zunächst:

$$(5) \qquad \xi_0 = b_0 + \frac{a_1|}{|b_1} + \frac{a_2|}{|b_2} + \cdots + \frac{a_{\nu-1}|}{|b_{\nu-1}} + \frac{a_\nu|}{|\xi_\nu}.$$

Ferner findet man, daß bei rationalem ξ_0 das Verfahren ein Ende erreicht, indem einmal ξ_ν eine ganze Zahl wird, die dann, falls $\nu > 0$, wegen $\xi_\nu > 1$ mindestens gleich 2 ist. In der Tat erweisen sich jetzt nach (2) für $\nu = 0, 1, 2, \ldots$ sukzessive auch die Zahlen $\xi_1, \xi_2, \ldots$ als rational; wenn man daher $\xi_\nu = \frac{x_\nu}{y_\nu}$ setzt, wo x_ν, y_ν teilerfremde ganze und für $\nu > 0$ auch positive Zahlen sind, so lehrt Gleichung (2), daß $y_\nu = x_{\nu+1}$ ist. Man hat also $\xi_\nu = \frac{x_\nu}{x_{\nu+1}}$, und daher $x_{\nu+1} < x_\nu$; die x_ν sind folglich mit wachsendem ν abnehmende positive ganze Zahlen. Wäre nun ξ_ν nie ganzzahlig, also das Verfahren unbegrenzt fortsetzbar, so müßte auch die Serie der x_ν unbegrenzt sein, was nicht möglich ist. Gleichzeitig folgt aus (5), wenn etwa ξ_n eine ganze Zahl ist und als solche mit b_n bezeichnet wird,

$$\xi_0 = b_0 + \frac{a_1|}{|b_1} + \cdots + \frac{a_n|}{|b_n}, \qquad b_n \geqq 2, \quad \text{wenn } n > 0.$$

Ist ξ_0 irrational, so lehrt die Gleichung (2) für $\nu = 0, 1, 2, \ldots$ sukzessive, daß auch $\xi_1, \xi_2, \ldots$ irrational sind. Daher wird niemals ξ_ν ganzzahlig, und das Verfahren ist unbegrenzt. Wir wollen jetzt zeigen, daß in diesem Fall die Gleichung

$$\xi_0 = b_0 + \frac{a_1|}{|b_1} + \frac{a_2|}{|b_2} + \cdots \text{ in infin.}$$

gilt. In der Tat sind wegen (1) und (4) die Voraussetzungen von Satz 5.1 erfüllt, also $\lim_{\nu\to\infty} B_\nu = \infty$. Ferner ist nach Formel (17) des § 2

$$\xi_0 = b_0 + \frac{a_1|}{|b_1} + \cdots + \frac{a_{\nu-1}|}{|b_{\nu-1}} + \frac{a_\nu|}{|\xi_\nu} = \frac{A_{\nu-1}\xi_\nu + A_{\nu-2}a_\nu}{B_{\nu-1}\xi_\nu + B_{\nu-2}a_\nu},$$

woraus folgt:

$$\xi_\nu(B_{\nu-1}\xi_0 - A_{\nu-1}) = -a_\nu(B_{\nu-2}\xi_0 - A_{\nu-2}).$$

Wäre eine der beiden Klammern gleich 0, so müßten sie beide verschwinden, was aber wegen der Relation

$$(B_{\nu-2}\xi_0 - A_{\nu-2})B_{\nu-1} - (B_{\nu-1}\xi_0 - A_{\nu-1})B_{\nu-2} = (-1)^\nu a_1 a_2 \cdots a_{\nu-1}$$

nicht möglich ist. Wegen $|\xi_\nu| > 1$, $|a_\nu| = 1$ ergibt sich also:

$$|B_{\nu-1}\xi_0 - A_{\nu-1}| < |B_{\nu-2}\xi_0 - A_{\nu-2}|.$$

Die Größen $|B_\nu \xi_0 - A_\nu|$ nehmen daher mit wachsendem ν monoton ab, und wegen $\lim B_\nu = \infty$ ist dann

$$\lim_{\nu \to \infty} \frac{A_\nu}{B_\nu} = \xi_0, \quad \text{w. z. b. w.}$$

Im Fall eines irrationalen ξ_0 kommt zu den Einschränkungen (4) denen die b_ν genügen, noch die weitere hinzu, daß nicht für alle ν von einer gewissen Stelle an $b_\nu + a_{\nu+1} = 1$, d. h. $b_\nu = 2$, $a_{\nu+1} = -1$ sein kann. Wäre dies nämlich der Fall, so würde aus (2) für hinreichend große ν folgen:

$$\xi_\nu = 2 - \frac{1}{\xi_{\nu+1}} = 1 + \frac{\xi_{\nu+1} - 1}{\xi_{\nu+1}} < 1 + (\xi_{\nu+1} - 1) = \xi_{\nu+1}.$$

Daher würden die ξ_ν von einer gewissen Stelle an beständig zwischen 1 und 2 bleiben, aber mit ν wachsen; sie müßten also einen endlichen Grenzwert ξ haben, der größer als 1 ist. Aus der letzten Formel würde dann aber für $\nu \to \infty$ folgen:

$$\xi = 2 - \frac{1}{\xi}, \quad \text{also } \xi = 1,$$

was mit $\xi > 1$ im Widerspruch steht.

II. Nunmehr definieren wir:

Definition. *Ein endlicher oder unendlicher Kettenbruch*

$$b_0 + \frac{a_1|}{|b_1} + \frac{a_2|}{|b_2} + \cdots$$

mit ganzzahligen Elementen heißt halbregelmäßig, wenn er folgenden Bedingungen genügt:

a) $$|a_\nu| = 1 \qquad \textit{für } \nu \geqq 1,$$

b) $$b_\nu \geqq 1, \quad b_\nu + a_{\nu+1} \geqq 1 \qquad \textit{für } \nu \geqq 1,$$

c) *falls er endlich ist und außer dem Anfangsglied noch mindestens ein Glied hat, ist der letzte Teilnenner größer als* 1; *falls er unendlich ist, ist unendlich oft* $b_\nu + a_{\nu+1} \geqq 2$.

Die regelmäßigen Kettenbrüche sind hiernach unter den halbregelmäßigen mit inbegriffen (im Fall der Endlichkeit mit einem letzten Teilnenner größer als 1). Ferner ist zu beachten, daß die Bedingungen a), b) gerade die in Satz 5. 1 verlangten sind.

Nach dem Bewiesenen ist jede rationale Zahl einem endlichen, jede irrationale einem unendlichen halbregelmäßigen Kettenbruch mit willkürlich vorgegebenen[1]) Teilzählern a_ν $(= \pm 1)$ gleich, der durch das zu Beginn dieses Paragraphen beschriebene Verfahren gefunden werden kann. Umgekehrt wollen wir jetzt zeigen, daß jeder endliche halbregelmäßige Kettenbruch eine rationale, jeder unendliche eine irrationale Zahl darstellt.

---

[1]) Vorgegeben ist stets die unendliche Folge von Teilzählern, von denen freilich, wenn der Kettenbruch endlich wird, nur eine endliche Anzahl wirklich vorkommt.

Im Fall eines endlichen Kettenbruches ist gewiß

$$b_0 + \frac{a_1|}{|b_1} + \cdots + \frac{a_n|}{|b_n} = \frac{A_n}{B_n}$$

eine rationale Zahl, sobald $B_n \neq 0$ ist; das wird aber durch Satz 5. 1 garantiert.

Von einem unendlichen halbregelmäßigen Kettenbruch sagt Satz 5. 1 aus, daß er konvergiert, also jedenfalls einen bestimmten Zahlwert hat, und es bleibt noch zu zeigen, daß dieser irrational ist. Setzen wir zu dem Zweck

(6)
$$b_0 + \frac{a_1|}{|b_1} + \frac{a_2|}{|b_2} + \cdots = \xi_0$$

und analog

(7)
$$b_\nu + \frac{a_{\nu+1}|}{|b_{\nu+1}} + \frac{a_{\nu+2}|}{|b_{\nu+2}} + \cdots = \xi_\nu,$$

so ist

(8)
$$\xi_\nu = b_\nu + \frac{a_{\nu+1}}{\xi_{\nu+1}}.$$

Nach Satz 5. 1 liegt ξ_ν zwischen b_ν (ausgeschlossen) und $b_\nu + a_{\nu+1}$ (eingeschlossen), also ist $\xi_\nu \geqq 1$ für $\nu > 0$. Wäre nun für hinreichend große ν dauernd $\xi_\nu = 1$, so würde aus (8) folgen: $1 = b_\nu + a_{\nu+1}$ für alle hinreichend großen ν, was aber der Definition der halbregelmäßigen Kettenbrüche widerspricht. Also muß unendlich oft $\xi_\nu > 1$ sein. Ferner folgt aus (6) und (7) nach Satz 1. 4, S. 18f.

$$\xi_0 = b_0 + \frac{a_1|}{|b_1} + \cdots + \frac{a_{\nu-1}|}{|b_{\nu-1}} + \frac{a_\nu|}{|\xi_\nu} = \frac{A_{\nu-1}\xi_\nu + A_{\nu-2}a_\nu}{B_{\nu-1}\xi_\nu + B_{\nu-2}a_\nu},$$

woraus man erhält:

(9)
$$\xi_\nu(B_{\nu-1}\xi_0 - A_{\nu-1}) = -a_\nu(B_{\nu-2}\xi_0 - A_{\nu-2}).$$

Die Klammern können wieder nicht verschwinden (vgl. S. 138) und man erhält:

$$|B_{\nu-1}\xi_0 - A_{\nu-1}| \leqq |B_{\nu-2}\xi_0 - A_{\nu-2}|;$$

und zwar findet für unendlich viele ν-Werte wirklich Ungleichheit statt, weil ja unendlich oft $\xi_\nu > 1$ ist. Es gibt also unendlich viele voneinander verschiedene Zahlen der Form $|B_\nu\xi_0 - A_\nu|$, die alle unter einer endlichen Schranke bleiben; das wäre aber unmöglich, wenn ξ_0 rational wäre[1]).

Als bemerkenswertes Nebenresultat ergibt sich hieraus, daß die Ungleichung $\xi_\nu > 1$ nicht nur für unendlich viele, sondern für alle $\nu > 0$ besteht. In der Tat ist ja $\xi_\nu = 1$ ausgeschlossen, weil ξ_ν als unendlicher halbregelmäßiger Kettenbruch irrational sein muß.

Endlich beweisen wir, daß eine reelle Zahl nur einem halbregelmäßigen Kettenbruch mit vorgegebenen Teilzählern gleich ist. In der Tat, wenn

$$\xi_0 = b_0 + \frac{a_1|}{|b_1} + \frac{a_2|}{|b_2} + \cdots$$

---

[1]) Ist nämlich ξ_0 rational $= \frac{p}{q}$, so ist $|B_\nu\xi_0 - A_\nu|$ notwendig eine der Zahlen $0, \frac{1}{q}, \frac{2}{q}, \frac{3}{q}, \ldots$ Unterhalb einer Schranke ist also nur eine endliche Anzahl verschiedener Werte möglich.

ein halbregelmäßiger Kettenbruch ist, so wollen wir zeigen, daß er mit demjenigen identisch sein muß, zu welchem man durch das zu Beginn dieses Paragraphen beschriebene Verfahren gelangt. Ist nämlich erstens ξ_0 irrational, und setzen wir wieder

(10) $$\xi_\nu = b_\nu + \frac{a_{\nu+1}|}{|b_{\nu+1}} + \frac{a_{\nu+2}|}{|b_{\nu+2}} + \cdots,$$

so wissen wir, daß für $\nu > 0$ stets $\xi_\nu > 1$ ist. Aus (10) folgt aber

(11) $$\xi_\nu = b_\nu + \frac{a_{\nu+1}}{\xi_{\nu+1}};$$

wegen $\xi_{\nu+1} > 1$ liegt daher b_ν zwischen ξ_ν und $\xi_\nu - a_{\nu+1}$. Da dies für $\nu = 0, 1, 2, \ldots$ gilt, so sieht man in der Tat, daß sich die b_ν gerade durch das beschriebene Verfahren ergeben.

Wenn aber zweitens ξ_0 rational ist, so muß der Kettenbruch endlich sein, weil ja ein unendlicher einen irrationalen Wert hat. Ist also

(12) $$\xi_0 = b_0 + \frac{a_1|}{|b_1} + \cdots + \frac{a_n|}{|b_n}$$

und setzen wir noch

$$\xi_\nu = b_\nu + \frac{a_{\nu+1}|}{|b_{\nu+1}} + \cdots + \frac{a_n|}{|b_n} \qquad (\nu = 1, 2, \ldots, n-1),$$
$$\xi_n = b_n,$$

so gelten wieder die Gleichungen (11) für $\nu = 0, 1, \ldots, n-1$. Es ist aber nach der Definition der halbregelmäßigen Kettenbrüche: $\xi_n = b_n > 1$. Also ist $\xi_{n-1} = b_{n-1} + \frac{a_n}{\xi_n}$ zwischen b_{n-1} und $b_{n-1} + a_n$ gelegen, die Grenzen ausgeschlossen; daher gewiß $\xi_{n-1} > 1$. Weiter ist dann $\xi_{n-2} = b_{n-2} + \frac{a_{n-1}}{\xi_{n-1}}$ zwischen b_{n-2} und $b_{n-2} + a_{n-1}$ gelegen, und zwar wieder mit Ausschluß der Grenzen; also $\xi_{n-2} > 1$. So fortschließend findet man überhaupt $\xi_\nu > 1$ für $\nu > 0$. Aus (11) folgt dann wieder, daß b_ν zwischen ξ_ν und $\xi_\nu - a_{\nu+1}$ liegt, so daß sich auch diesmal die b_ν durch das beschriebene Verfahren ergeben. Zusammenfassend erhalten wir

Satz 5. 2. *Jede reelle Zahl ξ_0 ist einem und nur einem halbregelmäßigen Kettenbruch mit vorgegebenen Teilzählern ($= \pm 1$) gleich. Dieser ist endlich oder unendlich, je nachdem ξ_0 rational oder irrational ist. Umgekehrt stellt auch jeder halbregelmäßige Kettenbruch eine reelle Zahl dar. (Tietze 1.)*

III. Eine irrationale Zahl läßt unendlich viele halbregelmäßige Kettenbruchentwicklungen zu, da ja für jeden der unendlich vielen Teilzähler das Vorzeichen beliebig gegeben sein darf. Für eine rationale Zahl dagegen ist die Anzahl der halbregelmäßigen Kettenbrüche endlich und läßt sich leicht bestimmen. Sei $\frac{m}{n}$ die rationale Zahl in irreduzibler Form und mit positivem Nenner; die Anzahl der halbregelmäßigen Kettenbrüche sei $f\left(\frac{m}{n}\right)$. Offenbar ist $f\left(\frac{m}{1}\right) = 1$. Ferner ist für ungerade m ($m = 2k + 1$):

$$\frac{m}{2} = k + \frac{1|}{|2} = k + 1 - \frac{1|}{|2},$$

und andere halbregelmäßige Kettenbrüche für die Zahl $\frac{m}{2}$ gibt es nicht; also ist $f\left(\frac{m}{2}\right) = 2$. Wir behaupten nun, daß allgemein $f\left(\frac{m}{n}\right) = n$ ist, und führen den Beweis durch vollständige Induktion, indem wir annehmen, für irreduzible Brüche, deren Nenner kleiner als n, sei das bereits erkannt. Ist dann b_0 die größte in $\frac{m}{n}$ enthaltene ganze Zahl und $\frac{r}{n}$ der Rest, so kann die Entwicklung in einen halbregelmäßigen Kettenbruch auf zwei Arten beginnen:

$$\text{erstens für } a_1 = +1: \quad \frac{m}{n} = b_0 + \frac{r}{n}, \quad \frac{n}{r} = \cdots,$$

$$\text{zweitens für } a_1 = -1: \quad \frac{m}{n} = b_0 + 1 - \frac{n-r}{n}, \quad \frac{n}{n-r} = \cdots,$$

wobei die Brüche $\frac{n}{r}$ und $\frac{n}{n-r}$ offenbar wieder irreduzibel sind. Daraus ersieht man, daß $f\left(\frac{m}{n}\right) = f\left(\frac{n}{r}\right) + f\left(\frac{n}{n-r}\right)$ ist, also nach unserer Annahme: $f\left(\frac{m}{n}\right) = r + (n - r) = n$. Damit ist bewiesen

Satz 5. 3. *Der irreduzible Bruch $\frac{m}{n}$ $(n > 0)$ läßt genau n halbregelmäßige Kettenbruchentwicklungen zu. (Vahlen* **1**, *Netto* **1**).

IV. Wie bei den regelmäßigen Kettenbrüchen sind auch bei den halbregelmäßigen die Näherungsbrüche irreduzibel. Denn wegen der Gleichung

$$A_\nu B_{\nu-1} - A_{\nu-1} B_\nu = (-1)^{\nu-1} a_1 a_2 \cdots a_\nu = \pm 1$$

können A_ν und B_ν keinen gemeinsamen Teiler größer als 1 haben.

Im Gegensatz zu den regelmäßigen braucht aber bei den halbregelmäßigen die Konvergenz nicht derart zu sein, daß stets $\left|\xi_0 - \frac{A_{k+1}}{B_{k+1}}\right| < \left|\xi_0 - \frac{A_k}{B_k}\right|$ ist; auch nicht $\left|\xi_0 - \frac{A_{k+2}}{B_{k+2}}\right| < \left|\xi_0 - \frac{A_k}{B_k}\right|$ (*Netto* **1**.) Wir wollen vielmehr jetzt zeigen, daß man sogar, wenn λ irgendeine (beliebig große) positive ganze Zahl ist, eine Zahl k und einen halbregelmäßigen Kettenbruch angeben kann, derart, daß

$$(13) \qquad \left|\xi_0 - \frac{A_{k+\lambda}}{B_{k+\lambda}}\right| > \left|\xi_0 - \frac{A_k}{B_k}\right|$$

wird. Der halbregelmäßige Kettenbruch

$$2 - \frac{1|}{|2} - \frac{1|}{|2} - \cdots - \frac{1|}{|2} - \frac{1|}{|1} + \frac{1|}{|b_{k+\lambda+1}} + \cdots,$$

bei dem die Anzahl der Teilbrüche $\frac{-1|}{|2}$ gleich $k + \lambda - 1$ ist, hat nämlich für $k > \lambda$ und $b_{k+\lambda+1} < k - \lambda + 1$ die verlangte Eigenschaft. In der Tat liefert hier die Rekursionsformel für die Näherungszähler und -nenner sukzessive:

$$\frac{A_0}{B_0} = \frac{2}{1}, \quad \frac{A_1}{B_1} = \frac{3}{2}, \quad \ldots, \quad \frac{A_k}{B_k} = \frac{k+2}{k+1}, \quad \ldots, \quad \frac{A_{k+\lambda-1}}{B_{k+\lambda-1}} = \frac{k+\lambda+1}{k+\lambda}, \quad \frac{A_{k+\lambda}}{B_{k+\lambda}} = \frac{1}{1},$$

also
$$\xi_0 = \frac{A_{k+\lambda}\,\xi_{k+\lambda+1} + A_{k+\lambda-1}}{B_{k+\lambda}\,\xi_{k+\lambda+1} + B_{k+\lambda-1}} = \frac{\xi_{k+\lambda+1} + k + \lambda + 1}{\xi_{k+\lambda+1} + k + \lambda}.$$

Daher weiter

$$(14)\qquad \left|\xi_0 - \frac{A_k}{B_k}\right| = \left|\frac{\xi_{k+\lambda+1} + k + \lambda + 1}{\xi_{k+\lambda+1} + k + \lambda} - \frac{k+2}{k+1}\right| = \frac{\xi_{k+\lambda+1} + \lambda - 1}{(k+1)(\xi_{k+\lambda+1} + k + \lambda)},$$

$$(15)\qquad \left|\xi_0 - \frac{A_{k+\lambda}}{B_{k+\lambda}}\right| = \left|\frac{\xi_{k+\lambda+1} + k + \lambda + 1}{\xi_{k+\lambda+1} + k + \lambda} - 1\right| = \frac{1}{\xi_{k+\lambda+1} + k + \lambda}.$$

Nach Voraussetzung ist aber $b_{k+\lambda+1} < k - \lambda + 1$, also auch $\xi_{k+\lambda+1} < k - \lambda + 2$, oder also

$$\xi_{k+\lambda+1} + \lambda - 1 < k + 1,$$

so daß aus (14) und (15) in der Tat die Ungleichung (13) hervorgeht. W. z. b. w.

§ 39. Längste und kürzeste Entwicklungen.

I. Nach Satz 5. 3 gibt es für eine rationale Zahl ξ_0 nur endlich viele halbregelmäßige Kettenbrüche, woraus folgt, daß es auch einen oder mehrere „längste“ Kettenbrüche geben muß, d. h. solche mit maximaler Gliederzahl. Trivialerweise gibt es auch einen oder mehrere „kürzeste“ Kettenbrüche, d. h. solche mit minimaler Gliederzahl.

Wenn man bei der Entwicklung einer rationalen oder irrationalen Zahl ξ_0 für b_ν jedesmal die am nächsten bei ξ_ν gelegene ganze Zahl wählt, so entsteht der „Kettenbruch nach nächsten Ganzen“. Es ist dann

$$|\xi_\nu - b_\nu| < \frac{1}{2}, \qquad \text{also} \qquad \xi_{\nu+1} > 2,$$

und das Vorzeichen von $a_{\nu+1}$, also $a_{\nu+1}$ selbst wird durch diese Wahl mitbestimmt[1]). Nur wenn ξ_0 rational ist und zufällig einmal ξ_ν die Form $g + \frac{1}{2}$ mit ganzzahligem g hat, werden die obigen Ungleichungen zu Gleichungen und man kann nach Belieben $b_\nu = g$ oder $g + 1$ wählen, worauf der Kettenbruch mit dem nächsten Glied endet. In diesem Fall gibt es also zwei Kettenbrüche nach nächsten Ganzen, in jedem andern Fall, insbesondere also bei irrationalem ξ_0, gibt es nur einen.

Beispiele:

$$\frac{13}{5} = 3 - \frac{1|}{|2} \quad | \quad \frac{1|}{|2} = 3 - \frac{1|}{|3} - \frac{1|}{|2} \qquad \text{(zwei Kettenbrüche)},$$

$$\frac{11}{8} = 1 + \frac{1|}{|3} - \frac{1|}{|3} \qquad \text{(nur ein Kettenbruch)}.$$

Wenn man dagegen bei der Entwicklung einer nicht ganzen Zahl ξ_0 jedesmal b_ν so wählt, daß

$$|\xi_\nu - b_\nu| > \frac{1}{2}, \qquad \text{also} \qquad \xi_{\nu+1} < 2$$

ist, wodurch $a_{\nu+1}$ wieder mitbestimmt wird, so entsteht ein „Kettenbruch nach entfernteren Ganzen“. Bei rationalem ξ_0 werden die geforderten Ungleichungen, wenn ξ_ν einmal die Form $g + \frac{1}{2}$ mit ganzzahligem g hat, wieder zu Gleichungen,

---

[1]) $a_{\nu+1}$ hat ja immer das Vorzeichen von $\xi_\nu - b_\nu$.

und man kann nach Belieben $b_\nu = g$ oder $g+1$ wählen, worauf der Kettenbruch mit dem nächsten Glied endet. Im Gegensatz zu vorhin tritt aber dieser Fall jetzt stets ein. Denn wenn $\frac{a_n|}{|b_n}$ das letzte Glied ist, muß notwendig $b_n = 2$ sein, weil andernfalls

$$|\xi_{n-1} - b_{n-1}| = \frac{1}{b_n} < \frac{1}{2}$$

wäre, was der Definition widerspricht. Für eine rationale nicht ganze Zahl ξ_0 gibt es also stets zwei Kettenbrüche nach entfernteren Ganzen[1]), die sich in folgender Weise unterscheiden:

$$\xi_0 = b_0 + \frac{a_1|}{|b_1} + \cdots + \frac{a_{n-1}|}{|\;g} + \frac{1|}{|2},$$

$$\xi_0 = b_0 + \frac{a_1|}{|b_1} + \cdots + \frac{a_{n-1}|}{|g+1} - \frac{1|}{|2}.$$

Diese beiden Kettenbrüche sind augenscheinlich gleich lang. Nun gilt der

Satz 5. 4. *Für eine rationale nicht ganze Zahl ξ_0 haben die beiden Kettenbrüche nach entfernteren Ganzen und nur sie die maximale Gliederzahl. (Vahlen* 1.*)*

Beweis. Sei

$$\xi_0 = b_0 + \frac{a_1|}{|b_1} + \cdots + \frac{a_n|}{|b_n} \tag{1}$$

irgendein anderer halbregelmäßiger Kettenbruch für ξ_0, so daß notwendig für ein gewisses $\nu < n$ einmal $|\xi_\nu - b_\nu| < \frac{1}{2}$, also $\xi_{\nu+1} > 2$ ist. Daraus folgt dann, daß $b_{\nu+1} \geqq 2$ sein muß, wobei Gleichheit nur im Fall $\nu < n-1$, $a_{\nu+2} = +1$ möglich ist. Auf jeden Fall ist also

$$\begin{cases} b_{\nu+1} \geqq 3, & \text{falls } \nu = n-1, \\ b_{\nu+1} + a_{\nu+2} \geqq 2, & \text{falls } \nu < n-1. \end{cases} \tag{2}$$

Dann gewinnt man aber auf Grund der sofort zu kontrollierenden Identität

$$\xi_\nu = b_\nu + \frac{a_{\nu+1}}{\xi_{\nu+1}} = b_\nu + a_{\nu+1} - \frac{a_{\nu+1}|}{|\;1} + \frac{1\quad|}{|\xi_{\nu+1}-1}$$

für ξ_0 einen Kettenbruch, der aus (1) dadurch entsteht, daß der Abschnitt $\frac{a_\nu|}{b_\nu} + \frac{a_{\nu+1}|}{|b_{\nu+1}}$ ersetzt wird durch

$$\frac{a_\nu \qquad |}{|b_\nu + a_{\nu+1}} - \frac{a_{\nu+1}|}{|\;1} + \frac{1\qquad|}{|b_{\nu+1}-1}.$$

Dieser neue Kettenbruch ist wegen $b_{\nu+1} \geqq 2$ und wegen (2) ebenfalls halbregelmäßig und hat ein Glied mehr als der alte, der demnach nicht die maximale Gliederzahl haben konnte.

II. Nicht so einfach ist die Antwort auf die Frage nach den kürzesten Kettenbrüchen. Sie lautet:

---

[1]) Für eine ganze Zahl ξ_0 gibt es natürlich nur den einen halbregelmäßigen Kettenbruch $\xi_0 = b_0$, der zugleich längster und kürzester ist.

Satz 5. 5. *Ein halbregelmäßiger Kettenbruch für eine rationale Zahl ξ_0 ist dann und nur dann ein kürzester, wenn die ξ_ν für $\nu \geqq 1$ größer als $\frac{\sqrt{5}+1}{2}$ sind oder gar nicht existieren, was dann bedeutet, daß $\xi_0 = b_0$ eine ganze Zahl ist. (Tietze 2.)*[1])

Um zum Zweck des Beweises einen kurzen Ausdruck zu haben, wollen wir solche Kettenbrüche, inklusive den Fall eines ganzzahligen ξ_0, als kanonisch bezeichnen. Insbesondere ist dann ein Kettenbruch nach nächsten Ganzen kanonisch, weil bei ihm, falls ξ_0 keine ganze Zahl ist, für $\nu \geqq 1$ ja $\xi_\nu \geqq 2 > \frac{\sqrt{5}+1}{2}$ ist. Es gibt aber noch andere kanonische Kettenbrüche, z. B. ist

$$\frac{25}{18} = 1 + \frac{1|}{|3} - \frac{1|}{|2} + \frac{1|}{|3} = 1 + \frac{1|}{|2} + \frac{1|}{|2} - \frac{1|}{|4}.$$

Hier ist der erste Kettenbruch der nach nächsten Ganzen, der zweite ist aber ebenfalls kanonisch. Ein Spezialfall von Satz 5. 5 ist daher

Satz 5. 6. *Für eine rationale Zahl ξ_0 ist ein (oder der, falls es nur einen gibt) Kettenbruch nach nächsten Ganzen stets ein kürzester. (Vahlen 1.)*

Um nun Satz 5. 5 zu beweisen, soll zunächst gezeigt werden, daß alle kanonischen Kettenbrüche für eine rationale Zahl ξ_0 gleich lang sind. Wenn ξ_0 den Nenner 1 hat, d. h. eine ganze Zahl ist, gibt es überhaupt nur die eine Entwicklung $\xi_0 = b_0$, womit dieser triviale Fall erledigt ist. Wir dürfen daher vollständige Induktion anwenden, indem wir für Zahlen, deren Nenner kleiner als der von ξ_0 ist, die Behauptung als richtig annehmen. Sind dann

$$\xi_0 = b_0 + \frac{a_1|}{|b_1} + \cdots + \frac{a_n|}{|b_n} \quad \text{und} \quad \xi_0 = b_0' + \frac{a_1'|}{|b_1'} + \cdots + \frac{a_m'|}{|b_m'} \tag{3}$$

zwei verschiedene kanonische Kettenbrüche für die Zahl ξ_0, so ist zu zeigen, daß $n = m$ ist. Nun ist

$$\xi_0 = b_0 + \frac{a_1}{\xi_1}, \qquad \xi_0 = b_0' + \frac{a_1'}{\xi_1'}, \tag{4}$$

$$\xi_1 = b_1 + \frac{a_2|}{|b_2} + \cdots + \frac{a_n|}{|b_n}, \qquad \xi_1' = b_1' + \frac{a_2'|}{|b_2'} + \cdots + \frac{a_m'|}{|b_m'}, \tag{5}$$

$$\xi_1 > \frac{\sqrt{5}+1}{2}, \qquad \xi_1' > \frac{\sqrt{5}+1}{2}, \tag{6}$$

letzteres, weil die Kettenbrüche (3) kanonisch sind. Die Kettenbrüche (5) sind ebenfalls kanonisch und die Zahlen ξ_1, ξ_1' haben kleinere Nenner als ξ_0 (vgl. S. 138, Mitte). Ist nun etwa $a_1' = a_1$, so ist nach (4)

$$|b_0' - b_0| = \left|\frac{1}{\xi_1'} - \frac{1}{\xi_1}\right| < 1,$$

also $b_0' = b_0$ und daher nach (4) auch $\xi_1' = \xi_1$. Folglich stellen in diesem Fall die beiden kanonischen Kettenbrüche (5) dieselbe Zahl ξ_1 dar, die kleineren Nenner als ξ_0 hat; nach der Induktionsannahme haben sie also gleiche Gliederzahl. Somit ist $n = m$, womit dieser Fall erledigt ist.

---

[1]) In anderer Weise sind die Bedingungen für kürzeste Kettenbrüche von *Srinivasan* 1 formuliert worden.

Wenn dagegen $a'_1 = -a_1$, so ist $b'_0 = b_0 + a_1$ und aus (4) folgt:

$$\frac{1}{\xi_1} + \frac{1}{\xi'_1} = 1. \tag{7}$$

Sind hier ξ_1 und ξ'_1 einander gleich, also beide gleich 2, so ist $n = m = 1$, und die Sache ist erledigt. Daher sei jetzt etwa $\xi_1 > \xi'_1$, wegen (7) also $\xi_1 > 2$, $\xi'_1 < 2$. Setzt man demgemäß

$$\xi_1 = 2 + \frac{1}{\eta_2}, \quad \xi'_1 = 2 - \frac{1}{\eta'_2}, \tag{8}$$

so folgt aus (7) und (6) nach leichter Rechnung

$$\eta_2 = \frac{1}{\xi_1 - 2} = -1 + \frac{1}{2 - \xi'_1} > -1 + \frac{3 + \sqrt{5}}{2} = \frac{\sqrt{5} + 1}{2},$$

$$\eta'_2 = \frac{1}{2 - \xi'_1} = 1 + \eta_2 .$$

Wenn man daher η_2 in einen kanonischen Kettenbruch entwickelt:

$$\eta_2 = d_2 + \frac{c_3|}{|d_3} + \cdots + \frac{c_k|}{|d_k},$$

so gewinnt man aus (8) die beiden kanonischen Kettenbrüche

$$\xi_1 = 2 + \frac{1|}{|d_2} + \frac{c_3|}{|d_3} + \cdots + \frac{c_k|}{|d_k}, \quad \xi'_1 = 2 - \frac{1\ \ |}{|1 + d_2} + \frac{c_3|}{|d_3} + \cdots + \frac{c_k|}{|d_k}$$

mit gleich viel Gliedern. Ebensoviel Glieder haben dann aber, da ξ_1 und ξ'_1 kleinere Nenner als ξ_0 haben, nach der Induktionsannahme alle kanonischen Kettenbrüche für ξ_1 und ξ'_1, also auch die Kettenbrüche (5). Daher ist wieder $n = m$.

Nun müssen wir noch zeigen, daß ein halbregelmäßiger Kettenbruch mit kleinster Gliederzahl stets kanonisch ist. Dabei dürfen wir das wieder für Zahlen mit kleinerem Nenner bereits als gültig annehmen, da es für den Nenner 1 ja trivial ist. Ist nun der halbregelmäßige Kettenbruch

$$\xi_0 = b_0 + \frac{a_1|}{|b_1} + \cdots + \frac{a_n|}{|b_n} \tag{9}$$

ein kürzester, so ist der Kettenbruch

$$\xi_1 = b_1 + \frac{a_2|}{|b_2} + \cdots + \frac{a_n|}{|b_n} \tag{10}$$

ebenfalls ein kürzester, nach der Induktionsannahme also kanonisch, und wir müssen zeigen, daß auch (9) kanonisch ist. Nehmen wir aber das Gegenteil an, so ist $\xi_1 < \frac{\sqrt{5} + 1}{2}$; daher $b_1 = 1$ oder 2. In beiden Fällen wird sich ein Widerspruch ergeben.

Für $b_1 = 1$ muß $a_2 = +1$ sein und man findet leicht:

$$\xi_0 = b_0 + \frac{a_1|}{|1} + \frac{1|}{|\xi_2} = b_0 + a_1 - \frac{a_1}{1 + \xi_2} = b_0 + a_1 - \frac{a_1\ \ |}{|1 + b_2} + \frac{a_3|}{|b_3} + \cdots + \frac{a_n|}{|b_n}.$$

Dieser Kettenbruch ist ebenfalls halbregelmäßig und hat ein Glied weniger als (9), während (9) doch als ein kürzester vorausgesetzt war.

Für $b_1 = 2$ ist $a_2 = -1$ $\left(\text{wegen } \xi_1 < \frac{\sqrt{5}+1}{2} < 2\right)$, und der Kettenbruch (10) bekommt das Aussehen

$$\xi_1 = 2 - \frac{1|}{|b_2} + \frac{a_3|}{|b_3} + \cdots + \frac{a_n|}{|b_n}. \tag{10a}$$

Setzt man jetzt $\xi_1 = 1 + \frac{1}{\eta_2}$, so ist wegen $\xi_1 < \frac{\sqrt{5}+1}{2}$ gewiß $\eta_2 > \frac{\sqrt{5}+1}{2}$, und daraus geht, wenn man η_2 in einen kanonischen Kettenbruch entwickelt:

$$\eta_2 = d_2 + \frac{c_3|}{|d_3} + \cdots + \frac{c_k|}{|d_k},$$

für ξ_1 der weitere Kettenbruch

$$\xi_1 = 1 + \frac{1|}{|d_2} + \frac{c_3|}{|d_3} + \cdots + \frac{c_k|}{|d_k} \tag{11}$$

hervor, der dann ebenfalls kanonisch ist. Da aber auch (10) kanonisch war, haben nach dem Bewiesenen beide gleich viel Glieder; somit ist $k = n$. Nun folgt leicht aus (11):

$$\xi_0 = b_0 + \frac{a_1}{\xi_1} = b_0 + a_1 - \frac{a_1}{1 + \frac{1}{\xi_1 - 1}} = b_0 + a_1 - \frac{a_1\ |}{|1 + d_2} + \frac{c_3|}{|d_3} + \cdots + \frac{c_k|}{|d_k},$$

und wegen $k = n$ hat dieser halbregelmäßige Kettenbruch ein Glied weniger als (9), während (9) doch als ein kürzester vorausgesetzt war. Damit ist der angekündigte Widerspruch in beiden Fällen festgestellt und somit Satz 5. 5 bewiesen.

III. Die Anzahl der kürzesten Kettenbrüche für eine gegebene Zahl ist von *Tietze* 2, ähnlich auch von *Blumer* **3**, in anderer Weise von *Srinivasan* **1** angegeben worden. Es geht nicht ohne Weitläufigkeiten, so daß wir uns mit diesem Hinweis begnügen müssen. *Tietze* 2 und *Blumer* **3** haben die analogen Begriffe auch für unendliche Kettenbrüche eingeführt; da sind es die am schnellsten und am langsamsten konvergierenden, für die entsprechende Sätze gelten. Auch darauf kann hier nicht mehr eingegangen werden.

§ 40. Verwandlung halbregelmäßiger Kettenbrüche in regelmäßige.

I. Jeder halbregelmäßige Kettenbruch stellt eine reelle Zahl dar, die dann nach dem gewöhnlichen Verfahren auch in einen regelmäßigen Kettenbruch entwickelt werden kann. Dieser läßt sich aber, wie wir jetzt zeigen wollen, auch aus dem halbregelmäßigen nach einfachen Regeln, die im wesentlichen *Lagrange* **6** angegeben hat, ganz mechanisch herstellen.

Wir denken uns zu dem Zweck irgendeinen (nicht notwendig halbregelmäßigen, sondern ganz beliebigen endlichen oder unendlichen) Kettenbruch der Form

$$b_0 + \frac{a_1|}{|b_1} + \cdots + \frac{a_\lambda|}{|b_\lambda} - \frac{1\ |}{|b_{\lambda+1}} + \frac{a_{\lambda+2}|}{|b_{\lambda+2}} + \cdots \tag{1}$$

und betrachten daneben den folgenden (mit trivialer Modifikation, falls $\lambda = 0$ ist):

$$(2)\qquad b_0 + \frac{a_1|}{|b_1} + \cdots + \frac{a_{\lambda-1}|}{|b_{\lambda-1}} + \frac{a_\lambda\ |}{|b_\lambda - 1} + \frac{1|}{|1} + \frac{1\ |}{|b_{\lambda+1} - 1} + \frac{a_{\lambda+2}|}{|b_{\lambda+2}} + \cdots.$$

Den Übergang von (1) zu (2) nennen wir eine Transformation $\mathfrak{t}_1$; ihren Einfluß werden wir alsbald untersuchen.

Ist nun irgendein halbregelmäßiger Kettenbruch gegeben, so leiten wir aus ihm einen neuen her, indem wir den ersten negativen Teilzähler durch eine Transformation $\mathfrak{t}_1$ beseitigen. In diesem neuen Kettenbruch (der nicht mehr halbregelmäßig zu sein braucht) beginnen dann die negativen Teilzähler erst an einer späteren Stelle, und wir beseitigen jetzt wieder einen durch eine neue Transformation $\mathfrak{t}_1$. So fahren wir fort und nennen die Gesamttransformation, die alle negativen Teilzähler (es dürfen deren auch unendlich viele sein) beseitigt, $\mathfrak{T}_1$. Die Transformation $\mathfrak{T}_1$ ist augenscheinlich gleichbedeutend mit folgendem Prozeß:

Man schalte vor jeden negativen Teilzähler das Glied $\frac{1|}{|1}$ *ein; sodann verwandle man alle Minuszeichen in Plus; endlich ersetze man jedes* b_ν *durch*

$$\begin{aligned} &b_\nu, && \textit{falls } a_\nu = +1,\ a_{\nu+1} = +1,\\ &b_\nu - 1, && \textit{falls } a_\nu = +1,\ a_{\nu+1} = -1, \text{ oder } a_\nu = -1,\ a_{\nu+1} = +1,\\ &b_\nu - 2, && \textit{falls } a_\nu = -1,\ a_{\nu+1} = -1. \end{aligned}$$

Dabei ist $a_0 = +1$ *und, falls bei einem endlichen Kettenbruch* b_n *der* *letzte* *Teilnenner ist, auch* $a_{n+1} = +1$ *zu denken*[1]).

Die Teilzähler des transformierten Kettenbruches sind hiernach alle gleich 1; die Teilnenner sind positiv oder 0. Kommen Nullen nicht vor, so ist er regelmäßig, und wir werden zeigen, daß sein Wert gleich dem des ursprünglichen Kettenbruches ist. Andernfalls sieht man, daß eine Null nur auftreten kann, wenn das betreffende Glied ursprünglich einen negativen Teilzähler hatte und nicht das letzte war. Infolgedessen ist der (eventuell vorhandene) letzte Teilnenner nie 0 und außerdem geht jeder Null ein eingeschaltetes Glied $\frac{1|}{|1}$, also ein Teilnenner 1 voraus, so daß insbesondere der Nenner des ersten Teilbruches nie 0 sein kann. Es ist aber unmöglich, daß von einem gewissen Glied an nur die Teilnenner 1, 0 in infinitum miteinander abwechseln; denn alsdann müßte, wie man leicht einsieht, ursprünglich dauernd $a_{\nu+1} = -1$, $b_\nu = 2$ gewesen sein, was der Definition der halbregelmäßigen Kettenbrüche widerspricht. Folglich treten die Nullen immer nur in Gliederserien der Form

$$(3)\qquad \frac{1|}{|1} + \frac{1|}{|0} + \frac{1|}{|1} + \frac{1|}{|0} + \cdots + \frac{1|}{|1} + \frac{1|}{|0} + \frac{1|}{|c} \qquad (c \neq 0),$$

auf, wo der nächstvorausgehende und der nächstfolgende Teilnenner von 0 verschieden sind.

---

[1]) Man kann die drei Fälle dahin zusammenfassen, daß jedes b_ν ersetzt wird durch

$$b_\nu - \frac{1 - a_\nu}{2} - \frac{1 - a_{\nu+1}}{2}.$$

Davon werden wir häufig Gebrauch machen.

Wir denken jetzt weiter einen Kettenbruch der Form

$$(4)\qquad b_0 + \frac{1|}{|b_1} + \cdots + \frac{1|}{|b_{\lambda-1}} + \frac{1|}{|b_\lambda} + \frac{1|}{|0} + \frac{1|}{|b_{\lambda+2}} + \cdots \qquad (\lambda \geqq 1)$$

und betrachten daneben den folgenden:

$$(5)\qquad b_0 + \frac{1|}{|b_1} + \cdots + \frac{1|}{|b_{\lambda-1}} + \frac{1|}{|b_\lambda + b_{\lambda+2}} + \frac{1|}{|b_{\lambda+3}} + \cdots.$$

Den Übergang von (4) zu (5) nennen wir eine Transformation $\mathfrak{t}_2$. Bei dem durch $\mathfrak{T}_1$ transformierten Kettenbruch wollen wir dann jeden einzelnen Teilnenner 0 durch eine Transformation $\mathfrak{t}_2$ beseitigen und nennen die Gesamttransformation, welche alle Nullen beseitigt, $\mathfrak{T}_2$. Augenscheinlich besteht $\mathfrak{T}_2$ darin, daß jede Gliederserie der Gestalt (3) ersetzt wird durch das eine Glied $\frac{1|}{|l+c}$, wo l die Anzahl der in (3) auftretenden Nullen ist.

Der durch $\mathfrak{T}_2$ entstehende Kettenbruch ist nun sicher regelmäßig (eventuell mit dem letzten Teilnenner 1), und wir werden sehen, daß sein Wert gleich dem des ursprünglichen halbregelmäßigen Kettenbruches ist, so daß in jedem Fall der regelmäßige ganz mechanisch aus dem halbregelmäßigen hergeleitet werden kann. Als Beispiel nehmen wir:

$$2 - \frac{1|}{|2} - \frac{1|}{|1} + \frac{1|}{|3} - \frac{1|}{|2} - \frac{1|}{|2};$$

durch $\mathfrak{T}_1$ entsteht zunächst

$$1 + \frac{1|}{|1} + \frac{1|}{|0} + \frac{1|}{|1} + \frac{1|}{|0} + \frac{1|}{|2} + \frac{1|}{|1} + \frac{1|}{|0} + \frac{1|}{|1} + \frac{1|}{|1},$$

und hieraus durch $\mathfrak{T}_2$:

$$1 + \frac{1|}{|4} + \frac{1|}{|2} + \frac{1|}{|1}.$$

Alle drei Kettenbrüche sind gleich $\frac{16}{13}$, also in der Tat einander gleich.

II. Um nun unsere Behauptungen zu beweisen, prüfen wir zuerst die Wirkung einer einzelnen Transformation $\mathfrak{t}_1$, die den Kettenbruch (1) überführt in (2). Bezeichnen wir die Näherungsbrüche von (1) mit $\frac{A_\nu}{B_\nu}$, die von (2) mit $\frac{C_\nu}{D_\nu}$, so lehren die Rekursionsformeln für die Näherungszähler augenblicklich:

$$(6)\qquad \begin{cases} C_{-1} = A_{-1},\ C_0 = A_0,\ C_1 = A_1,\ \ldots,\ C_{\lambda-1} = A_{\lambda-1}, \\ C_\lambda = (b_\lambda - 1)C_{\lambda-1} + a_\lambda C_{\lambda-2} = (b_\lambda - 1)A_{\lambda-1} + a_\lambda A_{\lambda-2} = A_\lambda - A_{\lambda-1}, \\ C_{\lambda+1} = C_\lambda + C_{\lambda-1} = A_\lambda, \\ C_{\lambda+2} = (b_{\lambda+1} - 1)C_{\lambda+1} + C_\lambda = b_{\lambda+1}A_\lambda - A_{\lambda-1} = A_{\lambda+1}, \\ C_{\lambda+3} = A_{\lambda+2},\ C_{\lambda+4} = A_{\lambda+3},\ C_{\lambda+5} = A_{\lambda+4},\ \ldots, \end{cases}$$

und entsprechende Formeln bestehen auch für die Näherungsnenner, woraus folgt, daß unter den Näherungsbrüchen von (2) all die von (1) enthalten sind; nur ist von dem Bruch $\frac{A_\lambda}{B_\lambda}$ an die Ordnung um eine Einheit erhöht. Daraus folgt nun, daß auch der durch die Transformation $\mathfrak{T}_1$ entstehende Kettenbruch unter seinen Näherungsbrüchen all die des ursprünglichen enthält. Denn fassen wir etwa den Näherungsbruch $\frac{A_\lambda}{B_\lambda}$ des ursprünglichen Kettenbruches ins Auge und sind unter den ersten $\lambda + 1$ Teilzählern μ negative, so wird durch die μ Transformationen $\mathfrak{t}_1$, welche zu deren Beseitigung notwendig sind, die Ordnung jedesmal um 1 erhöht, also im ganzen auf $\lambda + \mu$ gebracht. Durch die folgenden Transformationen $\mathfrak{t}_1$ aber, welche die späteren negativen Teilzähler beseitigen, wird die Ordnung nicht mehr verändert, bleibt also beständig $\lambda + \mu$. Daher ist $\frac{A_\lambda}{B_\lambda}$ auch ein Näherungsbruch des durch die Gesamttransformation $\mathfrak{T}_1$ entstehenden Kettenbruches, und zwar der von $(\lambda + \mu)^{\text{ter}}$ Ordnung.

Aber noch mehr. Bezeichnet man nämlich in Verallgemeinerung einer in § 16, I gegebenen Definition als „Nebennäherungsbrüche“ eines Kettenbruches der Form

$$b_0 + \frac{a_1|}{|b_1} + \frac{a_2|}{|b_2} + \cdots \qquad (b_\nu = \text{ganze Zahl} \geqq 0 \text{ für } \nu > 0)$$

allemal, wenn $b_\nu > 1$ ist $(\nu > 0)$, die Brüche

$$\frac{cA_{\nu-1} + a_\nu A_{\nu-2}}{cB_{\nu-1} + a_\nu B_{\nu-2}} \qquad (c = 1, 2, \ldots, b_\nu - 1),$$

so ist jeder Haupt- und Nebennäherungsbruch von (1) auch ein Haupt- oder Nebennäherungsbruch von (2) und umgekehrt. Die Zähler der Haupt- und Nebennäherungsbrüche von (1) zerfallen nämlich in folgende drei Klassen:

1)	$cA_\nu + a_{\nu+1}A_{\nu-1}$	$c = 1, 2, \ldots, b_{\nu+1}$	$(\nu \leqq \lambda - 1)$,
2)	$cA_\lambda - A_{\lambda-1}$	$c = 1, 2, \ldots, b_{\lambda+1}$,	
3)	$cA_\nu + a_{\nu+1}A_{\nu-1}$	$c = 1, 2, \ldots, b_{\nu+1}$	$(\nu \geqq \lambda + 1)$.

Die Zähler der Haupt- und Nebennäherungsbrüche von (2) zerfallen in fünf Klassen:

I)	$cC_\nu + a_{\nu+1}C_{\nu-1}$	$c = 1, 2, \ldots, b_{\nu+1}$	$(\nu \leqq \lambda - 2)$,
II)	$cC_{\lambda-1} + a_\lambda C_{\lambda-2}$	$c = 1, 2, \ldots, b_\lambda - 1$	(falls $b_\lambda \geqq 2$),
III)	$1 \cdot C_\lambda + 1 \cdot C_{\lambda-1} = C_{\lambda+1}$,		
IV)	$cC_{\lambda+1} + 1 \cdot C_\lambda$	$c = 1, 2, \ldots, b_{\lambda+1} - 1$	(falls $b_{\lambda+1} \geqq 2$),
V)	$cC_\nu + a_\nu C_{\nu-1}$	$c = 1, 2, \ldots, b_\nu$	$(\nu \geqq \lambda + 2)$.

In die entsprechenden Klassen zerfallen auch die Nenner und folglich die Brüche. Nun kann man mit Hilfe der Formeln (6) sofort jede Zahl einer der Klassen 1) bis 3) auch als Zahl einer der Klassen I) bis V) darstellen und umgekehrt. Damit ist unsere Behauptung bereits bewiesen. Da nun die Gesamtheit der Haupt- und Nebennäherungsbrüche bei einer einzelnen Transformation $\mathfrak{t}_1$ erhalten bleibt, gilt dasselbe auch für die Gesamttransformation $\mathfrak{T}_1$.

Nun untersuchen wir ebenso die Wirkung einer Transformation $\mathfrak{t}_2$, welche den Kettenbruch (4) überführt in (5). Bezeichnen wir mit $\frac{A'_\nu}{B'_\nu}$ die Näherungsbrüche von (4), mit $\frac{C'_\nu}{D'_\nu}$ die von (5), so ist diesmal

$$
(7)\qquad \begin{cases} A'_0 = C'_0,\ A'_1 = C'_1,\ \ldots,\ A'_{\lambda-1} = C'_{\lambda-1}, \\ A'_\lambda = b_\lambda A'_{\lambda-1} + A'_{\lambda-2} = b_\lambda C'_{\lambda-1} + C'_{\lambda-2}, \\ A'_{\lambda+1} = 0 \cdot A'_\lambda + A'_{\lambda-1} = A'_{\lambda-1} = C'_{\lambda-1}, \\ A'_{\lambda+2} = b_{\lambda+2} A'_{\lambda+1} + A'_\lambda = (b_{\lambda+2} + b_\lambda) C'_{\lambda-1} + C'_{\lambda-2} = C'_\lambda, \\ A'_{\lambda+3} = C'_{\lambda+1},\ A'_{\lambda+4} = C'_{\lambda+2},\ A'_{\lambda+5} = C'_{\lambda+3},\ \ldots, \end{cases}
$$

und da die gleichen Beziehungen auch für die Näherungsnenner bestehen, so sieht man, daß die Näherungsbrüche von (4) unter denen von (5) sämtlich vorkommen bis auf einen, nämlich $\frac{A'_\lambda}{B'_\lambda}$, welcher aber ein Nebennäherungsbruch von (5) ist. Bei allen folgenden wird die Ordnung um zwei Einheiten verringert. Ebenso ersieht man, daß jeder Nebennäherungsbruch von (4) unter den Nebennäherungsbrüchen von (5) vorkommt und daß umgekehrt jeder Haupt- und Nebennäherungsbruch von (5) auch ein Haupt- oder Nebennäherungsbruch von (4) ist.

Daraus ergibt sich, daß die Gesamtheit aller Haupt- und Nebennäherungsbrüche bei jeder Transformation $\mathfrak{t}_2$ und folglich auch bei der Gesamttransformation $\mathfrak{T}_2$ erhalten bleibt. Und durch Zusammenfassung mit dem Früheren erkennt man, daß die Gesamtheit der Haupt- und Nebennäherungsbrüche eines halbregelmäßigen Kettenbruches identisch ist mit der Gesamtheit der Haupt- und Nebennäherungsbrüche des durch die Transformation $\mathfrak{T}_1\mathfrak{T}_2$ entstehenden regelmäßigen Kettenbruches.

Bei endlichen Kettenbrüchen sieht man aus (6) und (7) ohne weiteres, daß eine Transformation $\mathfrak{t}_1$ oder $\mathfrak{t}_2$ den letzten Näherungsbruch stets in den letzten Näherungsbruch überführt, den Wert des Kettenbruches also ungeändert läßt. Dasselbe gilt dann auch von der Gesamttransformation $\mathfrak{T}_1\mathfrak{T}_2$. Der ursprüngliche und der transformierte Kettenbruch haben also in diesem Fall den gleichen Wert. Dasselbe trifft aber auch bei unendlichen Kettenbrüchen zu. Da nämlich der ursprüngliche in diesem Fall einen irrationalen Wert ξ_0 hat, aber die Näherungsbrüche rational sind, so hat er unendlich viele voneinander verschiedene Näherungsbrüche mit dem einzigen Häufungswert ξ_0. Diese müssen aber unter den Haupt- und Nebennäherungsbrüchen des transformierten enthalten sein, der also, da er als regelmäßiger gewiß konvergiert, auch nur den Wert ξ_0 haben kann.

Damit ist bewiesen, daß die regelmäßige Kettenbruchentwicklung einer durch einen halbregelmäßigen Kettenbruch dargestellten Zahl gerade durch die Transformation $\mathfrak{T}_1\mathfrak{T}_2$ gewonnen wird. W. z. b. w. Zugleich ergibt sich

Satz 5. 7. *Jeder Haupt- und Nebennäherungsbruch eines halbregelmäßigen Kettenbruches ist gleich einem Haupt- oder Nebennäherungsbruch des die gleiche Zahl darstellenden regelmäßigen Kettenbruches. (Tietze* 1.*)*

Darüber hinaus ist sogar für jeden eine Zahl ξ_0 darstellenden halbregelmäßigen Kettenbruch die Gesamtheit aller Haupt- und Nebennäherungsbrüche immer dieselbe. (Tietze 3.*)*

Es kann jedoch sein, wie man sich an dem Zahlenbeispiel auf Seite 149 überzeugt, daß ein Hauptnäherungsbruch des halbregelmäßigen ein Nebennäherungsbruch des regelmäßigen ist, und ebenso, daß ein Nebennäherungsbruch des ersteren ein Hauptnäherungsbruch des letzteren ist. Dagegen haben wir gesehen, daß die Transformation $\mathfrak{T}_1$ allein die Hauptnäherungsbrüche stets in ebensolche überführt. Wenn also der durch $\mathfrak{T}_1$ entstehende Kettenbruch bereits regelmäßig ist, so wird jeder Hauptnäherungsbruch wieder ein solcher des regelmäßigen Kettenbruches sein. Nach der auf S. 148 gegebenen Beschreibung der Transformation $\mathfrak{T}_1$ und unter Berücksichtigung der dortigen Fußnote tritt das aber dann und nur dann ein, wenn die b_ν für $\nu > 0$ den Ungleichungen genügen:

$$b_\nu - \frac{1-a_\nu}{2} - \frac{1-a_{\nu+1}}{2} > 0.$$

Diese Bedingung ist nach der erwähnten Beschreibung für den letzten Teilnenner b_n zu ersetzen durch

$$b_n - \frac{1-a_n}{2} > 0,$$

ist also, weil definitionsgemäß $b_n \geqq 2$ sein muß, von selbst erfüllt. Man erhält somit

Satz 5. 8. *Wenn die Teilnenner des halbregelmäßigen Kettenbruches*

$$b_0 + \frac{a_1|}{|b_1} + \frac{a_2|}{|b_2} + \cdots$$

— vom eventuell vorhandenen letzten abgesehen — den Ungleichungen

$$b_\nu - \frac{1-a_\nu}{2} - \frac{1-a_{\nu+1}}{2} > 0 \qquad \textit{für } \nu > 0$$

genügen, so sind alle Näherungsbrüche zugleich Näherungsbrüche des die gleiche Zahl darstellenden regelmäßigen Kettenbruches (eventuell mit dem letzten Teilnenner 1), und zwar sind sie nach wachsenden Nennern geordnet.

In der Tat wird ja die Reihenfolge der Näherungsbrüche durch $\mathfrak{T}_1$ nicht geändert.

III. Endlich beweisen wir noch

Satz 5. 9. *Sei* $\xi_0 = b_0 + \frac{a_1|}{|b_1} + \frac{a_2|}{|b_2} + \cdots$ *ein halbregelmäßiger Kettenbruch und sei* $\xi_0^* = [b_0^*, b_1^*, b_2^*, \ldots]$ *der regelmäßige Kettenbruch für dieselbe Zahl* $\xi_0^* = \xi_0$, *wobei es bei rationalem* ξ_0 *gleichgültig ist, welche der beiden Möglichkeiten gewählt wird. Setzt man dann*

$$\xi_\nu = b_\nu + \frac{a_{\nu+1}|}{|b_{\nu+1}} + \frac{a_{\nu+2}|}{|b_{\nu+2}} + \cdots, \quad \xi_\nu^* = [b_\nu^*, b_{\nu+1}^*, b_{\nu+2}^*, \ldots],$$

so rekrutieren sich die ξ_μ^* *aus den Zahlen*

$$\xi_\lambda, \ \xi_\lambda - 1, \ \frac{\xi_\lambda}{\xi_\lambda - 1},$$

während umgekehrt die ξ_λ *sich aus den Zahlen*

$$\xi_\mu^*, \ \xi_\mu^* + 1, \ \xi_\mu^* - k, \ \frac{\xi_\mu^* - k + 1}{\xi_\mu^* - k} \qquad (k = 1, 2, \ldots, b_\mu^* - 1)$$

rekrutieren. (Blumer 3.)

Beweis. Sind alle a_n gleich $+1$, so ist nichts zu beweisen. Ist aber einmal $a_n = -1$, so geht in ξ_0 der Abschnitt[1])

$$\frac{a_{n-1}|}{|b_{n-1}} - \frac{1|}{|b_n} + \frac{a_{n+1}|}{|b_{n+1}}$$

durch die Transformation $\mathfrak{t}_1$ über in

$$\frac{a_{n-1}\ |}{|b_{n-1}-1} + \frac{1|}{|1} + \frac{1\ |}{|b_n - 1} + \frac{a_{n+1}|}{|b_{n+1}}.$$

Dadurch bleiben alle ξ_ν für $\nu \geqq n+1$ offenbar erhalten. Vor ξ_{n+1} aber kommen, rückwärts durchlaufen, die Zahlen

$$b_n - 1 + \frac{a_{n+1}}{\xi_{n+1}} = \xi_n - 1,$$

$$1 + \frac{1}{\xi_n - 1} = \frac{\xi_n}{\xi_n - 1},$$

$$b_{n-1} - 1 + \frac{\xi_n - 1}{\xi_n} = b_{n-1} - \frac{1}{\xi_n} = \xi_{n-1},$$

und dann weiter $\xi_{n-2}, \xi_{n-3}, \ldots, \xi_0$. Durch Beseitigung des einen negativen a_n wird also die Serie der ξ_ν lediglich so verändert, daß darin die eine Zahl ξ_n ersetzt wird durch die zwei nacheinander folgenden Zahlen $\frac{\xi_n}{\xi_n - 1}$, $\xi_n - 1$. Dasselbe gilt für jeden negativen Teilzähler. Beseitigt man sie also durch die Gesamttransformation $\mathfrak{T}_1$ sämtlich, wodurch der Kettenbruch

$$\xi_0' = b_0' + \frac{1|}{|b_1'} + \frac{1|}{|b_2'} + \frac{1|}{|b_3'} + \cdots \tag{8}$$

entstehen möge, und setzt man demgemäß

$$\xi_\nu' = b_\nu' + \frac{1\ |}{|b_{\nu+1}'} + \frac{1\ |}{|b_{\nu+2}'} + \cdots,$$

so gibt es zu jedem Index $\varkappa$ ein zugehöriges λ und zu jedem λ ein (oder zwei) $\varkappa$ derart, daß

$$\xi_\varkappa' = \xi_\lambda \quad \text{oder} \quad \xi_\lambda - 1 \quad \text{oder} \quad \frac{\xi_\lambda}{\xi_\lambda - 1} \tag{9}$$

ist, oder durch Umkehrung:

$$\xi_\lambda = \xi_\varkappa' \quad \text{oder} \quad \xi_\varkappa' + 1 \quad \text{oder} \quad \frac{\xi_\varkappa'}{\xi_\varkappa' - 1}. \tag{10}$$

Wenn für $\nu \geqq 1$ durchweg $b_\nu' > 0$ ist (für $\nu = 1$ ist das sicher der Fall), so ist der Kettenbruch (8) bereits regelmäßig und es ist nichts mehr zu beweisen. Wenn aber (8) einen Abschnitt der Form (3) mit l Nullen enthält, wobei der erste Teilnenner 1 etwa b_n', der letzte Teilnenner c also b_{n+2l}' ist, so hat (8) das Aussehen

$$\xi_0' = \cdots + \frac{1\ |}{|b_{n-1}'} + \frac{1|}{|1} + \frac{1|}{|0} + \cdots + \frac{1|}{|1} + \frac{1|}{|0} + \frac{1\ |}{|b_{n+2l}'} + \frac{1\ |}{|b_{n+2l+1}'} + \cdots, \tag{11}$$

---

[1]) Mit leicht ersichtlicher Modifikation für $n = 1$ und für den Fall, daß a_n der letzte Teilzähler ist.

wobei $b'_{n-1} > 0$ [1]), $b'_{n+2l} > 0$, $b'_{n+2l+1} > 0$ ist. Nach (11) ist

$$\xi'_{n+2k} = 1 + \frac{1}{\xi'_{n+2k+1}} \qquad (k = 0, 1, \ldots, l-1),$$

$$\xi'_{n+2k+1} = 0 + \frac{1}{\xi'_{n+2k+2}} \qquad (k = 0, 1, \ldots, l-1),$$

woraus sich leicht ergibt (durch Schluß von k auf $k+1$):

$$(12) \qquad \xi'_{n+2k-1} = \frac{1}{\xi'_n - k}, \quad \xi'_{n+2k} = \xi'_n - k \qquad (k = 1, 2, \ldots, l).$$

Werden jetzt die l Nullen in (11) durch je eine Transformation $\mathfrak{t}_2$ beseitigt, so entsteht der Kettenbruch

$$(13) \qquad \xi''_0 = \cdots + \frac{1|}{|b'_{n-1}} + \frac{1|}{|l + b'_{n+2l}} + \frac{1|}{|b'_{n+2l+1}} + \cdots,$$

für den nun ξ''_ν die entsprechende Bedeutung haben möge. Offenbar bleiben beim Übergang von (11) zu (13) die ξ'_ν für $\nu \geqq n + 2l + 1$ erhalten; sei etwa $\xi'_{n+2l+1} = \xi''_{m+1}$ und demgemäß

$$\xi''_m = l + b'_{n+2l} + \frac{1}{\xi'_{n+2l+1}} = l + \xi'_{n+2l} = \xi'_n \qquad \bigl(\text{nach (12)}\bigr),$$

$$\xi''_{m-1} = b'_{n-1} + \frac{1}{\xi''_m} = b'_{n-1} + \frac{1}{\xi'_n} = \xi'_{n-1}.$$

Hieraus folgt, daß $m = n$ und $\xi''_\nu = \xi'_\nu$ für $\nu \leqq n$ ist. Beim Übergang von (11) zu (13) bleiben also die ξ'_ν für $\nu \leqq n$ und für $\nu \geqq n + 2l + 1$ erhalten, während die dazwischen liegenden $\xi'_{n+1}, \xi'_{n+2}, \ldots, \xi'_{n+2l}$ wegfallen.

Geht man von (11) gleich durch die Gesamttransformation $\mathfrak{T}_2$ zum regelmäßigen Kettenbruch mit den vollständigen Quotienten ξ^*_ν über, so sind für jeden Abschnitt der Form (3) aus der Reihe der ξ'_ν einige zu streichen. Daher sind die ξ^*_ν eine Teilmenge der ξ'_ν; sie haben also das Aussehen (9), womit der erste Teil von Satz 5.9 bewiesen ist.

Unser Beweisgang zeigt, daß nach Ausübung der Transformation $\mathfrak{T}_2$ alle und nur diejenigen ξ'_ν weggefallen sein werden, für die $b'_\nu = 0$ oder $b'_{\nu-1} = 0$ ist. Speziell fällt daher unser obiges ξ'_n nicht weg, ist also gleich einem ξ^*_μ; ebenso fällt auch ξ'_{n+2l+1} nicht weg und ist gleich $\xi^*_{\mu+1}$. Die zwischen ξ'_n und ξ'_{n+2l+1} wegfallenden ξ'_ν haben dann nach (12) das Aussehen

$$\xi^*_\mu - k \quad \text{und} \quad \frac{1}{\xi^*_\mu - k} \qquad (k = 1, 2, \ldots, l).$$

Daher gibt es für jedes (wegfallende oder nicht wegfallende) $\xi'_\varkappa$ einen Index μ und eine positive ganze Zahl k derart, daß

$$\xi'_\varkappa = \xi^*_\mu \quad \text{oder} \quad \xi^*_\mu - k \quad \text{oder} \quad \frac{1}{\xi^*_\mu - k}$$

ist. Nach (10) hat dann jedes ξ_λ eine der folgenden neun Gestalten:

$$\xi^*_\mu, \ \xi^*_\mu + 1, \qquad \frac{\xi^*_\mu}{\xi^*_\mu - 1},$$

---

[1]) Abgesehen vom Fall $n = 1$, in dem sich die Formel (11) leicht modifiziert.

$$\xi_\mu^* - k,\ \xi_\mu^* - k + 1, \qquad \frac{\xi_\mu^* - k}{\xi_\mu^* - k - 1},$$

$$\frac{1}{\xi_\mu^* - k},\ \frac{1}{\xi_\mu^* - k} + 1 = \frac{\xi_\mu^* - k + 1}{\xi_\mu^* - k},\ \frac{\frac{1}{\xi_\mu^* - k}}{\frac{1}{\xi_\mu^* - k} - 1} = \frac{1}{1 + k - \xi_\mu^*},$$

die man nach Ausscheiden derjenigen, die kleiner als 1 oder gar negativ und daher unmöglich sind, zusammenfassen kann in

$$\xi_\mu^*,\ \xi_\mu^* + 1,\ \frac{\xi_\mu^*}{\xi_\mu^* - 1},\ \xi_\mu^* - k \qquad (k = 1, 2, \ldots, b_\mu^* - 1),$$

$$\frac{1}{\xi_\mu^* - b_\mu^*},\ \frac{1}{1 + b_\mu^* - \xi_\mu^*},\ \frac{\xi_\mu^* - k + 1}{\xi_\mu^* - k} \qquad (k = 1, 2, \ldots, b_\mu^*).$$

Dabei kann man aber die ersten beiden Zahlen der zweiten Zeile weglassen, weil sie gleich

$$\xi_{\mu+1}^* \text{ bzw. } \frac{1}{1 - \frac{1}{\xi_{\mu+1}^*}} = \frac{\xi_{\mu+1}^*}{\xi_{\mu+1}^* - 1},$$

also in der ersten Zeile schon berücksichtigt sind (mit verändertem Index). Ebenso kann man in der zweiten Zeile den Wert $k = b_\mu^*$ weglassen, weil

$$\frac{\xi_\mu^* - b_\mu^* + 1}{\xi_\mu^* - b_\mu^*} = \frac{\frac{1}{\xi_{\mu+1}^*} + 1}{\frac{1}{\xi_{\mu+1}^*}} = \xi_{\mu+1}^* + 1,$$

also ebenfalls in der ersten Zeile schon berücksichtigt ist. Dann bleiben aber gerade die in Satz 5. 9 behaupteten Werte übrig.

§ 41. Das Näherungsgesetz.

1. Das von *Blumer* 1 entdeckte Näherungsgesetz lautet:

Satz 5. 10. *Für die Näherungsbrüche* $\frac{A_{n-1}}{B_{n-1}}$ *eines halbregelmäßigen Kettenbruches*

$$\xi_0 = b_0 + \frac{a_1|}{|b_1} + \frac{a_2|}{|b_2} + \cdots$$

gelten die Ungleichungen:

a) $$\left|\xi_0 - \frac{A_{n-1}}{B_{n-1}}\right| < \frac{1}{B_{n-1}^2}, \text{ wenn } a_n = 1,$$

b) $$\left|\xi_0 - \frac{A_{n-1}}{B_{n-1}}\right| < \frac{i+1}{B_{n-1}^2}, \text{ wenn } a_{n-i} = 1,\ a_\nu = -1 \text{ für } n - i < \nu \leqq n,$$

c) $$\left|\xi_0 - \frac{A_{n-1}}{B_{n-1}}\right| < \frac{n}{B_{n-1}^2}, \text{ wenn } a_\nu = -1 \text{ für } \nu = 2, 3, \ldots, n.$$

Zum Beweis gehen wir aus von der Formel (17) des 2

(1) $$\xi_0 = \frac{A_{n-1}\xi_n + a_n A_{n-2}}{B_{n-1}\xi_n + a_n B_{n-2}}.$$

Hiernach ist

(2)
$$\left|\xi_0-\frac{A_{n-1}}{B_{n-1}}\right|=\frac{1}{B_{n-1}(B_{n-1}\xi_n+a_nB_{n-2})}=\frac{1}{\gamma_nB_{n-1}^2},$$

wobei

(3)
$$\gamma_n=\xi_n+\frac{a_nB_{n-2}}{B_{n-1}}.$$

Für $a_n=1$ ist also $\gamma_n\geqq\xi_n>1$, womit das Gesetz a) bereits bewiesen ist.

Nun sei i eine der Zahlen $1, 2, \ldots, n-1$ und sei

$$a_n=-1,\quad a_{n-1}=-1,\quad \ldots,\quad a_{n-i+1}=-1,\quad \text{aber } a_{n-i}=+1,$$

wobei nur im Fall $i=n-1$ auf die letzte Forderung $a_1=1$ verzichtet werden soll. Dann ist, weil stets $b_\nu+a_{\nu+1}\geqq1$ sein muß,

$$b_{n-1}\geqq2,\quad b_{n-2}\geqq2,\quad \ldots,\quad b_{n-i}\geqq2.$$

Daraus folgt:

$$B_{n-i}=b_{n-i}B_{n-i-1}+a_{n-i}B_{n-i-2}\geqq2B_{n-i-1},$$

und zwar wegen $B_{-1}=0$ auch im Fall $i=n-1$, obwohl auf die Forderung $a_1=1$ verzichtet wurde. Somit ist

$$\frac{B_{n-i}}{B_{n-i-1}}\geqq2.$$

Allgemeiner ist sogar

(4)
$$\frac{B_{n-i+\lambda}}{B_{n-i+\lambda-1}}\geqq\frac{\lambda+2}{\lambda+1}\qquad(\lambda=0,1,\ldots,i-1).$$

Denn für $\lambda=0$ ist diese Ungleichung soeben bewiesen worden. Wenn sie aber für einen gewissen Wert λ $(<i-1)$ gilt, so gilt sie auch für den nächsten, weil dann aus

$$B_{n-i+\lambda+1}=b_{n-i+\lambda+1}B_{n-i+\lambda}+a_{n-i+\lambda+1}B_{n-i+\lambda-1}$$

folgt:

$$\frac{B_{n-i+\lambda+1}}{B_{n-i+\lambda}}=b_{n-i+\lambda+1}-\frac{B_{n-i+\lambda-1}}{B_{n-i+\lambda}}\geqq2-\frac{\lambda+1}{\lambda+2}=\frac{\lambda+3}{\lambda+2}.$$

Damit ist die Richtigkeit der Formel (4) bewiesen. Speziell für $\lambda=i-1$ liefert sie:

$$\frac{B_{n-1}}{B_{n-2}}\geqq\frac{i+1}{i}.$$

Daher ist diesmal

$$\gamma_n=\xi_n+\frac{a_nB_{n-2}}{B_{n-1}}>1-\frac{B_{n-2}}{B_{n-1}}\geqq1-\frac{i}{i+1}=\frac{1}{i+1},$$

womit auch das Gesetz b) bewiesen ist. Wendet man dieses aber speziell auf den Fall $i=n-1$ an und beachtet, daß beim Beweis auf die Forderung $a_1=1$ verzichtet werden konnte, so hat man auch schon das Gesetz c).

II. In den Ungleichungen von Satz 5. 10 können die Zähler der rechten Seite reichlich hoch erscheinen, namentlich bei b) und c), und man kann versucht sein, sie verbessern zu wollen. Das ist aber nicht möglich, vielmehr hat *Blumer* 1 den Satz noch in folgender Weise ergänzt:

Satz 5.11. *Wenn man in den Ungleichungen von Satz 5.10 die Zähler der rechten Seite um eine beliebig kleine von n unabhängige positive Zahl ε verkleinert, dann sind die entstehenden Ungleichungen nicht mehr allgemein gültig.*

Zum Beweis müssen wir Gegenbeispiele konstruieren, also Kettenbrüche, bei denen die Zahl $\frac{1}{\gamma_n}$ größer als $1 - \varepsilon$ bzw. $i + 1 - \varepsilon$ bzw. $n - \varepsilon$ wird.

Für a) genügt schon der regelmäßige Kettenbruch

$$[1, \ldots, 1, b_{n-1}, 1, b_{n+1}, \ldots],$$

wenn man b_{n-1} und b_{n+1} hinreichend groß wählt. Dann ist nämlich wegen $B_{n-1} = b_{n-1} B_{n-2} + B_{n-3}$ der Bruch $\frac{B_{n-1}}{B_{n-2}}$ beliebig groß und die Zahl $\xi_n - 1 = \frac{1}{\xi_{n+1}}$ beliebig klein, so daß die Zahl $\gamma_n = \xi_n + \frac{B_{n-2}}{B_{n-1}}$ beliebig nahe bei 1 liegt.

Für b) betrachten wir den Kettenbruch

$$\frac{1|}{|1} + \cdots + \frac{1|}{|1} + \frac{1\ |}{|b_{n-i-1}} + \frac{1|}{|2} - \frac{1|}{|2} - \cdots - \frac{1|}{|2} - \frac{1|}{|1} + \frac{1\ |}{|b_{n+2}} + \cdots,$$

wo b_{n-i-1} und b_{n+2} hinreichend groß sind. Hier gilt zunächst die Formel

$$B_{n-i+\lambda-1} = (\lambda + 1) B_{n-i-1} + \lambda B_{n-i-2} \qquad (\lambda = 0, 1, \ldots, i + 1)$$

Denn für $\lambda = 0$ ist sie evident, für $\lambda = 1$ ebenfalls, weil $a_{n-i} = 1$, $b_{n-i} = 2$ ist. Wenn sie aber für zwei aufeinanderfolgende Werte $\lambda = \mu$ $(\geqq 0)$ und $\lambda = \mu + 1$ $(< i + 1)$ gilt, so findet man:

$$\begin{aligned} B_{n-i+\mu+1} &= 2 B_{n-i+\mu} - B_{n-i+\mu-1} \\ &= 2[(\mu + 2) B_{n-i-1} + (\mu + 1) B_{n-i-2}] - [(\mu + 1) B_{n-i-1} + \mu B_{n-i-2}] \\ &= (\mu + 3) B_{n-i-1} + (\mu + 2) B_{n-i-2}; \end{aligned}$$

die Formel gilt also auch für $\lambda = \mu + 2$ und somit allgemein für $0 \leqq \lambda \leqq i + 1$. Speziell für $\lambda = i$ und $\lambda = i - 1$ kommt durch Division der entstehenden Formeln

$$\frac{B_{n-1}}{B_{n-2}} = \frac{(i+1) B_{n-i-1} + i B_{n-i-2}}{i B_{n-i-1} + (i-1) B_{n-i-2}}.$$

Nun ist aber

$$\frac{B_{n-i-1}}{B_{n-i-2}} = b_{n\ i\ 1} + \frac{B_{n+i-3}}{B_{n+i-2}},$$

also beliebig groß, wenn nur b_{n-i-1} groß genug. Daher liegt $\frac{B_{n-1}}{B_{n-2}}$ beliebig nahe bei $\frac{i+1}{i}$. Anderseits ist

$$\xi_n = 2 - \frac{1|}{|1} + \frac{1\ |}{|\xi_{n+2}} = 2 - \frac{\xi_{n+2}}{\xi_{n+2} + 1},$$

liegt also, wenn nur b_{n+2} und dann von selbst auch ξ_{n+2} hinreichend groß ist, beliebig nahe bei 1. Somit liegt die Zahl

$$\gamma_n = \xi_n - \frac{B_{n-2}}{B_{n-1}}$$

beliebig nahe bei $1 - \frac{i}{i+1} = \frac{1}{i+1}$.

Endlich für c) betrachten wir den Kettenbruch

$$\frac{1|}{|2} - \frac{1|}{|2} - \cdots - \frac{1|}{|2} - \frac{1|}{|1} + \frac{1\;|}{|\,b_{n+2}} + \cdots,$$

wo b_{n+2} hinreichend groß ist. Hier ist

$$B_{-1} = 0,\ B_0 = 1,\ B_1 = 2,\ B_2 = 3,\ \ldots,\ B_{n-2} = n-1,\ B_{n-1} = n;$$

also $\frac{B_{n-2}}{B_{n-1}} = \frac{n-1}{n}$. Anderseits liegt

$$\xi_n = 2 - \frac{1|}{|1} + \frac{1\;|}{|\,\xi_{n+2}} = 2 - \frac{\xi_{n+2}}{\xi_{n+2}+1}$$

wie vorhin wieder beliebig nahe bei 1, wenn nur b_{n+2} genügend groß ist. Daher liegt jetzt die Zahl $\gamma_n = \xi_n - \frac{B_{n-2}}{B_{n-1}}$ beliebig nahe bei $1 - \frac{n-1}{n} = \frac{1}{n}$.

III. Nachdem die Ungleichungen von Satz 5.10 wegen Satz 5.11 keine wesentliche Verschärfung mehr zulassen, bedeutet der folgende ebenfalls von *Blumer* 1 gefundene Satz eine angenehme Überraschung:

Satz 5.12. *Die Näherungszähler und -nenner eines halbregelmäßigen Kettenbruches für eine irrationale Zahl* ξ_0 *erfüllen die Gleichung*

$$\lim_{n\to\infty} (B_n\xi_0 - A_n) = 0.$$

Beweis. Aus der Formel

$$\xi_\nu(B_{\nu-1}\xi_0 - A_{\nu-1}) = -a_\nu(B_{\nu-2}\xi_0 - A_{\nu-2}),$$

in der die Klammergrößen nicht verschwinden können (vgl. S. 138 unten), folgt

$$\frac{|B_{\nu-1}\xi_0 - A_{\nu-1}|}{|B_{\nu-2}\xi_0 - A_{\nu-2}|} = \frac{1}{\xi_\nu}$$

und daraus weiter

$$|B_n\xi_0 - A_n| = |B_0\xi_0 - A_0| \cdot \frac{1}{\xi_2}\cdot\frac{1}{\xi_3}\cdots\frac{1}{\xi_{n+1}} = \frac{1}{\xi_1\xi_2\xi_3\cdots\xi_{n+1}}.$$

Es ist aber

$$\xi_\nu = b_\nu + \frac{a_{\nu+1}}{\xi_{\nu+1}},\ \text{ also }\ \xi_\nu\xi_{\nu+1} = b_\nu\,\xi_{\nu+1} + a_{\nu+1} > b_\nu + a_{\nu+1}.$$

Da nun unendlich oft $b_\nu + a_{\nu+1} \geqq 2$ ist, so muß auch unendlich oft $\xi_\nu\xi_{\nu+1} > 2$ sein, woraus $\lim_{n\to\infty} \xi_1\xi_2\cdots\xi_{n+1} = \infty$ folgt, also nach der vorigen Formel auch $\lim_{n\to\infty}(B_n\xi_0 - A_n) = 0$. W. z. b. w.

§ 42. Periodizität.

I. Wenn der unendliche halbregelmäßige Kettenbruch

$$b_0 + \frac{a_1|}{|b_1} + \frac{a_2|}{|b_2} + \cdots$$

die Eigenschaft hat, daß von einem gewissen ν an stets

$$b_{\nu+k} = b_\nu,\quad a_{\nu+k+1} = a_{\nu+1}$$

ist, so heißt er **periodisch** (mit k-gliedriger Periode), und zwar speziell **reinperiodisch**, wenn diese Bedingungen schon von $\nu = 0$ an erfüllt sind, andernfalls **gemischtperiodisch**.

Diese Definition enthält die in § 19, I und II für regelmäßige Kettenbrüche gegebene als Spezialfall. Wir beweisen nun

Satz 5.13. *Ein periodischer halbregelmäßiger Kettenbruch stellt eine quadratische Irrationalzahl dar.*

In der Tat ist ein periodischer halbregelmäßiger Kettenbruch, weil unendlich, eine irrationale Zahl. Ferner ist zunächst bei reiner Periodizität $\xi_0 = \xi_k$, also

$$\xi_0 = b_0 + \frac{a_1|}{|b_1} + \cdots + \frac{a_{k-1}|}{|b_{k-1}} + \frac{a_k|}{|\xi_0} = \frac{A_{k-1}\xi_0 + A_{k-2}a_k}{B_{k-1}\xi_0 + B_{k-2}a_k}.$$

Daher ist ξ_0 eine Wurzel der quadratischen Gleichung

$$B_{k-1}\xi_0^2 + (B_{k-2}a_k - A_{k-1})\xi_0 - A_{k-2}a_k = 0,$$

die wegen $B_{k-1} \geqq 1$ (Satz 5.1) gewiß keine identische ist. Bei gemischter Periodizität dagegen ist ξ_ν für genügend großes ν ein reinperiodischer Kettenbruch, also nach dem Bewiesenen eine quadratische Irrationalzahl. Die Gleichung

$$\xi_0 = b_0 + \frac{a_1|}{|b_1} + \cdots + \frac{a_{\nu-1}|}{|b_{\nu-1}} + \frac{a_\nu|}{|\xi_\nu} = \frac{A_{\nu-1}\xi_\nu + A_{\nu-2}a_\nu}{B_{\nu-1}\xi_\nu + B_{\nu-2}a_\nu}$$

lehrt dann, daß auch ξ_0 eine solche ist.

II. Der Satz 5.13 läßt sich natürlich nicht in der Weise umkehren, daß ein halbregelmäßiger Kettenbruch für eine quadratische Irrationalzahl notwendig periodisch sein muß; denn man kann ja die Teilzähler $a_\nu = \pm 1$ willkürlich, also auch unperiodisch, vorschreiben. Dagegen gilt sehr wohl

Satz 5.14. *Wenn bei der Entwicklung einer quadratischen Irrationalzahl in einen halbregelmäßigen Kettenbruch die Folge der Teilzähler periodisch vorgeschrieben ist, dann wird der Kettenbruch selbst periodisch.*

Dieses Theorem kann auf ganz ähnliche Art bewiesen werden, wie wir in § 20 den **Lagrange**schen Satz bewiesen haben, der ja ein Spezialfall davon ist. Doch können wir auf Grund bereits gewonnener Einsichten viel schneller ans Ziel gelangen. Entwickelt man nämlich ξ_0 in einen regelmäßigen Kettenbruch, so gibt es wegen der Periodizität (Satz 3.2, S. 66) nur endlich viele verschiedene vollständige und unvollständige Quotienten ξ_ν^* und b_ν^*. Nach Satz 5.9 gehören dann aber auch alle ξ_ν, die bei allen möglichen halbregelmäßigen Kettenbrüchen der Zahl ξ_0 auftreten können, einem endlichen Wertevorrat $\mathfrak{M}$ an. Sind nun die Teilzähler a_ν periodisch vorgegeben, so daß etwa

(1) $$a_{\nu+k} = a_\nu \quad \text{für} \quad \nu \geqq \nu_0$$

ist, dann müssen unter den Zahlen $\xi_{\nu_0}, \xi_{\nu_0+k}, \xi_{\nu_0+2k}, \xi_{\nu_0+3k}, \ldots$ notwendig gleiche vorkommen, etwa $\xi_{\nu_0+sk} = \xi_{\nu_0+rk}$ mit $s > r$. Dann ist aber wegen $a_{\nu_0+sk+1} = a_{\nu_0+rk+1}$ auch $b_{\nu_0+sk} = b_{\nu_0+rk}$ und

$$\frac{a_{\nu_0+sk+1}}{\xi_{\nu_0+sk+1}} = \xi_{\nu_0+sk} - b_{\nu_0+sk} = \xi_{\nu_0+rk} - b_{\nu_0+rk} = \frac{a_{\nu_0+rk+1}}{\xi_{\nu_0+rk+1}},$$

also $\xi_{\nu_0+sk+1} = \xi_{\nu_0+rk+1}$. Nun wiederholt sich derselbe Schluß mit $\nu_0 + 1$ an Stelle von ν_0, und durch Fortsetzung des Verfahrens folgt allgemein für $\nu \geqq \nu_0$:

$$\xi_{\nu+sk} = \xi_{\nu+rk}, \quad a_{\nu+sk+1} = a_{\nu+rk+1}, \quad b_{\nu+sk} = b_{\nu+rk},$$

also Periodizität (mit $(sk - rk)$-gliedriger Periode).

III. Ein halbregelmäßiger Kettenbruch, dessen Teilzähler sämtlich gleich -1 sind, heißt reduziert-regelmäßig (oder auch negativ-regelmäßig). Als Spezialfall von Satz 5. 14 ergibt sich daher der auf andere Art auch von *E. Zurl* **1** bewiesene

Satz 5. 15. *Der reduziert-regelmäßige Kettenbruch für eine quadratische Irrationalzahl ist periodisch.*

In § 39, I wurde erklärt, was ein Kettenbruch nach nächsten und nach entfernteren Ganzen ist. Auch diese Kettenbrüche werden periodisch, was für die nächsten Ganzen von *Minnigerode* **1** und *A. Hurwitz* **2**, für die entfernteren Ganzen wohl erst von *Blumer* **3** festgestellt wurde:

Satz 5. 16. *Für eine quadratische Irrationalzahl ξ_0 ist der Kettenbruch nach nächsten und ebenso der nach entfernteren Ganzen stets periodisch.*

Der Beweis ergibt sich unmittelbar aus der oben beim Beweis von Satz 5. 14 getroffenen Feststellung, daß die bei allen möglichen halbregelmäßigen Kettenbruchentwicklungen von ξ_0 auftretenden ξ_ν einem endlichen Wertevorrat $\mathfrak{M}$ angehören. Bei beiden Kettenbrucharten muß also einmal $\xi_{\nu+k} = \xi_\nu$ werden. Dann ist aber auch $b_{\nu+k} = b_\nu$, $a_{\nu+k+1} = a_{\nu+1}$ und folglich $\xi_{\nu+k+1} = \xi_{\nu+1}$ usw.

§ 43. Kettenbrüche nach nächsten und entfernteren Ganzen sowie reduziert-regelmäßige Kettenbrüche.

I. Bereits in § 39, I wurde definiert, was Kettenbruchentwicklungen nach nächsten oder entfernteren Ganzen sind, und in § 42, III wurde für quadratische Irrationalzahlen bewiesen, daß diese Entwicklungen periodisch sind. Wir wollen jetzt einige weitere Eigenschaften kennen lernen.

Satz 5. 17. *Ein halbregelmäßiger Kettenbruch für eine nicht ganze Zahl*

$$\xi_0 = b_0 + \frac{a_1|}{|b_1} + \frac{a_2|}{|b_2} + \cdots$$

ist dann und nur dann einer nach entfernteren Ganzen, wenn

$$b_\nu \leqq 2, \quad b_\nu + a_{\nu+1} \leqq 2 \qquad \textit{für } \nu = 1, 2, 3, \ldots$$

ist[1]). *Er ist dann und nur dann einer nach nächsten Ganzen, wenn*

$$b_\nu \geqq 2, \quad b_\nu + a_{\nu+1} \geqq 2 \qquad \textit{für } \nu = 1, 2, 3. \ldots$$

ist[2]).

[1]) Man könnte das auch so ausdrücken, daß von den beiden Zahlen b_ν und $b_\nu + a_{\nu+1}$ stets die eine gleich 1, die andere gleich 2 ist.

[2]) Man könnte das auch so ausdrücken, daß von den beiden Zahlen b_ν und $b_\nu + a_{\nu+1}$ die größere stets $\geqq 3$ ist.

Beweis. Im Fall der entfernteren Ganzen muß definitionsgemäß $\xi_\nu \leqq 2$ für $\nu \geqq 1$ sein, und zwar Gleichheit nur, wenn $\xi_\nu = b_\nu = 2$ der letzte Teilnenner ist. Da nun ξ_ν stets zwischen den um 1 differierenden Zahlen b_ν und $b_\nu + a_{\nu+1}$ liegt, ist die Forderung $\xi_\nu < 2$ offenbar gleichbedeutend mit $b_\nu \leqq 2$, $b_\nu + a_{\nu+1} \leqq 2$. Im Fall der nächsten Ganzen muß $\xi_\nu \geqq 2$ für $\nu \geqq 1$ sein, und zwar Gleichheit höchstens, wenn $\xi_\nu = b_\nu$ der letzte Teilnenner ist. Die Forderung $\xi_\nu > 2$ ist aber offenbar gleichbedeutend mit $b_\nu \geqq 2$, $b_\nu + a_{\nu+1} \geqq 2$.

II. Über die Kettenbrüche nach entfernteren Ganzen ist weiter nicht viel zu sagen, dagegen haben die nach nächsten Ganzen eine Reihe bemerkenswerter Eigenschaften. Aus $b_\nu \geqq 2$, $b_\nu + a_{\nu+1} \geqq 2$ folgt:

$$b_\nu - \frac{1-a_\nu}{2} - \frac{1-a_{\nu+1}}{2} = \frac{b_\nu}{2} + \frac{b_\nu + a_{\nu+1}}{2} - 1 + \frac{a_\nu}{2} \geqq 1 + 1 - 1 + \frac{a_\nu}{2} > 0 .$$

Nach Satz 5. 8, S. 152 ist also jeder Näherungsbruch des Kettenbruches nach nächsten Ganzen zugleich ein Näherungsbruch des regelmäßigen Kettenbruches, so daß nach Satz 2. 10, S. 37 das Näherungsgesetz

$$\left|\xi_0 - \frac{A_\nu}{B_\nu}\right| < \frac{1}{B_\nu^2}$$

gilt. Wir werden aber im nächsten Paragraphen noch eine wesentliche Verschärfung dieser Formel kennen lernen. Jetzt sollen noch einige bemerkenswerte Tatsachen über das Wachstum der Näherungsnenner und die Abnahme des Fehlers der Näherungsbrüche bewiesen werden.

Satz 5. 18. *Die Näherungsnenner eines Kettenbruches nach nächsten Ganzen sind monoton wachsend und es gelten für $\nu \geqq 1$ die Formeln*

(A) $$B_{\nu-1} > -\frac{3+\sqrt{5}}{2} a_\nu B_{\nu-2},$$

(B) $$\frac{B_\nu}{B_{\nu-1}} > \frac{1+\sqrt{5}}{2}, \text{ im Fall } b_\nu \geqq 3 \text{ sogar} > \frac{3+\sqrt{5}}{2},$$

(A), (B): (*A. Hurwitz* 2),

(C) $$\frac{B_{\nu+1}}{B_{\nu-1}} > 2 + \sqrt{5}.$$

Beweis. Die Formel (A) ist für $\nu = 1$ und für $a_\nu = +1$ trivial (wegen $B_{-1} = 0$ und φ weil für $\lambda \geqq 0$ alle B_λ positiv sind). Sei daher jetzt $\nu > 1$, $a_\nu = -1$, so daß Satz 5.17 lehrt: $b_{\nu-1} \geqq 3$. Wir dürfen annehmen, die Formel (A) mit $\nu - 1$ an Stelle von ν gelte bereits; dann ist

$$B_{\nu-2} > -\frac{3+\sqrt{5}}{2} a_{\nu-1} B_{\nu-3}$$

oder also

$$a_{\nu-1} B_{\nu-3} > -\frac{2}{3+\sqrt{5}} B_{\nu-2} = -\frac{3-\sqrt{5}}{2} B_{\nu-2}.$$

Daraus folgt

$$B_{\nu-1} = b_{\nu-1} B_{\nu-2} + a_{\nu-1} B_{\nu-3} > 3 B_{\nu-2} - \frac{3-\sqrt{5}}{2} B_{\nu-2} = \frac{3+\sqrt{5}}{2} B_{\nu-2},$$

womit die Formel (A) allgemein bewiesen ist. Aus ihr ergibt sich dann

$$B_\nu = b_\nu B_{\nu-1} + a_\nu B_{\nu-2} > b_\nu B_{\nu-1} - \frac{2}{3+\sqrt{5}} B_{\nu-1} = \left(b_\nu - \frac{3-\sqrt{5}}{2}\right) B_{\nu-1},$$

womit wegen $b_\nu \geqq 2$ auch (B) bereits bewiesen ist. Nun ist weiter

$$\frac{B_{\nu+1}}{B_{\nu-1}} = b_{\nu+1} \frac{B_\nu}{B_{\nu-1}} + a_{\nu+1}.$$

Für $a_{\nu+1} = +1$ ergibt sich hieraus nach (B):

$$\frac{B_{\nu+1}}{B_{\nu-1}} > 2 \cdot \frac{1+\sqrt{5}}{2} + 1 = 2 + \sqrt{5}.$$

Für $a_{\nu+1} = -1$ ist $b_\nu \geqq 3$ (nach Satz 5. 17) und nach (B) ergibt sich:

$$\frac{B_{\nu+1}}{B_{\nu-1}} > 2 \cdot \frac{3+\sqrt{5}}{2} - 1 = 2 + \sqrt{5}.$$

Also in beiden Fällen Formel (C).

Satz 5. 19. *Die Fehler der Näherungsbrüche eines Kettenbruches nach nächsten Ganzen nehmen monoton ab und zwar ist*

$$\left|\xi_0 - \frac{A_\nu}{B_\nu}\right| < \frac{\sqrt{5}-1}{4} \cdot \left|\xi_0 - \frac{A_{\nu-1}}{B_{\nu-1}}\right|.$$

Beweis. Nach der oft benutzten Formel (17) des § 2 ist

$$\left|\xi_0 - \frac{A_{\nu-1}}{B_{\nu-1}}\right| = \left|\frac{A_{\nu-1}\xi_\nu + A_{\nu-2}a_\nu}{B_{\nu-1}\xi_\nu + B_{\nu-2}a_\nu} - \frac{A_{\nu-1}}{B_{\nu-1}}\right| = \frac{1}{B_{\nu-1} \cdot |B_{\nu-1}\xi_\nu + B_{\nu-2}a_\nu|}.$$

Daher mit Benutzung von Satz 5. 18, Formel (B)

$$\frac{\left|\xi_0 - \frac{A_\nu}{B_\nu}\right|}{\left|\xi_0 - \frac{A_{\nu-1}}{B_{\nu-1}}\right|} = \frac{B_{\nu-1} \cdot |B_{\nu-1}\xi_\nu + B_{\nu-2}a_\nu|}{B_\nu \cdot |B_\nu \xi_{\nu+1} + B_{\nu-1}a_{\nu+1}|} = \frac{B_{\nu-1}}{B_\nu} \cdot \frac{B_\nu + B_{\nu-1}\frac{a_{\nu+1}}{\xi_{\nu+1}}}{B_\nu \xi_{\nu+1} + B_{\nu-1}a_{\nu+1}}$$

$$= \frac{B_{\nu-1}}{B_\nu} \cdot \frac{1}{\xi_{\nu+1}} < \frac{2}{1+\sqrt{5}} \cdot \frac{1}{2} = \frac{\sqrt{5}-1}{4}.$$

W. z. b. w.

Satz 5. 20. *Die in Satz 5. 18 und 5. 19 angegebenen numerischen Schranken sind die bestmöglichen.*

Zum Beweis betrachten wir den endlichen Kettenbruch

$$\xi_0 = 3 - \frac{1|}{|3} - \frac{1|}{|3} - \cdots - \frac{1|}{|3} - \frac{1|}{|2} + \frac{1|}{|2}, \tag{1}$$

der nach Satz 5. 17 gewiß einer nach nächsten Ganzen ist. Die Anzahl der Glieder $\frac{-1|}{|3}$ sei hinreichend groß, wir setzen sie gleich $\nu - 1$. Dann gilt zunächst die Formel

$$B_{\lambda-1} = \frac{1}{\sqrt{5}}\left[\left(\frac{3+\sqrt{5}}{2}\right)^\lambda - \left(\frac{3-\sqrt{5}}{2}\right)^\lambda\right] \qquad (\lambda = 0, 1, \ldots, \nu),$$

wie man leicht durch vollständige Induktion in bezug auf λ feststellt, nachdem für $\lambda = 0$ und $\lambda = 1$ die Formel evident ist. Insbesondere ist also

$$B_{\nu-1} = \frac{1}{\sqrt{5}}\left[\left(\frac{3+\sqrt{5}}{2}\right)^{\nu} - \left(\frac{3-\sqrt{5}}{2}\right)^{\nu}\right] = \frac{1}{\sqrt{5}}\left(\frac{3+\sqrt{5}}{2}\right)^{\nu}\cdot(1-\varepsilon_\nu),$$

wo $|\varepsilon_\nu|$, ebenso wie später $|\varepsilon_\nu'|$ und $|\varepsilon_\nu''|$, beliebig klein ist, wenn nur ν genügend groß gewählt wird. Entsprechend ist

$$B_{\nu-2} = \frac{1}{\sqrt{5}}\left(\frac{3+\sqrt{5}}{2}\right)^{\nu-1}\cdot(1-\varepsilon_{\nu-1})$$

und folglich

$$(2) \qquad \frac{B_{\nu-1}}{B_{\nu-2}} = \frac{3+\sqrt{5}}{2}\,\frac{1-\varepsilon_\nu}{1-\varepsilon_{\nu-1}},$$

woraus man erkennt, daß die Schranke in Satz 5. 18, (A) nicht verbessert werden kann.

Weiter ist jetzt $b_\nu = 2$, $a_\nu = -1$, also

$$(3) \qquad \frac{B_\nu}{B_{\nu-1}} = 2 - \frac{B_{\nu-2}}{B_{\nu-1}} = 2 - \frac{2}{3+\sqrt{5}}\,\frac{1-\varepsilon_{\nu-1}}{1-\varepsilon_\nu} = \frac{1+\sqrt{5}}{2} + \varepsilon_\nu'.$$

Daraus und aus (2) ersieht man, daß die Schranken in Satz 5. 18, (B) nicht verbessert werden können. Schließlich ist

$$\frac{B_\nu}{B_{\nu-2}} = \frac{B_\nu}{B_{\nu-1}}\,\frac{B_{\nu-1}}{B_{\nu-2}} = \left(\frac{1+\sqrt{5}}{2} + \varepsilon_\nu'\right)\cdot\frac{3+\sqrt{5}}{2}\,\frac{1-\varepsilon_\nu}{1-\varepsilon_{\nu-1}} = 2+\sqrt{5}+\varepsilon_\nu'',$$

so daß auch die Schranke in Satz 5. 18, (C) nicht verbessert werden kann.

Aus dem Beweis von Satz 5. 19 ergibt sich

$$\frac{\left|\xi_0 - \dfrac{A_\nu}{B_\nu}\right|}{\left|\xi_0 - \dfrac{A_{\nu-1}}{B_{\nu-1}}\right|} = \frac{B_{\nu-1}}{B_\nu}\cdot\frac{1}{\xi_{\nu+1}},$$

und hier liegt die rechts stehende Zahl wegen (3) und, weil $\xi_{\nu+1} = 2$ ist, beliebig nahe bei $\dfrac{2}{1+\sqrt{5}}\cdot\dfrac{1}{2} = \dfrac{\sqrt{5}-1}{4}$, was besagt, daß auch die Schranke in Satz 5.19 keiner Verbesserung fähig ist.

III. Reduziert-regelmäßige Kettenbrüche, deren Definition wir bereits in § 42, III gegeben haben, treten erstmals bei *Möbius* 1 auf. Sie wurden dann aber ein Jahrhundert lang vernachlässigt und erst 1935 von *Erna Zurl* 1 eingehend studiert. Wir müssen uns hier mit wenigen Bemerkungen begnügen. Aus der Rekursionsformel

$$(4) \qquad B_\nu - B_{\nu-1} = (b_\nu - 1)\,B_{\nu-1} - B_{\nu-2} \geqq B_{\nu-1} - B_{\nu-2} \qquad (\nu \geqq 1)$$

folgt, daß die Differenz $B_\nu - B_{\nu-1}$ monoton wächst und wegen $B_1 - B_0 = b_1 - 1 \geqq 1$ für $\nu \geqq 1$ stets positiv ist. Im Fall des endlichen Kettenbruches

$$2-\frac{1|}{|2}-\frac{1|}{|2}-\cdots-\frac{1|}{|2}$$

ist $B_\nu - B_{\nu-1}$ offenbar konstant gleich 1. Bei einem unendlichen Kettenbruch muß aber unendlich oft $b_\nu \geqq 3$ sein, so daß in (4) unendlich oft das Größerzeichen gilt. Hieraus folgt dann

$$\lim_{\nu\to\infty}(B_\nu - B_{\nu-1}) = \infty.$$

Wegen

$$\frac{A_\nu}{B_\nu}-\frac{A_{\nu-1}}{B_{\nu-1}}=\frac{(-1)^{\nu-1}a_1a_2\cdots a_\nu}{B_\nu B_{\nu-1}}=\frac{-1}{B_\nu B_{\nu-1}}$$

nehmen die Näherungsbrüche monoton ab, sind also sämtlich größer als der Wert des Kettenbruches selbst und kommen ihm ständig näher. Für die Güte der Näherung bekommt man eine Abschätzung aus der Formel

$$\xi_0-\frac{A_{\nu-1}}{B_{\nu-1}}=\frac{A_{\nu-1}\xi_\nu - A_{\nu-2}}{B_{\nu-1}\xi_\nu - B_{\nu-2}}-\frac{A_{\nu-1}}{B_{\nu-1}}=\frac{-1}{B_{\nu-1}(B_{\nu-1}\xi_\nu - B_{\nu-2})}=\frac{-1}{B_{\nu-1}\left(B_\nu - B_{\nu-1}\cdot\dfrac{1}{\xi_{\nu+1}}\right)}.$$

Es ist nämlich

$$B_\nu - B_{\nu-1}\cdot\frac{1}{\xi_{\nu+1}}\begin{cases} > B_\nu - B_{\nu-1} \geqq 1\\ < B_\nu\end{cases}$$

und für $b_\nu \geqq 3$ außerdem

$$B_\nu - B_{\nu-1} = (b_\nu - 1)B_{\nu-1} - B_{\nu-2} \geqq 2B_{\nu-1} - B_{\nu-2} > B_{\nu-1}.$$

Daraus fließt das folgende Näherungsgesetz von *E. Zurl* **1**:

Satz 5. 21. *Für die Näherungsbrüche eines reduziert-regelmäßigen Kettenbruches*

$$b_0-\frac{1|}{|b_1}-\frac{1|}{|b_2}-\frac{1|}{|b_3}-\cdots$$

gilt die Formel

$$\left|\xi_0-\frac{A_{\nu-1}}{B_{\nu-1}}\right|\begin{cases} > \dfrac{1}{B_{\nu-1}B_\nu},\\ < \dfrac{1}{B_{\nu-1}} \text{ und, falls } b_\nu \geqq 3, \text{ sogar } < \dfrac{1}{B_{\nu-1}^2}.\end{cases}$$

Daß für quadratische Irrationalzahlen der Kettenbruch periodisch wird, wurde bereits in § 42, III bewiesen. Für das Bildungsgesetz der Periode hat *E. Zurl* **1** eine Reihe bemerkenswerter Analogien zu den Sätzen des dritten Kapitels entwickelt und auch eine Tabelle der Perioden für die negativen Quadratwurzeln $-\sqrt{D}$ $(2 \leqq D < 100)$ berechnet; doch müssen wir uns hier mit diesem Hinweis begnügen.

IV. Der periodische Kettenbruch

$$2-\frac{1|}{|2}-\frac{1|}{|2}-\frac{1|}{|2}-\cdots$$

ist nach Satz 5. 1 konvergent; er ist aber nicht mehr halbregelmäßig, weil nicht unendlich oft $b_\nu \geqq 3$ ist. Sein Wert genügt offenbar der Gleichung $x = 2 - \frac{1}{x}$, woraus folgt: $x = 1$. Hiernach kann man jeden endlichen reduziert-regelmäßigen Kettenbruch

$$\xi_0 = b_0 - \frac{1|}{|b_1} - \cdots - \frac{1\ |}{|b_{n-1}} - \frac{1|}{|b_n},$$

also jede rationale Zahl, offenbar auch in der Gestalt

$$\xi_0 = b_0 - \frac{1|}{|b_1} - \cdots - \frac{1\ |}{|b_{n-1}} - \frac{1\ |}{|b_n + 1} - \frac{1|}{|2} - \frac{1|}{|2} - \frac{1|}{|2} - \cdots,$$

also als unendlichen Kettenbruch mit der Periode $\frac{-1|}{|\ 2}$ schreiben. Diese modifizierten reduziert-regelmäßigen Kettenbrüche bieten gewisse Vorteile. Es ist dann nämlich jede reelle Zahl ξ_0 einem und nur einem solchen unendlichen Kettenbruch gleich; der Unterschied zwischen rational und irrational verschwindet. Dieser Umstand gestattet es, sehr einfach den Satz zu beweisen, daß die Punkte des Intervalles $0 < x \leqq 1$ sich umkehrbar eindeutig auf die Punkte des Quadrats $0 < \xi \leqq 1$, $0 < \eta \leqq 1$ (und ebenso auch eines mehrdimensionalen Würfels) abbilden lassen. Denn jedes solche x läßt eindeutig die Darstellung

$$x = \frac{1|}{|b_1} - \frac{1|}{|b_2} - \frac{1|}{|b_3} - \cdots \qquad (b_\nu \geqq 2)$$

zu, worauf man der Zahl x das Zahlenpaar

$$\xi = \frac{1|}{|b_1} - \frac{1|}{|b_3} - \frac{1|}{|b_5} - \cdots, \quad \eta = \frac{1|}{|b_2} - \frac{1|}{|b_4} - \frac{1|}{|b_6} - \cdots$$

entsprechen läßt. Man vermeidet dadurch, worauf wohl zuerst *Tietze* **1**, später auch *Pringsheim* **1** aufmerksam gemacht hat, die bekannte nur durch einen besonderen Kunstgriff zu überwindende Schwierigkeit, die bei dem entsprechenden Beweis unter Benutzung von regelmäßigen Kettenbrüchen (oder auch Dezimalbrüchen) gerade durch die rationalen Zahlen verursacht wird.

§ 44. Singuläre Kettenbrüche[1]).

I. Mit den Kettenbrüchen nach nächsten Ganzen ist eine andere Art von halbregelmäßigen Kettenbrüchen eng verwandt. Wenn nämlich

$$b_0 + \frac{a_1|}{|b_1} + \frac{a_2|}{|b_2} + \cdots$$

ein halbregelmäßiger Kettenbruch ist, so brauchen die durch „Inversion" entstehenden Kettenbrüche der Form

$$b_\nu + \frac{a_\nu|}{|b_{\nu-1}} + \cdots + \frac{a_2|}{|b_1} = \frac{B_\nu}{B_{\nu-1}} \qquad (\S\,4,\ \text{Formel } (6))$$

nicht auch halbregelmäßig zu sein; vielmehr sind sie es definitionsgemäß dann und nur dann, wenn $b_1 \geqq 2$, und $b_\nu + a_\nu \geqq 1$ für $\nu > 1$ ist. Von besonderem Interesse sind nun diejenigen halbregelmäßigen Kettenbrüche, bei denen durch Inversion stets solche nach nächsten Ganzen entstehen. Wir definieren sie in folgender Weise:

[1]) Hurwitz, der diese Art von Kettenbrüchen näher studiert hat, bezeichnet sie als solche „zweiter Art". (*A. Hurwitz* **2**.)

Definition. *Ein endlicher oder unendlicher halbregelmäßiger Kettenbruch*

$$b_0 + \frac{a_1|}{|b_1} + \frac{a_2|}{|b_2} + \cdots$$

heißt singulär, wenn für $\nu \geqq 1$ *die Ungleichungen bestehen:*

$$b_\nu \geqq 2, \quad b_\nu + a_\nu \geqq 2.$$

Nach Satz 5.17 besteht dann zwischen den singulären Kettenbrüchen und denen nach nächsten Ganzen eine Reziprozität, die sich ausspricht in

Satz 5.22. *Wenn von den zwei endlichen halbregelmäßigen Kettenbrüchen*

$$b_0 + \frac{a_1|}{|b_1} + \frac{a_2|}{|b_2} + \cdots + \frac{a_\nu|}{|b_\nu},$$

$$b_\nu + \frac{a_\nu|}{|b_{\nu-1}} + \frac{a_{\nu-1}|}{|b_{\nu-2}} + \cdots + \frac{a_2|}{|b_1}$$

der erste einer nach nächsten Ganzen ist, so ist der zweite singulär; und umgekehrt, wenn der erste singulär ist, so ist der zweite einer nach nächsten Ganzen.

II. Unser Hauptziel ist nun, nachzuweisen, daß jede reelle Zahl sich in einen singulären Kettenbruch entwickeln läßt, und zwar im allgemeinen nur auf eine Weise. Dazu benötigen wir zunächst den

Satz 5.23. *Unter den singulären Kettenbrüchen mit dem Anfangsglied* 0 *gibt es einen, der kleiner ist als jeder andere, nämlich den periodischen:*

$$\frac{-1|}{|3} - \frac{1|}{|3} - \frac{1|}{|3} - \cdots = -\frac{3-\sqrt{5}}{2},$$

und ebenso einen, der größer ist als jeder andere, nämlich den periodischen:

$$\frac{1|}{|2} - \frac{1|}{|3} - \frac{1|}{|3} - \frac{1|}{|3} - \cdots = \frac{\sqrt{5}-1}{2}.$$

Beweis. Daß der Kettenbruch

$$\frac{-1|}{|3} - \frac{1|}{|3} - \frac{1|}{|3} - \cdots$$

singulär ist, folgt aus der Definition, und wegen der Periodizität muß er eine Wurzel der quadratischen Gleichung $x = \frac{-1}{3+x}$ sein, also gleich $-\frac{3-\sqrt{5}}{2}$ oder $-\frac{3+\sqrt{5}}{2}$. Da er aber zwischen $b_0 = 0$ und $b_0 + a_1 = -1$ liegt, so kann er nur den Wert $-\frac{3-\sqrt{5}}{2}$ haben. Also ist

$$\frac{-1|}{|3} - \frac{1|}{|3} - \frac{1|}{|3} - \cdots = -\frac{3-\sqrt{5}}{2}. \tag{1}$$

Nehmen wir nun an, es gäbe einen hiervon verschiedenen singulären Kettenbruch mit dem Anfangsglied 0, für welchen

$$\xi_0 = \frac{a_1|}{|b_1} + \frac{a_2|}{|b_2} + \cdots \leqq -\frac{3-\sqrt{5}}{2} \tag{2}$$

ausfällt, so muß gewiß ξ_0 negativ, also $a_1 = -1$ sein. Wegen der Singularität ist dann $b_1 \geqq 3$. Wäre nun $b_1 \geqq 4$, so hätte man

$$\xi_1 = b_1 + \frac{a_2|}{|b_2} + \frac{a_3|}{|b_3} + \cdots > 3,$$

also auch

$$\xi_0 = \frac{a_1}{\xi_1} = -\frac{1}{\xi_1} > -\frac{1}{3} > -\frac{3-\sqrt{5}}{2},$$

im Widerspruch mit (2). Daher ist $b_1 = 3$, so daß der Kettenbruch (2) mit dem Teilbruch $\frac{-1|}{|3}$ beginnt. Da er aber von (1) verschieden sein soll, so ist die Anzahl der zu Beginn stehenden Teilbrüche $\frac{-1|}{|3}$ endlich. Nennen wir sie λ, wo also $\lambda \geqq 1$, so ist einerseits nach (2):

$$-\frac{3-\sqrt{5}}{2} \geqq \xi_0 = \frac{-1|}{|3} - \frac{1|}{|3} - \cdots - \frac{1|}{|3} + \frac{a_{\lambda+1}|}{|\xi_{\lambda+1}} = \frac{A_\lambda \xi_{\lambda+1} + A_{\lambda-1} a_{\lambda+1}}{B_\lambda \xi_{\lambda+1} + B_{\lambda-1} a_{\lambda+1}},$$

anderseits nach (1):

$$-\frac{3-\sqrt{5}}{2} = \frac{-1|}{|3} - \frac{1|}{|3} - \cdots - \frac{1|}{|3} - \frac{1|}{|\xi'} = \frac{A_\lambda \xi' - A_{\lambda-1}}{B_\lambda \xi' - B_{\lambda-1}},$$

wobei

$$\xi' = 3 - \frac{1|}{|3} - \frac{1|}{|3} - \frac{1|}{|3} - \cdots = 3 - \frac{3-\sqrt{5}}{2} = \frac{3+\sqrt{5}}{2}.$$

Man hat daher durch Vergleich dieser Formeln:

$$\text{(3)} \qquad \frac{A_\lambda \frac{3+\sqrt{5}}{2} - A_{\lambda-1}}{B_\lambda \frac{3+\sqrt{5}}{2} - B_{\lambda-1}} \geqq \frac{A_\lambda \xi_{\lambda+1} + A_{\lambda-1} a_{\lambda+1}}{B_\lambda \xi_{\lambda+1} + B_{\lambda-1} a_{\lambda+1}}.$$

Die B_λ berechnen sich hier durch die Rekursionsformel

$$B_0 = 1, \quad B_1 = 3, \quad B_\nu = 3B_{\nu-1} - B_{\nu-2},$$

woraus sogleich $B_\nu > B_{\nu-1}$ folgt (durch Schluß von ν auf $\nu + 1$). Daher sind die Nenner in (3) sicher positiv, so daß man mit ihnen die Ungleichung multiplizieren darf. Dadurch erhält man

$$(A_\lambda B_{\lambda-1} - A_{\lambda-1} B_\lambda)\left(\frac{3+\sqrt{5}}{2} a_{\lambda+1} + \xi_{\lambda+1}\right) \geqq 0,$$

oder weil

$$A_\lambda B_{\lambda-1} - A_{\lambda-1} B_\lambda = (-1)^{\lambda-1} a_1 a_2 \cdots a_\lambda = (-1)^{\lambda-1}(-1)^\lambda = -1$$

ist, sogleich

$$\frac{3+\sqrt{5}}{2} a_{\lambda+1} + \xi_{\lambda+1} \leqq 0.$$

Daher muß $a_{\lambda+1} = -1$ sein, so daß weiter

$$\xi_{\lambda+1} \leqq \frac{3+\sqrt{5}}{2} < 3, \quad \text{also } b_{\lambda+1} \leqq 3$$

folgt. Wegen der Singularität ist aber $b_{\lambda+1} + a_{\lambda+1} \geqq 2$, also notwendig $b_{\lambda+1} = 3$. Das besagt aber, daß der Kettenbruch (2) mit mehr als λ Teilbrüchen $\frac{-1|}{|3}$ beginnt, gegen unsere Annahme. Wegen dieses Widerspruches ist die Ungleichung (2) nicht möglich, und somit der erste Teil von Satz 5. 23 bewiesen.

Was den zweiten Teil anbelangt, so ist nach (1)

$$\frac{1|}{|2} - \frac{1|}{|3} - \frac{1|}{|3} - \cdots = \frac{1}{2 - \frac{3-\sqrt{5}}{2}} = \frac{2}{1+\sqrt{5}} = \frac{\sqrt{5}-1}{2}. \tag{4}$$

Haben wir nun irgendeinen singulären Kettenbruch mit dem Anfangsglied 0, für welchen

$$\frac{a_1|}{|b_1} + \frac{a_2|}{|b_2} + \cdots \geqq \frac{\sqrt{5}-1}{2} \tag{5}$$

ist, so muß zunächst $a_1 = +1$ sein; dann folgt aus (5)

$$b_1 + \frac{a_2|}{|b_2} + \frac{a_3|}{|b_3} + \cdots \leqq \frac{2}{\sqrt{5}-1} = \frac{\sqrt{5}+1}{2} < 2,$$

also $b_1 \leqq 2$; wegen der Singularität daher $b_1 = 2$. Dann kommt aber

$$\frac{a_2|}{|b_2} + \frac{a_3|}{|b_3} + \cdots \leqq \frac{\sqrt{5}+1}{2} - 2 = -\frac{3-\sqrt{5}}{2},$$

und da links ein singulärer Kettenbruch mit dem Anfangsglied 0 steht, so kann dies nach dem Bewiesenen nur der Kettenbruch (1) sein, so daß der Kettenbruch in (5) mit dem in (4) identisch sein muß. Damit ist Satz 5. 23 vollständig bewiesen.

III. Liegt nun irgendein singulärer Kettenbruch vor:

$$\xi_0 = b_0 + \frac{a_1|}{|b_1} + \frac{a_2|}{|b_2} + \cdots,$$

so sind auch

$$\xi_\nu - b_\nu = \frac{a_{\nu+1}|}{|b_{\nu+1}} + \frac{a_{\nu+2}|}{|b_{\nu+2}} + \cdots \qquad (\nu = 0, 1, 2, \ldots)$$

solche, und zwar mit dem Anfangsglied 0. Also ist nach Satz 5. 23

$$-\frac{3-\sqrt{5}}{2} \leqq \xi_\nu - b_\nu \leqq \frac{\sqrt{5}-1}{2} \qquad (\nu = 0, 1, 2, \ldots) \tag{6}$$

oder, was dasselbe sagt:

$$\xi_\nu - \frac{\sqrt{5}-1}{2} \leqq b_\nu \leqq \xi_\nu - \frac{\sqrt{5}-1}{2} + 1 \qquad (\nu = 0, 1, 2, \ldots). \tag{7}$$

Bei gegebenem ξ_ν ist durch diese Ungleichungen b_ν als ganze Zahl eindeutig festgelegt, außer wenn zufällig $\xi_\nu - \frac{\sqrt{5}-1}{2}$ gleich einer ganzen Zahl g sein sollte, in welchem Fall $b_\nu = g$ oder $b_\nu = g + 1$ sein könnte. Aus diesen Untersuchungen geht nun hervor, daß das in § 38 beschriebene Verfahren zur Herstellung halbregelmäßiger Kettenbrüche jedenfalls nur dann einen singulären Kettenbruch liefern kann, wenn für b_ν jedesmal diejenige (im allgemeinen eindeutig bestimmte) ganze Zahl gewählt wird, die den Ungleichungen (7) genügt, wodurch dann $a_{\nu+1}$ mitbestimmt ist (*A. Hurwitz* 2). Weil wegen (7) a fortiori $|\xi_\nu - b_\nu| < 1$ wird, so entsteht hierbei in der Tat ein halbregelmäßiger Kettenbruch für die Zahl ξ_0. Ob dieser aber auch wirklich singulär ist, wissen wir bis jetzt noch nicht; um das zu prüfen, nehmen wir zuerst an, daß niemals $\xi_\nu - \frac{\sqrt{5}-1}{2}$ einer ganzen Zahl gleich wird. Dann ist also in (6) Gleichheit ausgeschlossen, und es folgt

$$\frac{\sqrt{5}-3}{2} < \xi_\nu - b_\nu < \frac{\sqrt{5}-1}{2} \qquad (\nu = 0, 1, 2, \ldots).$$

Daher ist für $a_\nu = +1$:

$$\frac{1}{\xi_\nu} = \frac{a_\nu}{\xi_\nu} = \xi_{\nu-1} - b_{\nu-1} < \frac{\sqrt{5}-1}{2},$$

also auch

$$\xi_\nu > \frac{2}{\sqrt{5}-1} = \frac{\sqrt{5}+1}{2} \qquad \text{für } a_\nu = +1; \tag{8}$$

dagegen für $a_\nu = -1$:

$$\frac{1}{\xi_\nu} = -\frac{a_\nu}{\xi_\nu} = b_{\nu-1} - \xi_{\nu-1} < \frac{3-\sqrt{5}}{2},$$

und also

$$\xi_\nu > \frac{2}{3-\sqrt{5}} = \frac{\sqrt{5}+3}{2} \qquad \text{für } a_\nu = -1. \tag{9}$$

Nun unterscheiden wir vier Fälle, je nach den Vorzeichen von a_ν und $a_{\nu+1}$.

Erster Fall: $a_\nu = +1$, $a_{\nu+1} = +1$.
Nach (8) ist in diesem Fall

$$\xi_\nu > \frac{\sqrt{5}+1}{2}, \quad \xi_{\nu+1} > \frac{\sqrt{5}+1}{2},$$

also

$$b_\nu = \xi_\nu - \frac{a_{\nu+1}}{\xi_{\nu+1}} = \xi_\nu - \frac{1}{\xi_{\nu+1}} > \frac{\sqrt{5}+1}{2} - \frac{2}{\sqrt{5}+1} = 1;$$

daher gewiß $b_\nu \geqq 2$, $b_\nu + a_\nu \geqq 3$.

Zweiter Fall: $a_\nu = +1$, $a_{\nu+1} = -1$.
Nach (8) ist wieder $\xi_\nu > \frac{\sqrt{5}+1}{2}$, also

$$b_\nu = \xi_\nu - \frac{a_{\nu+1}}{\xi_{\nu+1}} = \xi_\nu + \frac{1}{\xi_{\nu+1}} > \xi_\nu > \frac{\sqrt{5}+1}{2} > 1;$$

daher ebenfalls $b_\nu \geqq 2$, $b_\nu + a_\nu \geqq 3$.

Dritter Fall: $a_\nu = -1$, $a_{\nu+1} = +1$.
Diesmal folgt aus (9) und (8):

$$\xi_\nu > \frac{\sqrt{5}+3}{2}, \quad \xi_{\nu+1} > \frac{\sqrt{5}+1}{2},$$

also

$$b_\nu = \xi_\nu - \frac{a_{\nu+1}}{\xi_{\nu+1}} = \xi_\nu - \frac{1}{\xi_{\nu+1}} > \frac{\sqrt{5}+3}{2} - \frac{2}{\sqrt{5}+1} = 2;$$

daher diesmal $b_\nu \geqq 3$, $b_\nu + a_\nu \geqq 2$.

Vierter Fall: $a_\nu = -1$, $a_{\nu+1} = -1$.

Nach (9) ist wieder $\xi_\nu > \frac{\sqrt{5}+3}{2}$, also

$$b_\nu = \xi_\nu - \frac{a_{\nu+1}}{\xi_{\nu+1}} = \xi_\nu + \frac{1}{\xi_{\nu+1}} > \xi_\nu > \frac{\sqrt{5}+3}{2} > 2;$$

daher wiederum $b_\nu \geqq 3$, $b_\nu + a_\nu \geqq 2$.

In allen vier Fällen ist sonach sicher $b_\nu \geqq 2$, $b_\nu + a_\nu \geqq 2$; daher der Kettenbruch in der Tat singulär.

Wir wenden uns jetzt dem oben ausgeschlossenen Fall zu, daß es einen Index $\nu = n$ gibt, für den $\xi_n - \frac{\sqrt{5}-1}{2}$ ganzzahlig wird. Es ist dann $\xi_n = g + \frac{\sqrt{5}-1}{2}$, wo g eine ganze Zahl; folglich

$$\xi_0 = b_0 + \frac{a_1|}{|b_1} + \cdots + \frac{a_{n-1}|}{|b_{n-1}} + \frac{a_n \quad |}{\left|g + \frac{\sqrt{5}-1}{2}\right.} = \frac{A_{n-1}\left(g + \frac{\sqrt{5}-1}{2}\right) + A_{n-2}a_n}{B_{n-1}\left(g + \frac{\sqrt{5}-1}{2}\right) + B_{n-2}a_n}.$$

Da aber

$$A_{n-1} \cdot B_{n-2}a_n - B_{n-1} \cdot A_{n-2}a_n = (-1)^n a_1 a_2 \cdots a_n = \pm 1$$

ist, so besagt diese Gleichung, daß ξ_0 mit $g + \frac{\sqrt{5}-1}{2}$, also auch mit $\frac{\sqrt{5}-1}{2}$ selbst äquivalent ist (§ 17). Wir sehen also, daß der ausgeschlossene Fall überhaupt nur bei den Zahlen eintreten kann, die mit $\frac{\sqrt{5}-1}{2}$ äquivalent sind; weiterhin wird sich ergeben, daß er bei diesen auch stets eintritt. Zuvor aber formulieren wir das bisherige Ergebnis in

Satz 5.24. *Jede reelle Zahl, die nicht mit $\frac{\sqrt{5}-1}{2}$ äquivalent ist, ist einem, aber auch nur einem singulären Kettenbruch gleich. (A. Hurwitz 2.)*

Um jetzt nachzuweisen, daß bei den mit $\frac{\sqrt{5}-1}{2}$ äquivalenten Zahlen ξ_0 notwendig einmal $\xi_\nu - \frac{\sqrt{5}-1}{2}$ einer ganzen Zahl gleich werden muß, nehmen wir an, das sei nicht der Fall. Nach dem Bewiesenen ist dann ξ_0 einem singulären Kettenbruch gleich, der wegen der Irrationalität natürlich unendlich ist; dieser sei

$$\xi_0 = b_0 + \frac{a_1|}{|b_1} + \frac{a_2|}{|b_2} + \cdots.$$

Wenden wir hierauf die Transformation $\mathfrak{T}_1$ an (§ 40, I), so geht ein Kettenbruch

(10) $$\xi_0 = d_0 + \frac{1|}{|d_1} + \frac{1|}{|d_2} + \cdots$$

hervor, der als Teilnenner außer Einsern die Zahlen

$$b_\nu - \frac{1-a_\nu}{2} - \frac{1-a_{\nu+1}}{2} \qquad (\nu = 1, 2, 3, \ldots)$$

hat. Nun ist aber nach den Bedingungen der Singularität für $\nu \geqq 1$

$$b_\nu - \frac{1-a_\nu}{2} - \frac{1-a_{\nu+1}}{2} = \frac{b_\nu + a_\nu - 1}{2} + \frac{b_\nu - 1 + a_{\nu+1}}{2} \geqq \frac{1}{2} + \frac{1+a_{\nu+1}}{2} > 0,$$

so daß der Kettenbruch (10) bereits regelmäßig ist. Anderseits ist

$$\frac{\sqrt{5}-1}{2} = \frac{1|}{|1} + \frac{1|}{|1} + \frac{1|}{|1} + \cdots = [0, \bar{1}],$$

so daß nach Satz 2.24, S. 55 in dem regelmäßigen Kettenbruch für die äquivalente Zahl ξ_0 von einer bestimmten Stelle an auch nur Einser als Teilnenner vorkommen dürfen. Folglich wird für alle hinreichend großen ν:

$$b_\nu - \frac{1-a_\nu}{2} - \frac{1-a_{\nu+1}}{2} = 1,$$

und das erfordert, wie man leicht einsieht, im Verein mit den Bedingungen der Singularität, daß für große ν-Werte stets $b_\nu = 3$, $a_\nu = -1$ ist. Daher wird für große ν:

$$\xi_\nu = 3 - \frac{1|}{|3} - \frac{1|}{|3} - \frac{1|}{|3} - \cdots = \frac{3+\sqrt{5}}{2},$$

so daß $\xi_\nu - \frac{\sqrt{5}-1}{2}$ doch eine ganze Zahl ist, entgegen unserer Annahme.

Damit ist also gezeigt, daß bei den mit $\frac{\sqrt{5}-1}{2}$ äquivalenten Zahlen, wenn man b_ν stets den Ungleichungen (7) gemäß wählt, notwendig $\xi_\nu - \frac{\sqrt{5}-1}{2}$ einmal gleich einer ganzen Zahl g werden muß. Ist das schon für $\nu = 0$ der Fall, so folgt

$$\xi_0 = g + \frac{\sqrt{5}-1}{2} = g + 1 - \frac{3-\sqrt{5}}{2}.$$

Nach Satz 5.23 gibt es aber für die Zahlen $\frac{\sqrt{5}-1}{2}$ und $-\frac{3-\sqrt{5}}{2}$ gerade je einen singulären Kettenbruch mit dem Anfangsglied 0, so daß man für ξ_0 genau zwei singuläre Kettenbrüche erhält, nämlich

$$\begin{aligned} g + \frac{\sqrt{5}-1}{2} &= g + \frac{1|}{|2} - \frac{1|}{|3} - \frac{1|}{|3} - \frac{1|}{|3} - \cdots \\ &= g + 1 - \frac{1|}{|3} - \frac{1|}{|3} - \frac{1|}{|3} - \cdots. \end{aligned}$$

Allgemeiner sei $\nu = n$ der kleinste Index, für welchen $\xi_\nu - \frac{\sqrt{5}-1}{2}$ gleich einer ganzen Zahl g wird. Dann ist

$$\xi_0 = b_0 + \frac{a_1|}{|b_1} + \cdots + \frac{a_{n-1}|}{|b_{n-1}} + \frac{a_n \quad |}{\left|g + \frac{\sqrt{5}-1}{2}\right.},$$

wo die b_ν wieder den Forderungen (7) gemäß zu wählen sind; also nach dem soeben Bewiesenen:

$$(11)\qquad \begin{cases} \xi_0 = b_0 + \dfrac{a_1|}{|b_1} + \cdots + \dfrac{a_{n-1}|}{|b_{n-1}} + \dfrac{a_n|}{|g} + \dfrac{1|}{|2} - \dfrac{1|}{|3} - \dfrac{1|}{|3} - \cdots \\ \quad = b_0 + \dfrac{a_1|}{|b_1} + \cdots + \dfrac{a_{n-1}|}{|b_{n-1}} + \dfrac{a_n\ |}{|g+1} - \dfrac{1|}{|3} - \dfrac{1|}{|3} - \dfrac{1|}{|3} - \cdots; \end{cases}$$

und, wenn die Zahl ξ_0 überhaupt einem singulären Kettenbruch gleich ist, so kann es offenbar nur einer von diesen beiden sein. Diese sind aber tatsächlich alle zwei singulär. Denn da für $\nu < n$ der Ausdruck $\xi_\nu - \frac{\sqrt{5}-1}{2}$ keine ganze Zahl sein soll, so ergibt sich genau wie oben (S. 169f.):

$$b_\nu \geqq 2, \quad b_\nu + a_\nu \geqq 2 \qquad (\nu = 1, 2, \ldots, n-1),$$

und es ist nur noch zu zeigen, daß auch die Glieder $\frac{a_n|}{|g}$ bzw. $\frac{a_n\ |}{|g+1}$ die Bedingung für Singularität erfüllen. Nun ist zunächst (vgl. die Herleitung von (8) und (9), wo aber diesmal Gleichheit nicht ausgeschlossen ist)

$$(12\text{a})\qquad \xi_n \geqq \frac{\sqrt{5}+1}{2} \qquad \text{für } a_n = +1,$$

$$(12\text{b})\qquad \xi_n \geqq \frac{\sqrt{5}+3}{2} \qquad \text{für } a_n = -1.$$

Hier kann nun trotzdem keine Gleichheit gelten. Denn aus (12a) würde bei Gleichheit folgen:

$$\xi_{n-1} = b_{n-1} + \frac{1}{\xi_n} = b_{n-1} + \frac{2}{\sqrt{5}+1} = b_{n-1} + \frac{\sqrt{5}-1}{2},$$

während doch für $\nu < n$ stets $\xi_\nu - \frac{\sqrt{5}-1}{2}$ keine ganze Zahl sein sollte. Ebenso würde aus (12b) bei Gleichheit folgen:

$$\xi_{n-1} = b_{n-1} - \frac{1}{\xi_n} = b_{n-1} - \frac{2}{\sqrt{5}+3} = b_{n-1} - \frac{3-\sqrt{5}}{2} = b_{n-1} - 1 + \frac{\sqrt{5}-1}{2},$$

was zum gleichen Widerspruch führt. Nachdem somit in (12a) und (12b) keine Gleichheit gilt, ergibt sich aus $\xi_n = g + \frac{\sqrt{5}-1}{2}$:

$$\text{für } a_n = +1\colon\ g > 1, \text{ also } g \geqq 2,\ g + a_n \geqq 3,$$
$$\text{für } a_n = -1\colon\ g > 2, \text{ also } g \geqq 3,\ g + a_n \geqq 2,$$

so daß die beiden Kettenbrüche (11) tatsächlich singulär sind. Damit ist bewiesen:

Satz 5. 25. *Jede mit* $\frac{\sqrt{5}-1}{2}$ *äquivalente Zahl läßt sich auf zwei, aber auch nur zwei nicht identische Arten als singulärer Kettenbruch darstellen. Beide Darstellungen sind periodisch mit der eingliedrigen Periode* $\frac{-1|}{|3}$.

Nach Satz 5. 24 gibt es insbesondere für eine rationale Zahl ξ_0 nur einen singulären Kettenbruch. Die Ungleichung (6) lehrt dann, weil definitionsgemäß $b_\nu \geqq 2$ ist,

$$\xi_\nu \geqq b_\nu - \frac{3-\sqrt{5}}{2} \geqq 2 - \frac{3-\sqrt{5}}{2} = \frac{\sqrt{5}+1}{2},$$

und zwar, da auch ξ_ν jetzt rational ist, mit Ausschluß der Gleichheit. Aus Satz 5. 5, S. 145 ergibt sich somit

Satz 5.26. *Der singuläre Kettenbruch für eine rationale Zahl gehört zu den kürzesten. (Tietze* 2, *Srinivasan* 1.*)*

IV. Für die singulären Kettenbrüche und die nach nächsten Ganzen gilt ein gemeinsames Näherungsgesetz; nämlich

Satz 5.27. *Entwickelt man eine Zahl ξ_0 in einen Kettenbruch nach nächsten Ganzen oder in einen singulären Kettenbruch, so ist jeder Näherungsbruch $\frac{A_\nu}{B_\nu}$ zugleich ein Näherungsbruch des regelmäßigen Kettenbruches (eventuell mit dem letzten Teilnenner* 1*). Außerdem gilt das Näherungsgesetz*

$$\left|\xi_0 - \frac{A_\nu}{B_\nu}\right| \leqq \frac{\sqrt{5}-1}{2\,B_\nu^2},$$

und zwar Gleichheit nur bei dem Näherungsbruch nullter Ordnung des singulären Kettenbruches $\xi_0 = b_0 + \frac{1|}{|2} - \frac{1|}{|3} - \frac{1|}{|3} - \cdots$. (A. Hurwitz 2.)

Beweis. Bei beiden Kettenbrucharten sahen wir bereits (S. 161 und 171), daß für $\nu \geqq 1$ die Ungleichung

$$b_\nu - \frac{1-a_\nu}{2} - \frac{1-a_{\nu+1}}{2} > 0$$

gilt. Daraus folgt nach Satz 5. 8, S. 152 schon der erste Teil unserer Behauptung. Zum Beweis des Näherungsgesetzes gehen wir aus von der schon oft benutzten Formel

$$\xi_0 - \frac{A_{\nu-1}}{B_{\nu-1}} = \frac{A_{\nu-1}\xi_\nu + a_\nu A_{\nu-2}}{B_{\nu-1}\xi_\nu + a_\nu B_{\nu-2}} - \frac{A_{\nu-1}}{B_{\nu-1}} = \frac{\pm 1}{B_{\nu-1}(B_{\nu-1}\xi_\nu + a_\nu B_{\nu-2})}.$$

Tritt hier $\nu+1$ an Stelle von ν, so kommt:

$$\left|\xi_0 - \frac{A_\nu}{B_\nu}\right| = \frac{1}{B_\nu^2\left(\xi_{\nu+1} + a_{\nu+1}\frac{B_{\nu-1}}{B_\nu}\right)}.$$

Wir brauchen also nur zu beweisen, daß

$$\xi_{\nu+1} + a_{\nu+1}\frac{B_{\nu-1}}{B_\nu} \geqq \frac{2}{\sqrt{5}-1} = \frac{\sqrt{5}+1}{2} \qquad (\nu = 0, 1, 2, \ldots)$$

ist. Nun ist aber, wenn es sich um den Kettenbruch nach nächsten Ganzen handelt,

$$\xi_{\nu+1} \geqq 2, \quad a_{\nu+1}\frac{B_{\nu-1}}{B_\nu} = \frac{a_{\nu+1}|}{|b_\nu} + \frac{a_\nu|}{|b_{\nu-1}} + \cdots + \frac{a_2|}{|b_1} > -\frac{3-\sqrt{5}}{2},$$

weil dieser letzte Kettenbruch dann singulär ist; also ist in der Tat

$$\xi_{\nu+1} + a_{\nu+1}\frac{B_{\nu-1}}{B_\nu} > \frac{\sqrt{5}+1}{2}$$

mit Ausschluß von Gleichheit. Handelt es sich aber um den singulären Kettenbruch, so ist

$$\xi_{\nu+1} - b_{\nu+1} = \frac{a_{\nu+2}|}{|b_{\nu+2}} + \frac{a_{\nu+3}|}{|b_{\nu+3}} + \cdots \geqq -\frac{3-\sqrt{5}}{2},$$

$$b_{\nu+1} + a_{\nu+1}\frac{B_{\nu-1}}{B_\nu} = b_{\nu+1} + \frac{a_{\nu+1}|}{|\,b_\nu} + \cdots + \frac{a_2|}{|b_1} \geqq 2,$$

weil dieser letzte Kettenbruch jetzt einer nach nächsten Ganzen ist. Dabei findet nur dann in beiden Formeln Gleichheit statt, wenn

$$a_\lambda = -1, \quad b_\lambda = 3 \quad \text{für } \lambda \geqq \nu + 2,$$
$$\nu = 0, \qquad b_1 = 2 \quad \text{und folglich } a_1 = 1$$

ist, also für $\xi_0 = b_0 + \frac{1|}{|2} - \frac{1|}{|3} - \frac{1|}{|3} - \cdots$. In jedem Fall kommt daher:

$$\xi_{\nu+1} + a_{\nu+1}\frac{B_{\nu-1}}{B_\nu} \geqq 2 - \frac{3-\sqrt{5}}{2} = \frac{1+\sqrt{5}}{2},$$

und zwar Gleichheit nur in dem angegebenen Ausnahmsfall. W. z. b. w.

V. Endlich beweisen wir noch

Satz 5.28. *Die singuläre Kettenbruchentwicklung für eine quadratische Irrationalzahl ist stets periodisch.*

In der Tat ist für die mit $\frac{\sqrt{5}-1}{2}$ äquivalenten Zahlen die Periodizität bereits in Satz 5. 25 festgestellt. Für die übrigen ist der Beweis, da bei ihnen in den Ungleichungen (7) die Gleichheit ausgeschlossen, also b_ν durch ξ_ν eindeutig bestimmt ist, wörtlich derselbe wie bei Satz 5. 16.

Die singulären und die Kettenbrüche nach nächsten Ganzen sind die einfachsten und wichtigsten Spezialfälle der von *McKinney* 1 studierten λ-Kettenbrüche, bei denen b_ν durch die Forderung

$$-1 < \lambda - 1 \leqq \xi_\nu - b_\nu \leqq \lambda < 1$$

festgelegt wird; $\lambda = \frac{1}{2}$ gibt die Kettenbrüche nach nächsten Ganzen, $\lambda = \frac{\sqrt{5}-1}{2}$ die singulären. Wir müssen uns mit diesem Hinweis begnügen.

§ 45. Diagonalkettenbrüche.

I. Sei ξ_0 wieder eine reelle Zahl, aber weder eine ganze noch die Hälfte einer ganzen Zahl. Wir entwickeln sie in einen regelmäßigen Kettenbruch

$$(1) \qquad \xi_0 = [b_0, b_1, b_2, \ldots] = b_0 + \frac{1|}{|b_1} + \frac{1|}{|b_2} + \frac{1|}{|b_3} + \cdots,$$

der, wenn er endlich ist, einen letzten Teilnenner größer als 1 haben soll, und bezeichnen, wie gewöhnlich, die Näherungsbrüche mit

$$(2) \qquad \frac{A_0}{B_0}, \frac{A_1}{B_1}, \frac{A_2}{B_2}, \ldots,$$

die vollständigen Quotienten mit $\xi_0, \xi_1, \xi_2, \ldots$ Ist dann $\frac{C}{D}$ ein irreduzibler Bruch mit positivem Nenner und so beschaffen, daß

$$\left|\xi_0 - \frac{C}{D}\right| < \frac{1}{2D^2}, \tag{3}$$

so ist nach Satz 2. 11, S. 39 der Bruch $\frac{C}{D}$ in der Serie (2) enthalten, und zwar hat nach Satz 2. 14, S. 41 von je zwei aufeinanderfolgenden Brüchen der Serie (2) mindestens einer diese Eigenschaft. Vielfach haben sogar alle Brüche (2) diese Eigenschaft. Ist das aber nicht der Fall, so sei $\frac{A_\lambda}{B_\lambda}$ einer, der sie nicht hat; dann ist

$$\left|\xi_0 - \frac{A_\lambda}{B_\lambda}\right| \geqq \frac{1}{2B_\lambda^2}.$$

Wegen $\xi_0 = \frac{A_\lambda \xi_{\lambda+1} + A_{\lambda-1}}{B_\lambda \xi_{\lambda+1} + B_{\lambda-1}}$ ist das gleichbedeutend mit:

$$\frac{1}{B_\lambda(B_\lambda \xi_{\lambda+1} + B_{\lambda-1})} \geqq \frac{1}{2B_\lambda^2},$$

oder also mit:

$$B_\lambda \xi_{\lambda+1} + B_{\lambda-1} \leqq 2B_\lambda.$$

Infolgedessen ist $\xi_{\lambda+1} \leqq 2$, und zwar ist Gleichheit nur denkbar für $\lambda = 0$; aber dann wäre $\xi_1 = 2$, also $\xi_0 = b_0 + \frac{1}{2}$ die Hälfte einer ganzen Zahl, entgegen unserer Voraussetzung. Also muß $\xi_{\lambda+1} < 2$, folglich $b_{\lambda+1} = 1$ sein. Sind daher

$$\frac{A_p}{B_p}, \quad \frac{A_q}{B_q}, \quad \frac{A_r}{B_r}, \ldots, \tag{4}$$

die sämtlichen Brüche der Serie (2), welche nicht die in (3) ausgedrückte Eigenschaft haben, so ist

$$b_{p+1} = 1, \quad b_{q+1} = 1, \quad b_{r+1} = 1, \ldots$$

Wir wollen diese Teilnenner als „ausgezeichnete" bezeichnen und ebenso die Glieder $\frac{1\,|}{|\,b_{p+1}}, \ldots$ als „ausgezeichnete Glieder"[1]).

---

[1]) Um Irrtümern vorzubeugen, sei bemerkt, daß ein Teilnenner 1 durchaus nicht immer ausgezeichnet sein muß. Eine Entscheidung darüber gewinnt man auf folgende Weise: Wie wir sahen, wird $b_{\lambda+1} = 1$ dann und nur dann ein ausgezeichneter Teilnenner sein, wenn

$$B_\lambda \xi_{\lambda+1} + B_{\lambda-1} \leqq 2B_\lambda$$

ist. Diese Ungleichung wird sicher erfüllt, wenn $\lambda = 0$ ist; der Teilnenner b_1 ist also, wenn er den Wert 1 hat, stets ausgezeichnet. Für $\lambda > 0$ aber läßt sich unsere Ungleichung folgendermaßen schreiben:

$$2 - \xi_{\lambda+1} \geqq \frac{B_{\lambda-1}}{B_\lambda} = [0, b_\lambda, b_{\lambda-1}, \ldots, b_1].$$

Nun ist $b_{\lambda+1} = 1$, also $\xi_{\lambda+1} = 1 + \frac{1\,|}{|\,b_{\lambda+2}} + \cdots$, oder

$$2 - \xi_{\lambda+1} = 1 - \frac{1\,|}{|\,b_{\lambda+2}} + \frac{1\,|}{|\,b_{\lambda+3}} + \frac{1\,|}{|\,b_{\lambda+4}} + \cdots$$

$$= \frac{1|}{|1} + \frac{1\,|}{|\,b_{\lambda+2} - 1} + \frac{1\,|}{|\,b_{\lambda+3}} + \frac{1\,|}{|\,b_{\lambda+4}} + \cdots \qquad \text{(Transformation } t_1\text{)}$$

$$= [0, 1, b_{\lambda+2} - 1, b_{\lambda+3}, b_{\lambda+4}, \ldots].$$

(Fußnote geht S. 176 weiter)

Von den Brüchen (2) können keine zwei aufeinanderfolgenden der Serie (4) angehören, weil, wie schon erwähnt, mindestens einer von zwei aufeinanderfolgenden die durch (3) bezeichnete Eigenschaft haben muß. Folglich ist bei den Zahlen $p, q, r, \ldots$ jede folgende mindestens um 2 größer als die vorausgehende, so daß in dem Kettenbruch (1) keine zwei ausgezeichneten Glieder aufeinanderfolgen. Auch sieht man sofort, daß bei endlichen Kettenbrüchen der letzte Teilnenner sicher kein ausgezeichneter sein kann, weil er ja größer als 1 sein sollte. Wir schreiben nun die Formel (1), indem wir die ausgezeichneten Glieder besonders hervorheben, folgendermaßen:

$$(5)\qquad \xi_0 = b_0 + \cdots + \frac{1|}{|b_p} + \frac{1|}{|1} + \frac{1\;|}{|b_{p+2}} + \cdots + \frac{1|}{|b_q} + \frac{1|}{|1} + \frac{1\;|}{|b_{q+2}} + \cdots + \\ + \frac{1|}{|b_r} + \frac{1|}{|1} + \cdots$$

Bildet man jetzt den neuen Kettenbruch

$$(6)\qquad b_0 + \cdots + \frac{1\;|}{|b_{p-1}} + \frac{1\;|}{|b_p+1} - \frac{1\;|}{|b_{p+2}+1} + \cdots + \frac{1|}{|b_q} + \frac{1|}{|1} + \frac{1\;|}{|b_{q+2}} + \cdots,$$

so sieht man, daß (5) aus (6) hervorgeht durch eine Transformation t_1. Die Wirkung einer solchen wurde aber in § 40, II untersucht; sie besteht darin, daß der Kettenbruch (6) genau die gleichen Näherungsbrüche hat wie (5), in der gleichen Reihenfolge; nur fehlt der Näherungsbruch $\frac{A_p}{B_p}$.

Von den ausgezeichneten Gliedern des Kettenbruches (5) ist bei dem Übergang zu (6) eines weggefallen, nämlich $\frac{1}{b_{p+1}}$. Alle andern sind aber unverändert geblieben, weil ja die einzigen veränderten Glieder $\frac{1}{b_p}$ und $\frac{1}{b_{p+2}}$ nicht ausgezeichnet sind (sonst hätte man zwei aufeinanderfolgende ausgezeichnete). Man kann daher jetzt auf (6) den gleichen Prozeß anwenden, um auch den Näherungsbruch $\frac{A_q}{B_q}$ wegzuschaffen, sodann $\frac{A_r}{B_r}$, usw. Die Gesamttransformation, durch welche die sämtlichen Näherungsbrüche (4) beseitigt werden, während alle andern erhalten bleiben, und zwar in ihrer natürlichen Reihenfolge, läßt sich dann folgendermaßen beschreiben:

„Jeder Teilnenner, der einem ausgezeichneten Glied unmittelbar nachfolgt oder vorangeht, wird um 1 erhöht; nur wenn er zugleich einem ausgezeichneten nachfolgt und dem nächsten vorangeht, wird er um 2 erhöht. Sodann wird jeder auf

---

Falls $b_{\lambda+2} = 1$ ist, wendet man noch eine Transformation t_2 an und erhält:

$$2 - \xi_{\lambda+1} = \frac{1\quad|}{|1 + b_{\lambda+3}} + \frac{1\;|}{|b_{\lambda+4}} + \cdots = [0, 1 + b_{\lambda+3}, b_{\lambda+4}, b_{\lambda+5}, \ldots].$$

Die Bedingung dafür, daß $b_{\lambda+1} = 1$ $(\lambda > 0)$ ein ausgezeichneter Teilnenner ist, lautet also

$$\text{für } b_{\lambda+2} > 1\colon\ [0, 1, b_{\lambda+2} - 1, b_{\lambda+3}, b_{\lambda+4}, \ldots] \geqq [0, b_\lambda, b_{\lambda-1}, \ldots, b_1],$$
$$\text{für } b_{\lambda+2} = 1\colon\ [0, 1 + b_{\lambda+3}, b_{\lambda+4}, b_{\lambda+5}, \ldots,] \geqq [0, b_\lambda, b_{\lambda-1}, \ldots, b_1].$$

Ob sie erfüllt ist oder nicht, kann nach den Sätzen 2.7 und 2.8, S. 34f. in jedem gegebenen Fall sofort entschieden werden.

ein ausgezeichnetes Glied folgende Teilzähler mit dem Minuszeichen versehen und endlich werden alle ausgezeichneten Glieder weggestrichen."

Der so entstehende Kettenbruch

$$d_0 + \frac{c_1|}{|d_1} + \frac{c_2|}{|d_2} + \cdots \tag{7}$$

ist offenbar halbregelmäßig, und wenn man auf ihn die Transformation $\mathfrak{T}_1$ anwendet, so geht gerade wieder (5) hervor. Daher hat der Kettenbruch (7) sicher auch den Wert ξ_0; seine Näherungsbrüche sind nach seiner Entstehungsweise alle und nur die irreduzibeln Brüche mit positivem Nenner, für welche die Näherungsformel (3) gilt. Wir nennen (7) mit *Minkowski* **1** den Diagonalkettenbruch[1]) der Zahl ξ_0. Man sieht leicht, daß es keinen andern halbregelmäßigen Kettenbruch mit den gleichen Näherungsbrüchen in der gleichen Reihenfolge geben kann. Denn dieser müßte auch die gleichen Näherungszähler und -nenner haben, weil ein halbregelmäßiger Kettenbruch nur irreduzible Näherungsbrüche mit positiven Nennern hat. Sind dann $\frac{C_{\nu-2}}{D_{\nu-2}}, \frac{C_{\nu-1}}{D_{\nu-1}}, \frac{C_\nu}{D_\nu}$ drei aufeinanderfolgende Näherungsbrüche, so ist

$$C_\nu = d_\nu C_{\nu-1} + c_\nu C_{\nu-2},$$
$$D_\nu = d_\nu D_{\nu-1} + c_\nu D_{\nu-2},$$

wodurch wegen $C_{\nu-1}D_{\nu-2} - C_{\nu-2}D_{\nu-1} = \pm 1 \neq 0$ die c_ν, d_ν eindeutig bestimmt sind. Daraus folgt

Satz 5.29. *Ist die reelle Zahl ξ_0 weder ganz noch die Hälfte einer ganzen Zahl, so gibt es unter ihren halbregelmäßigen Kettenbrüchen einen und nur einen — den Diagonalkettenbruch —, bei dem die Näherungsbrüche nach wachsenden Nennern geordnet sind und in ihrer Gesamtheit sich decken mit der Gesamtheit aller derjenigen irreduzibeln Brüche $\frac{C}{D}$ $(D > 0)$, für welche die Näherungsformel gilt:*

$$\left|\xi_0 - \frac{C}{D}\right| < \frac{1}{2D^2}. \quad \textit{(Minkowski 1.)}$$

II. Kennt man den regelmäßigen Kettenbruch für eine Zahl ξ_0, so kann man durch die oben beschriebene Transformation sogleich den Diagonalkettenbruch herstellen, da die Fußnote auf S. 175f. die ausgezeichneten Glieder sofort zu erkennen gestattet. Man kann aber den Diagonalkettenbruch, nachdem seine Existenz ja nachgewiesen ist, auch direkt herstellen, ohne von dem regelmäßigen auszugehen. Ist nämlich

$$\xi_0 = d_0 + \frac{c_1|}{|d_1} + \frac{c_2|}{|d_2} + \cdots \tag{8}$$

der Diagonalkettenbruch für die Zahl ξ_0, so bezeichnen wir seine Näherungsbrüche mit $\frac{C_\nu}{D_\nu}$ und setzen

$$\xi_0 = d_0 + \frac{c_1}{\xi_1'}; \quad \xi_\nu' = d_\nu + \frac{c_{\nu+1}}{\xi_{\nu+1}'} \qquad (\nu = 1, 2, 3, \ldots). \tag{9}$$

[1]) Die Bezeichnung rührt von einer eigentümlichen geometrischen Erzeugungsweise dieses Kettenbruches her, auf die wir nicht eingehen können. (*Minkowski* **1**.)

Augenscheinlich muß d_0 die nächste bei ξ_0 gelegene ganze Zahl sein, wodurch dann auch c_1 $(= \pm 1)$ und ξ_1' bekannt sind. Nimmt man allgemein an, der Diagonalkettenbruch sei bereits bis zum Teilnenner d_{n-1} gefunden, wodurch auch c_n $(= \pm 1)$ und ξ_n' bekannt sind[1]), so handelt es sich darum, d_n zu finden. Ist aber g_n die größte in ξ_n' enthaltene ganze Zahl, so kann, da der Diagonalkettenbruch halbregelmäßig ist, nur $d_n = g_n$ oder $d_n = g_n + 1$ sein, so daß

$$\text{entweder}\quad \frac{C_n}{D_n} = \frac{g_n C_{n-1} + c_n C_{n-2}}{g_n D_{n-1} + c_n D_{n-2}} \quad \text{oder} \quad \frac{C_n}{D_n} = \frac{(g_n + 1) C_{n-1} + c_n C_{n-2}}{(g_n + 1) D_{n-1} + c_n D_{n-2}}$$

sein muß. Um hierüber zu entscheiden, braucht man nur zu prüfen, ob dem ersten dieser beiden Brüche, der ja den kleineren Nenner hat, die für die Näherungsbrüche des Diagonalkettenbruches geforderte Eigenschaft

$$(10) \qquad \left| \xi_0 - \frac{g_n C_{n-1} + c_n C_{n-2}}{g_n D_{n-1} + c_n D_{n-2}} \right| < \frac{1}{2 (g_n D_{n-1} + c_n D_{n-2})^2}$$

zukommt. Ist das der Fall, so ist $d_n = g_n$ zu setzen; andernfalls kann nicht $d_n = g_n$ sein, also ist dann $d_n = g_n + 1$. Somit ergibt sich

Satz 5. 30. *Um für eine Zahl ξ_0 den Diagonalkettenbruch*

$$\xi_0 = d_0 + \frac{c_1|}{|d_1} + \frac{c_2|}{|d_2} + \cdots$$

zu finden, seien $\frac{C_\nu}{D_\nu}$ seine (noch unbekannten) Näherungsbrüche, und sei weiter

$$\xi_0 = d_0 + \frac{c_1}{\xi_1'}; \quad \xi_\nu' = d_\nu + \frac{c_{\nu+1}}{\xi_{\nu+1}'} \qquad (\nu = 1, 2, 3, \ldots).$$

Das Anfangsglied d_0 ist dann die nächste bei ξ_0 gelegene ganze Zahl, wodurch c_1 $(= \pm 1)$ und ξ_1' mit bestimmt sind. Wenn allgemein der Kettenbruch bereits bis zum Teilnenner d_{n-1} gefunden ist, wodurch eo ipso auch die Zahlen

$$C_{n-2},\ D_{n-2},\ C_{n-1},\ D_{n-1},\ c_n\ (= \pm 1),\ \xi_n'$$

bekannt sind, so sei g_n die größte in ξ_n' enthaltene ganze Zahl. Man hat dann $d_n = g_n$ oder $d_n = g_n + 1$ zu wählen, je nachdem die Ungleichung

$$|g_n(\xi_0 D_{n-1} - C_{n-1}) + c_n(\xi_0 D_{n-2} - C_{n-2})| \cdot (g_n D_{n-1} + c_n D_{n-2}) < \tfrac{1}{2}$$

erfüllt ist oder nicht. (Minkowski 1.*)*

In der Tat ist ja diese Ungleichung keine andere als (10).

Wenn in einem regelmäßigen Kettenbruch alle Teilnenner größer als 1 sind, so ist es bereits der Diagonalkettenbruch, da ja dann keine „ausgezeichneten" Teilnenner vorhanden sind. Jedoch gibt es auch Diagonalkettenbrüche, in denen Teilnenner 1 vorkommen. Entwickelt man z. B. die Zahl $\frac{5}{13}$ in einen Diagonalkettenbruch, so findet man diesen:

$$(11) \qquad \frac{5}{13} = 0 + \frac{1|}{|2} + \frac{1|}{|1} + \frac{1|}{|1} + \frac{1|}{|2}.$$

---

[1]) Es ist nämlich

$$\xi_0 = \frac{C_{n-1}\xi_n' + C_{n-2}c_n}{D_{n-1}\xi_n' + D_{n-2}c_n}, \text{ also } -\frac{c_n}{\xi_n'} = \frac{\xi_0 D_{n-1} - C_{n-1}}{\xi_0 D_{n-2} - C_{n-2}},$$

so daß $c_n = \pm 1$ sich aus dem Vorzeichen des letzten Bruches ergibt.

Der erste Teilnenner d_1 aber kann niemals gleich 1 sein; denn sonst wären die Näherungsbrüche nullter und erster Ordnung gleich $\frac{d_0}{1}$ und $\frac{d_0+c_1}{1}$, und es müßte also

$$|\xi_0 - d_0| < \tfrac{1}{2}, \quad |\xi_0 - (d_0 + c_1)| < \tfrac{1}{2}$$

sein, was offenbar nicht möglich ist.

Notwendige und hinreichende Bedingungen dafür, daß ein halbregelmäßiger Kettenbruch zugleich Diagonalkettenbruch ist, werden sich kaum ohne Schwerfälligkeit formulieren lassen. *Pipping* **3** gibt folgendes Rezept:

Sei H ein halbregelmäßiger Kettenbruch. Wenn dann der durch die Transformation $\mathfrak{T}_1$ aus H entstehende Kettenbruch (also ohne $\mathfrak{T}_2$) nicht schon regelmäßig ist, dann war H kein Diagonalkettenbruch. Wenn aber H selbst oder der durch $\mathfrak{T}_1$ daraus entstehende Kettenbruch bereits regelmäßig ist, so prüfe man bei jedem in ihm (dem regelmäßigen) eventuell vorkommenden Teilnenner 1 mit Hilfe des Kriteriums der Fußnote S. 175f., ob er ausgezeichnet ist. Wenn alle bei $\mathfrak{T}_1$ durch *Einschalten* neu entstandenen Einser ausgezeichnet sind, die anderen Einser, also die schon vor Anwendung von $\mathfrak{T}_1$ vorhandenen oder bei Anwendung von $\mathfrak{T}_1$ durch *Erniedrigung* aus 2 oder 3 entstandenen aber nicht ausgezeichnet sind, dann und nur dann war H ein Diagonalkettenbruch. Insbesondere ist also ein regelmäßiger Kettenbruch, bei dem kein Teilnenner gleich 1 ist, stets zugleich ein Diagonalkettenbruch.

Die Richtigkeit des ersten Teiles von diesem Rezept folgt sofort aus dem die Formel (7) enthaltenden Satz auf S. 177, das übrige aus der Fußnote S. 175f.

Bemerkenswert ist noch folgendes: Wenn

$$b_0 + \frac{a_1|}{|b_1} + \frac{a_2|}{|b_2} + \cdots$$

ein singulärer Kettenbruch ist, so sind die Kettenbrüche

$$b_\nu + \frac{a_{\nu+1}|}{|b_{\nu+1}} + \frac{a_{\nu+2}|}{|b_{\nu+2}} + \cdots \qquad (\nu = 1, 2, 3, \ldots)$$

ebenfalls solche, und entsprechend ist es bei den Kettenbrüchen nach nächsten oder entfernteren Ganzen. Dagegen haben die Diagonalkettenbrüche nicht die analoge Eigenschaft; denn z.B. ist (11) ein Diagonalkettenbruch; dagegen

$$2 + \frac{1|}{|1} + \frac{1|}{|1} + \frac{1|}{|2}$$

ist gewiß keiner, weil hier $d_1 = 1$ wäre.

III. Wir beweisen nun noch

Satz 5. 31. *Der Diagonalkettenbruch für eine quadratische Irrationalzahl ist periodisch. (Minkowski* **1**.*)*

Zum Beweis der Periodizität nützt diesmal die Tatsache, daß die ξ_ν einem endlichen Wertevorrat $\mathfrak{M}$ angehören, nichts. Denn aus der Gleichheit

$$\xi_n = d_n + \frac{c_{n+1}|}{|d_{n+1}} + \frac{c_{n+2}|}{|d_{n+2}} + \cdots = \xi_{n+k} = d_{n+k} + \frac{c_{n+k+1}|}{|d_{n+k+1}} + \frac{c_{n+k+2}|}{|d_{n+k+2}} + \cdots$$

könnte noch keineswegs die Identität der beiden Kettenbrüche erschlossen werden, da dies ja, wie wir sahen, keine Diagonalkettenbrüche zu sein brauchen und wir auch nicht wissen, ob sie sonstwie eindeutig bestimmbar sind.

Wir entwickeln jetzt die quadratische Irrationalzahl ξ_0 in einen regelmäßigen Kettenbruch, der nach dem Lagrangeschen Satz periodisch ist:

$$\xi_0 = [b_0, b_1, \ldots, b_{h-1}, \overline{b_h, b_{h+1}, \ldots, b_{h+k-1}}]. \tag{12}$$

Da man den Periodenstrich an einer beliebigen späteren Stelle beginnen lassen kann, so behalten wir uns vor, die Zahl h nach Bedarf sehr groß zu wählen. Die Näherungsbrüche $\frac{A_\nu}{B_\nu}$ von (12) schreiben wir von $\frac{A_h}{B_h}$ angefangen in folgendem Schema hin:

$$\left\{\begin{array}{llll} \frac{A_h}{B_h}, & \frac{A_{h+1}}{B_{h+1}}, & \ldots, & \frac{A_{h+k-1}}{B_{h+k-1}}, \\ \frac{A_{h+k}}{B_{h+k}}, & \frac{A_{h+k+1}}{B_{h+k+1}}, & \ldots, & \frac{A_{h+2k-1}}{B_{h+2k-1}}, \\ \frac{A_{h+2k}}{B_{h+2k}}, & \frac{A_{h+2k+1}}{B_{h+2k+1}}, & \ldots, & \frac{A_{h+3k-1}}{B_{h+3k-1}}, \\ \cdot\;\cdot\;\cdot & \cdot\;\cdot\;\cdot & \cdot\;\cdot\;\cdot & \cdot\;\cdot\;\cdot \end{array}\right. \tag{13}$$

Um nun aus (12) den Diagonalkettenbruch herzuleiten, sind nach dem zu Beginn dieses Paragraphen auseinandergesetzten Verfahren alle diejenigen Näherungsbrüche $\frac{A_\nu}{B_\nu}$ zu beseitigen, für welche $\left|\xi_0 - \frac{A_\nu}{B_\nu}\right| \geqq \frac{1}{2B_\nu^2}$ ist. Wir werden jetzt zeigen, daß dabei von den Näherungsbrüchen einer einzelnen Spalte des Schemas (13) entweder alle zu beseitigen sind, oder gar keiner (wenn h genügend groß gewählt ist).

Nehmen wir dies einstweilen als bewiesen an, so folgt daraus, daß in dem periodisch sich wiederholenden Teilnennerkomplex

$$b_h, b_{h+1}, \ldots, b_{h+k-1}$$

von (12) die „ausgezeichneten" Elemente allemal an der gleichen Stelle wiederkehren. Durch die auf S. 176f. beschriebene Transformation in den Diagonalkettenbruch wird daher jeder solche Teilnennerkomplex in gleicher Weise transformiert, so daß der entstehende Kettenbruch wieder periodisch ist.

Es bleibt demnach in der Tat nur noch zu zeigen, daß von den Näherungsbrüchen, welche eine Spalte des Schemas (13) füllen, entweder alle dem Diagonalkettenbruch angehören oder gar keiner. Nehmen wir etwa die erste Spalte (für die andern ist der Beweis ganz ebenso), so ist also nachzuweisen, daß die Ungleichung

$$\left|\xi_0 - \frac{A_{h+\lambda k}}{B_{h+\lambda k}}\right| < \frac{1}{2B_{h+\lambda k}^2}, \tag{14}$$

wenn sie für einen der Werte $\lambda = 0, 1, 2, \ldots$ gilt, dann für all diese Werte richtig ist. Da es uns aber freisteht, die Zahl h durch eine passende größere zu ersetzen, so kommt es auf das gleiche hinaus, wenn wir nur folgendes beweisen:

„Die Ungleichung (14) ist entweder nur für eine endliche Anzahl von λ-Werten richtig, oder für alle hinreichend großen." Dies soll also jetzt gezeigt werden.

Wenn wieder mit ξ_ν die vollständigen Quotienten des **regelmäßigen** Kettenbruches bezeichnet werden, so ist wegen der Periodizität: $\xi_{h+1+\lambda k} = \xi_{h+1}$, also

$$\xi_0 = \frac{A_{h+\lambda k}\xi_{h+1} + A_{h+\lambda k-1}}{B_{h+\lambda k}\xi_{h+1} + B_{h+\lambda k-1}},$$

so daß (14) gleichbedeutend ist mit:

$$\frac{1}{B_{h+\lambda k}(B_{h+\lambda k}\xi_{h+1} + B_{h+\lambda k-1})} < \frac{1}{2\,B^2_{h+\lambda k}},$$

oder nach leichter Umformung

(15) $$2 - \xi_{h+1} < \frac{B_{h+\lambda k-1}}{B_{h+\lambda k}}.$$

Nun ist aber nach Formel (6) des § 4 oder nach § 11, I:

$$\frac{B_{h+\lambda k}}{B_{h+\lambda k-1}} = [b_{h+\lambda k}, b_{h+\lambda k-1}, b_2, b_1],$$

und dieser regelmäßige Kettenbruch hat mit dem periodischen

(16) $$[\overline{b_{h+k}, b_{h+k-1}, \ldots, b_{h+2}, b_{h+1}}]$$

die ersten λk Glieder gemein, so daß die Zahl $\frac{B_{h+\lambda k}}{B_{h+\lambda k-1}}$ zwischen den Näherungsbrüchen $(\lambda k - 2)^{\text{ter}}$ und $(\lambda k - 1)^{\text{ter}}$ Ordnung von (16) liegt. Infolgedessen ist

$$\lim_{\lambda\to\infty} \frac{B_{h+\lambda k}}{B_{h+\lambda k-1}} = [\overline{b_{h+k}, b_{h+k-1}, \ldots, b_{h+2}, b_{h+1}}].$$

Aber dieser Kettenbruch hat nach Satz 3.6, S. 76 den Wert $-\frac{1}{\eta_{h+1}}$, wenn η_{h+1} die zu ξ_{h+1} konjugierte Zahl ist. Die rechte Seite von (15) hat also für $\lambda \to \infty$ den Grenzwert $-\eta_{h+1}$. Wenn nun die Ungleichung (15) für unendlich viele λ-Werte besteht, so ist also auch

$$2 - \xi_{h+1} \leqq -\eta_{h+1}.$$

Aber hier ist Gleichheit ausgeschlossen, weil $\xi_{h+1} - \eta_{h+1}$ stets irrational ist. Es muß also notwendig

$$2 - \xi_{h+1} < -\eta_{h+1}$$

sein, d. h. die linke Seite von (15) ist **kleiner** als der Grenzwert der rechten Seite. Infolgedessen muß die Ungleichung (15), wenn sie für unendlich viele λ-Werte besteht, gewiß für **alle hinreichend großen** λ bestehen. W. z. b. w.

Aus dem Beweis geht hervor, daß die Periode des Diagonalkettenbruches stets kürzer ist als die des regelmäßigen, außer wenn beide Kettenbrüche identisch sind. Weitere Gesetzmäßigkeiten für die Perioden der Diagonalkettenbrüche von $\sqrt{D}$, wo D eine ganze Zahl ist, sowie eine Tabelle dieser Kettenbrüche für $D \leqq 1000$ findet man bei *Pipping* **1**, 2.

§ 46. Kettenbrüche in imaginären quadratischen Zahlkörpern.

I. Es lassen sich noch mancherlei andere Arten von speziellen halbregelmäßigen Kettenbrüchen ausdenken. Da eine nicht ganze Zahl ξ_ν stets zwischen einer geraden und einer ungeraden Zahl liegt, kann man z. B. bei jedem einzelnen b_ν außer beim **letzten** b_n (falls ξ_0 rational) vorschreiben, ob es gerade oder ungerade sein soll, wodurch dann auch $a_{\nu+1}$ eindeutig festgelegt wird. Insbesondere gibt es also für jedes ξ_0 eine Entwicklung mit lauter geraden und ebenso eine mit lauter ungeraden Teilnennern, beidemal abgesehen eventuell vom letzten, und wörtlich wie bei den Kettenbrüchen nach nächsten Ganzen beweist man, daß bei quadratischen Irrationalzahlen diese Entwicklungen periodisch ausfallen. Jedoch wollen wir auf weitere solche Kettenbrucharten nicht mehr eingehen und uns jetzt noch kurz den zu den halbregelmäßigen Kettenbrüchen analogen Bildungen im Bereich der komplexen Zahlen zuwenden; doch können wir dabei nicht viel mehr als referieren.

II. Unter dem Körper $\mathfrak{K}(i)$, wo $i = \sqrt{-1}$ die imaginäre Einheit ist, versteht man bekanntlich die Gesamtheit aller Zahlen der Form $a + bi$ mit rationalen a, b. Eine Zahl des Körpers heißt ganz, wenn die rationalen Zahlen a, b ganz sind. Summe und Produkt von ganzen Zahlen sind wieder ganz, so daß insbesondere, wenn die Teilzähler und -nenner eines Kettenbruches ganze Zahlen aus $\mathfrak{K}(i)$ sind, von den Näherungszählern und -nennern dasselbe gilt. Die ganzen Zahlen aus $\mathfrak{K}(i)$ bilden in der komplexen Zahlenebene die Ecken eines achsenparallelen Quadratnetzes der Seitenlänge 1. Das Bild jeder andern komplexen Zahl ξ_0 liegt in einem solchen Quadrat (eventuell auf dem Rand) und hat dann von mindestens zwei Ecken des Quadrats, unter Umständen aber auch von drei oder von allen vier Ecken, einen Abstand kleiner als 1. Es gibt also zwei, drei oder vier ganze Zahlen b_0 aus $\mathfrak{K}(i)$ derart, daß

$$\xi_0 = b_0 + \frac{1}{\xi_1} \quad \text{mit} \quad |\xi_1| > 1$$

ist. Wenn ξ_1 keine ganze Zahl, so gibt es in $\mathfrak{K}(i)$ wieder zwei, drei oder vier ganze Zahlen b_1 derart, daß

$$\xi_1 = b_1 + \frac{1}{\xi_2} \quad \text{mit} \quad |\xi_2| > 1$$

ist. Wegen $|\xi_1| > 1$ ist dabei gewiß $b_1 \neq 0$.

So fortfahrend erhält man die Gleichungskette

$$\xi_0 = b_0 + \frac{1}{\xi_1}, \quad \xi_1 = b_1 + \frac{1}{\xi_2}, \quad \xi_2 = b_2 + \frac{1}{\xi_3}, \quad \ldots,$$

woraus mit der gewohnten Bezeichnungsweise folgt:

$$(1) \qquad \xi_0 = b_0 + \frac{1|}{|b_1} + \cdots + \frac{1\;|}{|b_{\nu-1}} + \frac{1|}{|\,\xi_\nu} = \frac{A_{\nu-1}\xi_\nu + A_{\nu-2}}{B_{\nu-1}\xi_\nu + B_{\nu-2}}.$$

Hieraus ergibt sich

$$(2) \qquad (\xi_0 B_{\nu-1} - A_{\nu-1})\xi_\nu = -(\xi_0 B_{\nu-2} - A_{\nu-2}),$$

wobei analog wie schon häufig (z.B. S. 138) keine der beiden Klammergrößen verschwinden kann, so daß wegen $\xi_0 B_0 - A_0 = \xi_0 - b_0 = \frac{1}{\xi_1}$ sofort folgt:

$$(3) \qquad \xi_0 B_{\nu-1} - A_{\nu-1} = \frac{(-1)^{\nu-1}}{\xi_1 \xi_2 \cdots \xi_\nu}.$$

Nunmehr kann man schließen, daß $B_{\nu-1}$ niemals gleich 0 sein kann und folglich als ganze Zahl aus $\mathfrak{K}(i)$ absolut mindestens gleich 1 ist. Denn sonst wäre nach (3) auch $|A_{\nu-1}| < 1$, also $A_{\nu-1}$ ebenfalls gleich 0, was aber wegen $A_{\nu-1}B_{\nu-2} - A_{\nu-2}B_{\nu-1} = \pm 1$ nicht möglich ist. Aus (1) folgt jetzt wie schon oft:

(4) $$\xi_0 - \frac{A_{\nu-1}}{B_{\nu-1}} = \frac{(-1)^{\nu-1}}{B_{\nu-1}(B_{\nu-1}\xi_\nu + B_{\nu-2})}.$$

Wenn ξ_0 eine Zahl aus $\mathfrak{K}(i)$ ist, so kann man $\xi_0 = \frac{x_0}{x_1}$ setzen, wo x_0 und x_1 ganze Zahlen aus $\mathfrak{K}(i)$ sind. Daraus folgt dann

$$\xi_1 = \frac{1}{\xi_0 - b_0} = \frac{x_1}{x_0 - b_0 x_1} = \frac{x_1}{x_2},$$

wo auch x_2 eine ganze Zahl aus $\mathfrak{K}(i)$ ist. Analog wird dann $\xi_2 = \frac{x_2}{x_3}$, wo auch x_3 wieder ganz ist, usw. Wegen $|\xi_\nu| > 1$ für $\nu \geqq 1$ ist dann

$$|x_1| > |x_2| > |x_3| > \cdots.$$

Hiernach liegt von den ganzen Zahlen x_ν jede folgende näher am Nullpunkt, und da sie in der komplexen Zahlenebene Ecken des Quadratnetzes sind, muß man notwendig zu einer letzten Zahl x_{n+1} kommen, mit der der Prozeß zu Ende geht, was aber bedeutet, daß $\xi_n = \frac{x_n}{x_{n+1}}$ gleich einer ganzen Zahl b_n aus $\mathfrak{K}(i)$ ist. ξ_0 ist dann gleich dem endlichen Kettenbruch

$$b_0 + \frac{1|}{|b_1} + \cdots + \frac{1|}{|b_n}.$$

Wenn dagegen ξ_0 keine Zahl aus $\mathfrak{K}(i)$, so ist auch ξ_1 keine, sodann ξ_2 keine usw. Infolgedessen kann ξ_ν niemals eine ganze Zahl aus $\mathfrak{K}(i)$ werden, und der Prozeß läßt sich unbegrenzt fortsetzen. Man wird vermuten, daß dann ξ_0 gleich dem unendlichen Kettenbruch

$$b_0 + \frac{1|}{|b_1} + \frac{1|}{|b_2} + \cdots \text{ in inf.}$$

ist. Das trifft nun in der Tat zu. Zunächst läßt sich nämlich aus (3) folgern, daß

(5) $$\lim_{\lambda \to \infty} |B_\lambda| = \infty$$

ist. Denn andernfalls müßten die B_λ einen Häufungspunkt im Endlichen haben, und da sie als ganze Zahlen aus $\mathfrak{K}(i)$ isoliert liegen, müßte $B_{\nu-1}$ für eine unendliche Auswahl von Indizes ν ein und denselben Wert B haben. Nach (3) wäre dann für diese Indizes

$$|\xi_0 B - A_{\nu-1}| = \frac{1}{|\xi_1 \xi_2 \cdots \xi_\nu|} < 1,$$

so daß auch $A_{\nu-1}$ unendlich oft denselben Wert A haben müßte, und $|\xi_0 B_{\nu-1} - A_{\nu-1}|$ unendlich oft den Wert $|\xi_0 B - A|$. Das widerspricht aber der Formel (3), nach der $|\xi_0 B_{\nu-1} - A_{\nu-1}|$ mit wachsendem ν immer kleiner wird. Damit ist zunächst die Formel (5) bewiesen und aus (3) folgt dann

$$\lim_{\nu \to \infty} \left| \xi_0 - \frac{A_{\nu-1}}{B_{\nu-1}} \right| = \lim_{\nu \to \infty} \frac{1}{|B_{\nu-1}\xi_1\xi_2 \cdots \xi_\nu|} = 0,$$

also die Konvergenz des Kettenbruches gegen ξ_0. Wir fassen alles zusammen in

Satz 5. 32. *Bildet man, von einer komplexen Zahl ξ_0 ausgehend, die Gleichungskette*

$$\xi_0 = b_0 + \frac{1}{\xi_1}, \quad \xi_1 = b_1 + \frac{1}{\xi_2}, \quad \xi_2 = b_2 + \frac{1}{\xi_3}, \ldots,$$

wo die b_ν ganze Zahlen aus $\mathfrak{K}(i)$ sind, und zwar jedesmal so ausgewählt (unter zwei, drei oder vier Möglichkeiten), daß $|\xi_{\nu+1}| > 1$ wird, so ist für $\nu \geqq 1$ stets $b_\nu \neq 0$. Wenn die Zahl ξ_0 dem Körper $\mathfrak{K}(i)$ angehört, dann endet der Prozeß, indem einmal $\xi_n = b_n$ eine ganze Zahl aus $\mathfrak{K}(i)$ wird, und es ist

$$\text{(A)} \qquad \xi_0 = b_0 + \frac{1|}{|b_1} + \cdots + \frac{1|}{|b_n}.$$

Wenn dagegen ξ_0 nicht dem Körper $\mathfrak{K}(i)$ angehört, dann geht der Prozeß unbegrenzt weiter und es ist

$$\text{(B)} \qquad \xi_0 = b_0 + \frac{1|}{|b_1} + \frac{1|}{|b_2} + \frac{1|}{|b_3} + \cdots \textit{ in inf.}$$

Außerdem sind alle Näherungsnenner des Kettenbruches (A) *bzw.* (B) *von* 0 *verschieden und im Fall* (B) *gilt die Formel* (5).

Es wäre aber falsch, zu glauben, daß ein willkürlich hingeschriebener Kettenbruch, bei dem die b_ν von 0 verschiedene ganze Zahlen aus $\mathfrak{K}(i)$ sind, stets eine Zahl ξ_0 darstellt, aus der er in obiger Weise hervorgeht. Vielmehr müssen die b_ν noch gewisse Bedingungen erfüllen, auf die wir aber nicht eingehen wollen[1]).

III. Wenn ein gemäß Satz 5. 32 gebildeter Kettenbruch periodisch ist, so ist sein Wert ξ_0 Wurzel einer in $\mathfrak{K}(i)$ irreduzibeln quadratischen Gleichung mit Koeffizienten aus $\mathfrak{K}(i)$. Das ist ebenso einfach zu beweisen wie seither bei den reellen Kettenbrüchen. Die Umkehrung kann aber nur gelten, wenn für die b_ν eine Vorschrift erlassen wird, durch die sie eindeutig aus ξ_ν bestimmt werden. Die zweckmäßigste Vorschrift stammt von *A. Hurwitz* **1**, der in Analogie zu den Kettenbrüchen nach nächsten Ganzen verlangt, daß

$$\text{(6)} \qquad -\frac{1}{2} \leqq \Re(\xi_\nu - b_\nu) < \frac{1}{2}, \quad -\frac{1}{2} \leqq \Re\left(\frac{\xi_\nu - b_\nu}{i}\right) < \frac{1}{2}$$

ist, wobei $\Re(\alpha)$ den reellen Teil einer komplexen Zahl α bedeutet. Daraus folgt dann

$$\text{(7)} \qquad |\xi_{\nu+1}| \geqq \sqrt{2}.$$

Es zeigt sich, daß bei dieser Wahl der b_ν gewisse Teilnennerserien nicht vorkommen können, z.B. erweisen sich die beiden Serien

$$\text{(I)} \qquad b_\nu = 2i, \quad b_{\nu+1} = 1 + i$$

$$\text{(II)} \qquad b_\nu = 2 + i, \quad b_{\nu+1} = -2 + 2i, \quad b_{\nu+2} = 1 + i$$

für $\nu \geqq 1$ als unmöglich. *A. Hurwitz* **1** hat durch geometrische Überlegungen eine große Zahl solcher unmöglichen Serien festgestellt und mit deren Kenntnis das monotone Wachstum der $|B_\nu|$, sodann auf Grund der Formel (4) das Näherungsgesetz

$$\left|\xi_0 - \frac{A_{\nu-1}}{B_{\nu-1}}\right| < \frac{\sqrt{2}+1}{|B_{\nu-1}|^2}$$

---

[1]) Man sieht leicht, daß z.B. schon die endlichen Kettenbrüche

$$\frac{1|}{|i} + \frac{1|}{|i} \quad \text{und} \quad \frac{1\ |}{|i-1} + \frac{1\ |}{|i+1} + \frac{1\ |}{|i-1}$$

unmöglich sind, da sie sinnlos sind ($B_2 = 0$ bzw. $B_3 = 0$).

und schließlich die erwartete Periodizität bewiesen. Wir können darauf nicht eingehen; doch läßt sich die Periodizität auch ohne Kenntnis der unmöglichen Serien beweisen, was jetzt noch geschehen soll.

Wenn ξ_0 einer in $\mathfrak{K}(i)$ irreduzibeln quadratischen Gleichung

$$p_0 \xi_0^2 + q_0 \xi_0 + r_0 = 0$$

mit ganzen Koeffizienten aus $\mathfrak{K}(i)$ genügt, so genügt offenbar ξ_ν ebenfalls einer solchen

$$p_\nu \xi_\nu^2 + q_\nu \xi_\nu + r_\nu = 0.$$

Dabei ist genau wie in § 21, II

$$p_{\nu+1} = p_\nu b_\nu^2 + q_\nu b_\nu + r_\nu, \quad q_{\nu+1} = 2 p_\nu b_\nu + q_\nu, \quad r_{\nu+1} = p_\nu,$$
$$q_\nu^2 - 4 p_\nu r_\nu = p_0^2 - 4 p_0 r_0 = D,$$

und es genügt zu zeigen, daß ein und dasselbe Tripel p_ν, q_ν, r_ν mehrmals wiederkehrt. Nun ist nach (2)

$$\xi_\nu = -\frac{\xi_0 B_{\nu-2} - A_{\nu-2}}{\xi_0 B_{\nu-1} - A_{\nu-1}},$$

und durch Übergang zu den relativ konjugierten Zahlen ergibt sich auch

$$\eta_\nu = -\frac{\eta_0 B_{\nu-2} - A_{\nu-2}}{\eta_0 B_{\nu-1} - A_{\nu-1}} = -\frac{B_{\nu-2}}{B_{\nu-1}} \cdot \frac{\eta_0 - \dfrac{A_{\nu-2}}{B_{\nu-2}}}{\eta_0 - \dfrac{A_{\nu-1}}{B_{\nu-1}}}.$$

Der letzte Bruch liegt für genügend großes ν beliebig nahe bei $\dfrac{\eta_0 - \xi_0}{\eta_0 - \xi_0} = 1$, also ist

$$\eta_\nu = -\frac{B_{\nu-2}}{B_{\nu-1}}(1 + \varepsilon_\nu),$$

wo $|\varepsilon_\nu|$ beliebig klein, etwa $< \varepsilon$. Wegen (5) ist nun für eine unendliche Auswahl von ν-Werten $\left|\dfrac{B_{\nu-2}}{B_{\nu-1}}\right| < 1$, daher $|\eta_\nu| < 1 + \varepsilon$. Wegen $|\xi_\nu| \geqq \sqrt{2}$ ist also

(8)
$$|\xi_\nu - \eta_\nu| > \sqrt{2} - 1 - \varepsilon.$$

Anderseits ist für dieselben ν-Werte auch

$$\left|\frac{1}{\xi_\nu}\right| \leqq \frac{1}{\sqrt{2}}, \quad \left|\frac{1}{\eta_\nu}\right| > \frac{1}{1+\varepsilon} > 1 - \varepsilon,$$

also

(9)
$$\left|\frac{1}{\xi_\nu} - \frac{1}{\eta_\nu}\right| > 1 - \varepsilon - \frac{1}{\sqrt{2}}.$$

Nun ergibt sich aber durch Auflösung der quadratischen Gleichung für ξ_ν:

$$\xi_\nu = \frac{-q_\nu + \sqrt{q_\nu^2 - 4 p_\nu r_\nu}}{2 p_\nu}, \qquad \eta_\nu = \frac{-q_\nu - \sqrt{q_\nu^2 - 4 p_\nu r_\nu}}{2 p_\nu},$$
$$\frac{1}{\xi_\nu} = \frac{-q_\nu - \sqrt{q_\nu^2 - 4 p_\nu r_\nu}}{2 r_\nu}, \qquad \frac{1}{\eta_\nu} = \frac{-q_\nu + \sqrt{q_\nu^2 - 4 p_\nu r_\nu}}{2 r_\nu}$$

bei passendem Vorzeichen der Quadratwurzel. Daher ist

$$|\xi_\nu - \eta_\nu| = \left|\frac{\sqrt{q_\nu^2 - 4p_\nu r_\nu}}{p_\nu}\right| = \frac{|\sqrt{D}|}{|p_\nu|},$$

$$\left|\frac{1}{\xi_\nu} - \frac{1}{\eta_\nu}\right| = \left|\frac{\sqrt{q_\nu^2 - 4p_\nu r_\nu}}{r_\nu}\right| = \frac{|\sqrt{D}|}{|r_\nu|},$$

und die Ungleichungen (8), (9) lehren dann, daß für eine unendliche Auswahl von ν-Werten $|p_\nu|$ und $|r_\nu|$ unterhalb einer festen Schranke bleiben. Wegen $q_\nu^2 - 4p_\nu r_\nu = D$ bleibt dann für dieselbe Auswahl auch q_ν beschränkt, so daß das gleiche Tripel p_ν, q_ν, r_ν unendlich oft wiederkehren muß. Damit ist bewiesen:

Satz 5. 33. *Wenn ξ_0 einer in $\mathfrak{K}(i)$ irreduzibeln quadratischen Gleichung mit Koeffizienten aus $\mathfrak{K}(i)$ genügt, so ist der durch Satz* 5. 32 *und die obigen Forderungen (6) eindeutig bestimmte Kettenbruch für ξ_0 periodisch.*

Eine andere Vorschrift für die Wahl der b_ν stammt von *J. Hurwitz* **1**; sie bildet das Analogon zu den halbregelmäßigen Kettenbrüchen mit geraden Teilnennern. Von den vier Ecken des Quadrats, in dem eine Zahl ξ_0 liegt, stellt nämlich stets das eine Paar gegenüberliegender solche ganzen Zahlen dar, die durch $1 + i$ teilbar sind. J. Hurwitz wählt nun für b_ν stets die nächste bei ξ_0 gelegene durch $1 + i$ teilbare ganze Zahl. Er findet dann eine Menge unmöglicher Teilnennerserien, mit deren Kenntnis es ihm gelingt, die Periodizität nachzuweisen, falls ξ_0 einer irreduzibeln quadratischen Gleichung genügt. Doch scheint diesmal der Periodizitätsnachweis auf andere Weise nicht durchführbar, weshalb wir uns mit diesem Hinweis begnügen müssen.

IV. Ähnliche Entwicklungen wie im Körper $\mathfrak{K}(i)$ lassen sich auch in den Körpern $\mathfrak{K}(i\sqrt{D})$ mit $D = 2, 3, 7, 11$ durchführen. Im Körper $\mathfrak{K}(i\sqrt{2})$ haben die ganzen Zahlen das Aussehen $a + bi\sqrt{2}$ mit ganzen rationalen a, b. Daher gibt es zu einer komplexen Zahl ξ_ν eine eindeutig bestimmte ganze Zahl b_ν des Körpers derart, daß

$$-\frac{1}{2} \leqq \Re(\xi_\nu - b_\nu) < \frac{1}{2}, \quad -\frac{\sqrt{2}}{2} \leqq \Re\left(\frac{\xi_\nu - b_\nu}{i}\right) < \frac{\sqrt{2}}{2}$$

ist. Wenn man also die Gleichungskette $\xi_\nu = b_\nu + \frac{1}{\xi_{\nu+1}}$ $(\nu = 0, 1, 2, \ldots)$ bildet, so ist für $\nu \geqq 0$

$$|\xi_{\nu+1}| \geqq \frac{2}{\sqrt{3}} > 1,$$

und man gelangt wieder zu einem Kettenbruch für ξ_0. Mit diesen Kettenbrüchen hat sich *P. Lunz* **1** beschäftigt. Er hat eine Menge unmöglicher Teilnennerserien festgestellt und daraus das monotone Wachstum der $|B_\nu|$ sowie das Näherungsgesetz

$$\left|\xi_0 - \frac{A_{\nu-1}}{B_{\nu-1}}\right| < \frac{1}{0{,}6077 \cdot |B_{\nu-1}|^2}$$

gefolgert, während der Nachweis des Abbrechens bzw. der Periodizität, falls ξ_0 eine Zahl aus $\mathfrak{K}(i\sqrt{2})$ bzw. Wurzel einer quadratischen Gleichung ist, analog wie oben in II und III gelang, wobei lediglich an Stelle der Ungleichungen (8) und (9) die folgenden treten:

$$|\xi_\nu - \eta_\nu| > \frac{2}{\sqrt{3}} - 1 - \varepsilon, \qquad \left|\frac{1}{\xi_\nu} - \frac{1}{\eta_\nu}\right| > 1 - \varepsilon - \frac{\sqrt{3}}{2}.$$

In den Körpern $\mathfrak{R}(i\sqrt{D})$ mit $D = 3, 7, 11$ haben die ganzen Zahlen das Aussehen $a + b \cdot \frac{1+i\sqrt{D}}{2}$ mit ganzen rationalen a, b. Ein Blick auf die Lage dieser Zahlen in der komplexen Zahlenebene lehrt folgendes: Sie sind die Mittelpunkte von achsenparallelen Rechtecken mit der Grundlinie 1 und der Höhe $\frac{1}{2}\sqrt{D}$, so daß es zu jeder komplexen Zahl ξ_ν eine ganze Zahl b_ν des Körpers gibt derart, daß

$$-\frac{1}{2} \leqq \Re(\xi_\nu - b_\nu) < \frac{1}{2}, \qquad -\frac{1}{4}\sqrt{D} \leqq \Re\left(\frac{\xi_\nu - b_\nu}{i}\right) < \frac{1}{4}\sqrt{D}$$

ist. Wenn man also die Gleichungskette $\xi_\nu = b_\nu + \frac{1}{\xi_{\nu+1}}$ $(\nu = 0, 1, 2, \ldots)$ bildet, so ist für $\nu \geqq 0$

$$|\xi_{\nu+1}| \geqq \frac{4}{\sqrt{4+D}} \geqq \frac{4}{\sqrt{15}} > 1.$$

Hieraus entsteht eine Kettenbruchentwicklung, für die *Arwin* 1 das Abbrechen bzw. die Periodizität nach ungefähr der obigen Methode nachgewiesen hat, wobei die Ungleichungen (8), (9) durch

$$|\xi_\nu - \eta_\nu| > \frac{4}{\sqrt{4+D}} - 1 - \varepsilon, \qquad \left|\frac{1}{\xi_\nu} - \frac{1}{\eta_\nu}\right| > 1 - \varepsilon - \frac{\sqrt{4+D}}{4}$$

zu ersetzen sind.

Die Arwinschen Kettenbrüche sind aber noch nicht das Analogon zu den Kettenbrüchen nach nächsten Ganzen. Diese erhält man vielmehr, wenn man beachtet, daß die ganzen Zahlen des Körpers in der komplexen Zahlenebene auch die Ecken eines Rhombennetzes mit achsenparallelen Diagonalen der Länge 1 und $\sqrt{D}$ sind. Jeder Rhombus zerfällt durch die kleinere Diagonale in zwei Dreiecke mit dem Umkreisradius $\frac{D+1}{4\sqrt{D}}$. Daher gibt es zu einer Zahl ξ_ν eine ganze Zahl b_ν des Körpers derart, daß $|\xi_\nu - b_\nu| \leqq \frac{D+1}{4\sqrt{D}}$, also

$$|\xi_{\nu+1}| = \frac{1}{|\xi_\nu - b_\nu|} \geqq \frac{4\sqrt{D}}{D+1} > 1$$

ist[1]). Die nach diesem Rezept entstehenden Kettenbrüche hat für $D = 3$ bereits *A. Hurwitz* 1 studiert. Er hat eine Menge unmöglicher Teilnennerserien festgestellt,

[1]) Diese Schranke ist natürlich besser als die frühere $\frac{4}{\sqrt{4+D}}$. Da sie sogar die bestmögliche ist (nächste Ganze!), ersieht man zugleich, daß für $D = 15$, was zahlentheoretisch die nächste in Betracht kommende Zahl wäre, und erst recht für $D > 15$, nicht mehr für jede Zahl ξ_0 eine analoge Kettenbruchentwicklung existiert, weil dann

daraus das monotone Wachstum der $|B_\nu|$ gefolgert, woraus dann das Näherungsgesetz

$$\left|\xi_0 - \frac{A_{\nu-1}}{B_{\nu-1}}\right| < \frac{1}{(\sqrt{3}-1)\,|B_{\nu-1}|^2}$$

fließt, und außerdem bei Wurzeln quadratischer Gleichungen die Periodizität bewiesen, die sich aber einfacher nach der vorigen Methode ergibt.

Für $D = 7$ und $D = 11$ sind die unmöglichen Teilnennerserien bis jetzt nicht untersucht worden. Daher ist auch über das monotone Wachstum der $|B_\nu|$ und über ein entsprechendes Näherungsgesetz nichts bekannt.

---

nicht mehr $\frac{4\sqrt{D}}{D+1} > 1$ ist, also nicht mehr $|\xi_{\nu+1}| > 1$ erzwungen werden kann. Ebenso ist im Fall $D \not\equiv 3 \pmod 4$, in welchem Fall die ganzen Zahlen des Körpers $\mathfrak{K}(i\sqrt{D})$ das Aussehen $a + bi\sqrt{D}$ mit ganzen rationalen a, b haben, für $D > 2$ die Entwicklung nicht mehr allgemein möglich, weil man nur $|\xi_\nu - b_\nu| \leqq \frac{1}{2}\sqrt{1 + D}$, aber nicht $|\xi_\nu - b_\nu| < 1$ erzwingen kann. Man kann das alles so ausdrücken: Im Körper $\mathfrak{K}(i\sqrt{D})$ gibt es den „Euklidischen Algorithmus" nur für $D = 1, 2, 3, 7, 11$.

LITERATUR

Die Zahlen in [ ] bezeichnen die Seiten, wo die betreffende Schrift zitiert ist.

Abkürzungen der Zeitschriftentitel

A. Math.	= Acta Mathematica.
Am. M. M.	= The American Mathematical Monthly.
Arch.	= Archiv der Mathematik und Physik.
Bull. A. M. S.	= Bulletin of the American Mathematical Society.
C. Helv.	= Commentarii mathematici Helvetici.
C. R.	= Comptes rendus hébdomadaires des séances de l'Académie des sciences.
J. de math.	= Journal de mathématiques pures et appliquées.
J. f. Math.	= Journal für die reine und angewandte Mathematik.
Math. Ann.	= Mathematische Annalen.
Math. Zt.	= Mathematische Zeitschrift.
Mém. Berl.	= Mémoires de l'Académie royale des sciences et belles-lettres (de Berlin).
Nachr. Gött.	= Nachrichten der (königlichen) Gesellschaft der Wissenschaften zu Göttingen. Mathematisch-physikalische Klasse.
N. C. Pet.	= Novi Commentarii Academiae scientiarum Imperialis Petropolitanae.
N. Mém. Berl.	= Nouveaux mémoires de l'Académie royale des sciences et belles-lettres de Berlin.
Op.	= Opera omnia.
Proc. Ed.	= Proceedings of the royal society of Edinburgh.
Proc. Lond.	= Proceedings of the London Mathematical Society.
Tohoku	= The Tohoku mathematical Journal.
W.	= (Mathematische) Werke.

Arwin, A. 1. Einige periodische Kettenbruchentwicklungen. J. f. Math. 155, 1926. [187]

Ballieu, R. 1. Sur le développement des irrationnelles quadratiques en fractions continues régulières. Mathesis 54, 1942. [71].

Blumer, F. 1. Über die Güte der Approximation einer reellen Zahl durch die Näherungsbrüche ihrer halbregelmäßigen Kettenbruchentwicklungen. C. Helv. 10, 1937. [155, 156, 158]. — **2.** Über das Wachstum der Näherungsnenner halbregelmäßiger Kettenbrüche. C. Helv. 10, 1937. [136]. — **3.** Über die verschiedenen Kettenbruchentwicklungen beliebiger reeller Zahlen und die periodischen Kettenbruchentwicklungen quadratischer Irrationalitäten. Acta Arithmetica 3, 1938. [147, 152, 160].

Borel, É. 1. Contribution à l'analyse arithmétique du continu. J. de math. (5) 9, 1903. [42].

Boutin, A. 1. Développement de $\sqrt{x}$ en fraction continue. Mathesis (2) 7, 1897. [90].

Bruno, G. 1. Sopra un punto della teoria delle frazioni continue. Atti della reale Accademia delle scienze di Torino 21, 1885. [49].

Cataldi, P. A. 1. Trattato del modo brevissimo di trovare la radice quadra delli numeri, et regole di approssimarsi di continuo al vero nelle radici dei numeri non quadrati, con le cause et inventioni loro. Bologna 1613. [2].

Cayley, A. 1. Report of a Committee appointed for the purpose of carrying on the tables connected with the Pellian equation from the point where the work was left by Degen in 1817. Report of the meeting of the British Association for the advancement of science, 1893 = Collected papers, vol. 13. [90, 95].

Charves, M. 1. Démonstration de la périodicité des fractions continues, engendrées par les racines d'une équation du deuxième degré. Bulletin des sciences mathématiques (2) 1, première partie, 1877. [71].

Châtelet, A. 1. Contribution à la théorie des fractions continues arithmétiques. Bulletin de la société mathématique de France 40, 1912. [110].

Degen, C. F. 1. Canon Pellianus. Hafniae 1817. [90, 95].

Elte, E. L. 1. Aanvulling eener eigenschap der periodieke kettingbreuken. Nieuw Archief voor Wiskunde (2) 15, 1925. [75]. — **2.** Over het voorstellen van zekere getallen in de gedaante $a^2 \pm 2b^2$. Ebenda (2) 15, 1927. [103].

Epstein, P. 1. Zur Auflösbarkeit der Gleichung $x^2 - Dy^2 = -1$. J. f. Math. 171, 1934. [95].

Euler, L. 1. Introductio in analysin infinitorum I, 1748 = Op. ser. I, vol. 8. [66]. — **2.** De fractionibus continuis. Commentarii Academiae scientiarum Imperialis Petropolitanae 9, ad annum 1737 = Op. ser. I, vol. 14. [4, 66, 125]. — **3.** De numeris qui sunt aggregata duorum quadratorum. N. C. Pet. 4, ad annum 1752 et 1753 = Op. ser. I, vol. 2. [30]. — **4.** Demonstratio theorematis Fermatiani omnem numerum primum formae $4n + 1$ esse summam duorum quadratorum. N. C. Pet. 5, ad annum 1754 et 1755 = Op. ser. I, vol. 2. [98]. — **5.** Specimen algorithmi singularis. N. C. Pet. 9, pro annis 1762 et 1763 = Op. ser. I, vol. 15. [7, 15]. — **6.** De usu novi algorithmi in Problemate Pelliano solvendo. N. C. Pet. 11, pro anno 1765 = Op. ser. I, vol. 3. [88, 92, 99].

Fujiwara, M. 1. Bemerkung zur Theorie der Approximation der irrationalen Zahlen durch rationale Zahlen. Tohoku 11, 1917 und 14, 1918. [42].

Galois, É. 1. Démonstration d'un théorème sur les fractions continues périodiques. Annales de mathématiques pures et appliquées 19, 1828—1829 = Oeuvres de Galois. [73, 74, 76].

Gauß, C. F. 1. Disquisitiones arithmeticae, 1801 = W. Band I. Auch deutsch von Maser. [73, 98].

Göpel, A. 1. De aequationibus secundi gradus indeterminatis. J. f. Math. 45, 1853. [86, 98, 99].

Günther, S. 1. Darstellung der Näherungswerte von Kettenbrüchen in independenter Form. Habilitationsschrift Erlangen 1872. [8].

Hayashi, T. 1. The values of π used by the Japanese mathematicians of the 17th and 18th centuries. Bibliotheca mathematica (3) 3, 1902. [53].

Heawood, P. I. 1. The classification of rational approximations. Proc. Lond. (2) 20, 1921. [44].

Hoffmann, K. E. 1. Studien über Kettenbrüche. Arch. 69, 1883. [89].

Humbert, G. 1. Sur les fractions continues ordinaires et les formes quadratiques binaires indéfinies. J. de math. (7) 2, 1916. [50].

Hurwitz, A. 1. Über die Entwicklung komplexer Größen in Kettenbrüchen. A. Math. 11, 1887 = W. II. [184, 187]. — **2.** Über eine besondere Art der Kettenbruchentwicklung reeller Größen. A. Math. 12, 1889 = W. II. [160, 161, 165, 169, 170, 173]. — **3.** Über die angenäherte Darstellung der Irrationalzahlen durch rationale Brüche. Math. Ann. 12, 1891 = W. II. [42]. — **4.** Über die Kettenbruch-Entwicklung der Zahl e. Schriften der physikalisch-ökonomischen Gesellschaft zu Königsberg in Pr. 32. Jahrgang 1891 = W. II. [125]. — **5.** Über die Kettenbrüche, deren Teilnenner arithmetische Reihen bilden. Vierteljahrsschrift d. naturforsch. Gesellschaft in Zürich, Jahrgang 41, 1896 = W. II. [110, 119, 127].

Hurwitz, J. 1. Über eine besondere Art der Kettenbruchentwickelung komplexer Größen. Diss. Halle 1895. [186].

Huygens, Chr. (Hugenius) **1.** Opuscula posthuma. Descriptio automati planetarii. Lugduni Batavorum 1703. [2, 47, 53].

Jensen, J. L. W. V. 1. Bidrag til Kaedebrøkernes Teori. Festskrift til H. G. Zeuthen, 1909. [7].

de Jonquières, E. 1. Note sur un point de la théorie des fractions continues périodiques. C. R. 96, 1883. [90]. — **2.** Sur la composition des périodes des fractions continues périodiques. C. R. 96, 1883. [90].

Khintchine, A. 1. Einige Sätze über Kettenbrüche, mit Anwendungen auf die Theorie der Diophantischen Approximationen. Math. Ann. 92, 1924. [44].

Klein, Felix. 1. Über eine geometrische Auffassung der gewöhnlichen Kettenbruchentwicklung. Nachr. Gött. 1895 = Gesammelte mathematische Abhandlungen, Band II. [50]. — **2.** Ausgewählte Kapitel der Zahlentheorie. Autographierte Vorlesung, 1896. [50].

Kraitchik, M. 1. Théorie des nombres, tome II, Paris 1926. [105].

Lagrange, J. L. 1. Solution d'un problème d'arithmétique. Miscellanea Taurinensia 4, 1766–1769 = Oeuvres I. [92, 93]. — **2.** Sur la solution des problèmes indéterminés du second degré. Mém. Berl. année 1767 = Oeuvres II. [92, 93]. — **3.** Additions au mémoire sur la résolution des équations numériques. Mém. Berl. 24, année 1770 = Oeuvres II. [66]. — **4.** Recherches d'arithmétique. N. Mém. Berl. année 1773 = Oeuvres III. [56]. — **5.** Suite des recherches d'arithmétique. N. Mém. Berl. année 1775 = Oeuvres III. [99]. — **6.** Additions aux éléments d'algèbre d'Euler, 1798 = Oeuvres VII, auch deutsch in Ostwalds Klassiker der exakten Wissenschaften, Nr. 103. [27, 37, 44, 45, 49, 92, 147].

Legendre, A. M. 1. Zahlentheorie, deutsch von Maser, 2. Aufl. Leipzig 1893. [39, 45, 77, 79, 93, 95, 98].

Lehmer, D. N. 1. Euclid's algorithm for large numbers. Am. M. M. 45, 1938. [35]. — **2.** Note of an absolute constant of Khintchine. Am. M. M. 46, 1939. [35].

Liouville, J. 1. Sur des classes très-étendues de quantités dont la valeur n'est ni algébrique, ni même réductible à des irrationnelles algébriques. J. de math. 16, 1851. [127, 128, 129].

Lucas, E. 1. Théorie des nombres. Paris 1891. [56].

Lunz, P. 1. Kettenbrüche, deren Teilnenner dem Ring der Zahlen 1 und $\sqrt{-2}$ angehören. Diss. München 1936. [186].

Mc. Kinney, Th. E. 1. Concerning a certain type of continued fractions depending on a variable parameter. American Journal of Mathematics 29, 1907. [174].

Maillet, E. 1. Introduction à la théorie des nombres transcendants. Paris 1906. [129, 130, 131].

Minding, F. 1. Über das Bildungsgesetz der Zähler und Nenner bei Verwandlung der Kettenbrüche in gewöhnliche Brüche. Bulletin de l'Académie impériale des sciences de St. Pétersbourg 13, 1869. [7].

Minkowski, H. 1. Über die Annäherung an eine reelle Größe durch rationale Zahlen. Math. Ann. 54, 1901 = Gesammelte Abhandlungen I. [177, 178, 179].

Minnigerode, B. 1. Über eine neue Methode, die Pellsche Gleichung aufzulösen. Nachr. Gött. 1873. [160].

Möbius, A. F. 1. Beiträge zur Lehre von den Kettenbrüchen nebst einem Anhange dioptrischen Inhalts. J. f. Math. 6, 1830 = W. Band 4. [163].

Muir, Th. 1. The expression of a quadratic surd as a continued fraction. Glasgow 1874. [81, 82, 89]. — **2.** A new special class of determinants. Proc. Ed. 8, 1874. [89]. — **3.** On the phenomenon of greatest middle in the cycle of a class of periodic continued fractions. Proc. Ed. 12, 1884. [86, 101, 102].

Nachreiner, V. 1. Beziehungen zwischen Determinanten und Kettenbrüchen. Preisschrift München 1872. [8].

Negoescu, N. 1. Quelques précisions concernant le théorème de M. B. Segre sur les approximations asymétriques des nombres irrationnels par les rationnels. Bull. école polyt. de Jassy 3, 1948. [44].

Netto, E. 1. Über Näherungswerte und Kettenbrüche. J. f. Math. 125, 1903. [142].

Patz, W. 1. Tafel der regelmäßigen Kettenbrüche für die Quadratwurzeln aus den natürlichen Zahlen von 1—10000, Leipzig 1941. [90]. — **2.** Tafel der regelmäßigen Kettenbrüche und ihrer vollständigen Quotienten für die Quadratwurzeln aus den natürlichen Zahlen von 1—10000, erscheint Berlin 1954 oder 1955. [90].

Pedersen, P. 1. Kaedebrøksudvikling for π. Matematisk Tidsskrift, B, Jahrgang 1945. [36].

Perron, O. 1. Über die Approximation irrationaler Zahlen durch rationale I, II. Sitzungsberichte der Heidelberger Akademie der Wissenschaften, math.-naturwiss. Klasse, Jahrgang 1921. [44]. — **2.** Irrationalzahlen, Berlin 1921, 2. Aufl. 1939, 3. Aufl. 1947. [130].

Pipping, N. 1. Tafel der Diagonalkettenbrüche für die Quadratwurzeln aus den natürlichen Zahlen von 1—500. Acta Academiae Aboensis mathematica et physica, XV. 10, 1947. [181]. — **2.** Diagonalkettenbrüche. Ebenda XVI. 5, 1949. [181]. — **3.** Über die Elemente der Diagonalkettenbrüche. Ebenda XIX. 6, 1954. [179].

Prasad, A. V. 1. Note on a theorem of Hurwitz. Journal of the London Mathematical Society 23, 1950. [44].

Pringsheim, A. 1. Vorlesungen über Zahlen- und Funktionenlehre, Band 1_3, § 107, 1921. [165].

Rédei, L. 1. Über die Pellsche Gleichung $t^2 - d u^2 = -1$. J. f. Math. 173, 1935. [95]. — **2.** Die 2-Ringklassengruppe des quadratischen Zahlkörpers und die Theorie der Pellschen Gleichung. Acta mathematica Academiae scientiarum Hungaricae, tomus 4, 1953. [95].

Roberts, S. 1. On forms of numbers determined by continued fractions. Proc. Lond. 10, 1878. [98].

Robinson, R. M. 1. The approximation of irrational numbers by fractions with odd or even terms. Duke Mathematical Journal 7, 1940. [44]. — **2.** Unsymmetrical approximation of irrational numbers. Bull. A. M. S. 53, 1947. [44]. — **3.** The critical numbers for unsymmetrical approximation. Bull. A. M. S. 54, 1948. [44].

Scheffler, H. 1. Die unbestimmte Analytik. Hannover 1854. [71].

Schmidt, Hermann. 1. Zur Approximation und Kettenbruchentwicklung quadratischer Zahlen. Math. Zt. 52, 1950. [71, 107].

Schwenter, D. 1. Deliciae Physico-Mathematicae. Nürnberg 1636. [2, 47].

Seeling, P. 1. Über die Formen der Zahlen, deren Quadratwurzeln, in Kettenbrüchen dargestellt, Perioden von einer gewissen Anzahl Stellen haben. Arch. 49, 1869. [90]. — **2.** Über die Auflösung der Gleichung $x^2 - A y^2 = \pm 1$ in ganzen Zahlen, wo A positiv und kein vollständiges Quadrat sein muß. Arch. 52, 1871. [95].

Serret, J. A. 1. Handbuch der höheren Algebra. Deutsch von Wertheim, Band 1, 1878. [30, 31, 55, 77, 78]. — **2.** Sur un théorème relatif aux nombres entiers. J. de math. 13, 1848. [28, 30].

Shibata, K. 1. On the order of the approximation of irrational numbers by rational numbers. Tohoku 30, 1929. [44].

Siebeck, H. 1. Über periodische Kettenbrüche. J. f. Math. 33, 1846. [7].

Siegel, C. 1. Approximation algebraischer Zahlen. Math. Zt. 10, 1921. [128].

Smith, H. J. S. 1. Note on continued fractions. The messenger of mathematics (2) 6, 1877 = Collected mathematical papers II. [54].

Srinivasan, M. S. 1. Shortest semiregular continued fractions. Proceedings of the Indian Academy of sciences 35, 1952. [145, 147, 173].

Stern, M. A. 1. Theorie der Kettenbrüche und ihre Anwendung. J. f. Math. 10 und 11, 1832. [2, 7, 15]. — **2.** Zur Theorie der periodischen Kettenbrüche. J. f. Math. 53, 1857. [85].

Steuerwald, R. 1. Über die Perioden regelmäßiger Kettenbrüche für Quadratwurzeln aus ganzen Zahlen. Math. Zt. 52, 1950. [86, 103].

Stieltjes, T. J. 1. Correspondance d'Hermite et Stieltjes, Paris 1905. [125].

Sundman, K. F. 1. Utvecklingarna af e och e^2 uti kedjebråk med alla partialtäljare lika med ett. Öfversigt af Finska Vetenskaps-societatens Förhandlingar 38, 1895. [125].

Sylvester, J. J. 1. On a remarkable modification of Sturms theorem. The London, Edinburgh and Dublin philosophical magazine and journal of science (4) 5, 1853. [8].

Thue, A. 1. Über Annäherungswerte algebraischer Zahlen. J. f. Math. 135, 1909. [128].

Tietze, H. 1. Über Kriterien für Konvergenz und Irrationalität unendlicher Kettenbrüche. Math. Ann. 70, 1911. [135, 141, 151, 165]. — **2.** Über die raschesten Kettenbruchentwicklungen reeller Zahlen. Monatshefte für Mathematik und Physik 24, 1913. [145, 147, 173]. — **3.** Gesprächsweise. [151].

Vahlen, K. Th. 1. Über Näherungswerte und Kettenbrüche. J. f. Math. 115, 1895. [41, 142, 144, 145].

Wall, H. S. 1. Analytic theory of continued fractions. New York 1948. [III].

Wallis, J. 1. Arithmetica infinitorum, 1655 = Opera mathematica I. [2, 4]. — **2.** Tractatus de algebra, 1685 = Opera mathematica II: **a.** Cap. 10, 11. [2, 35, 47, 52]. **b.** Cap. 98, 99. [2, 92].

Weber, K. 1. Kettenbrüche mit kulminierenden und fastkulminierenden Perioden. Sitzungsber. der Bayer. Akademie d. Wissenschaften zu München, mathemat.-naturwiss. Abteilung, Jahrgang 1926. [103].

Whitford, Ed. E. 1. The Pell equation. New York 1912. [90, 95].

Wölffing, E. 1. Wer hat über Kettenbrüche gearbeitet? Mathemat.-naturwissenschaftl. Mitteilungen, begründet von Dr. O. Böklen (2) 10, 1908. [IV].

Züllig, J. 1. Geometrische Deutung unendlicher Kettenbrüche. Zürich 1928. [50].

Zurl, Erna. 1. Theorie der reduziert-regelmäßigen Kettenbrüche. Math. Ann. 110, 1935. [160, 163, 164].

SACHREGISTER

GPSR Compliance

The European Union's (EU) General Product Safety Regulation (GPSR) is a set of rules that requires consumer products to be safe and our obligations to ensure this.

If you have any concerns about our products, you can contact us on ProductSafety@springernature.com

In case Publisher is established outside the EU, the EU authorized representative is:

Springer Nature Customer Service Center GmbH
Europaplatz 3
69115 Heidelberg, Germany

Batch number: 10577896

Printed by Printforce, the Netherlands